iOSアプリ開発 逆引きレシピ

趙文来、金祐煥、加藤勝也、岸本和也、
山古茂樹、胡俏、清水崇之、山本美香 著

iOS SDK 7/Xcode 5 対応

プロが選んだ
三ツ星レシピ

本書内容に関するお問い合わせについて

本書に関するご質問、正誤表については、下記のWebサイトをご参照ください。

　　正誤表　　　　http://www.shoeisha.co.jp/book/errata/
　　出版物 Q&A　　http://www.shoeisha.co.jp/book/qa/

インターネットをご利用でない場合は、FAXまたは郵便で、下記にお問い合わせください。

〒 160-0006　東京都新宿区舟町5
（株）翔泳社　愛読者サービスセンター
FAX 番号：03-5362-3818
電話でのご質問は、お受けしておりません。

※本書に記載されたURL等は予告なく変更される場合があります。
※本書の出版にあたっては正確な記述につとめましたが、著者や出版社などのいずれも、本書の内容に対してなんらかの保証をするものではなく、内容やサンプルに基づくいかなる運用結果に関してもいっさいの責任を負いません。
※本書に掲載されているサンプルプログラムやスクリプト、および実行結果を記した画面イメージなどは、特定の設定に基づいた環境にて再現される一例です。
※本書に記載されている会社名、製品名はそれぞれ各社の商標および登録商標です。
※本書の内容は、2014年3月執筆時点のものです。

はじめに

　本書は、現場で活躍するiOSアプリ開発者または脱初心者を目指す開発者の方に向けて、iOSアプリ開発で躓きがちな内容や知っているとスムーズに開発を進めることができる内容を中心にまとめた「厳選TIPS集」です。

　すでに開発経験がある方、または脱初心者を目指す開発者の方を対象としていますので、よく入門書にある開発環境の設定などについては割愛しています。その分、現場で活躍する開発者の方が満足できるようなTIPSを章ごとに分けて解説しています。

　現在、iOSなどのスマートフォンアプリ開発は、大規模化というよりもよりいっそうミニマムな環境になりつつあり、チーム単位で行うケースや、個人で行うケースが多くなってきています。そうした時、「自力」で解決できるTIPSが手元にあれば、非常に心強い味方になるはずです。

　本書の執筆にあたっては、iOSアプリ開発を実際に行っている現役開発者の方が「自分であればこういった内容のTIPSがほしい」という、「現場の声」を元にしたTIPSを中心に構成を立てて、それぞれの得意分野を執筆しています。

　構成を見てもわかるようにユーザーインターフェース、ストーリーボードから始まり、描画処理、画像処理、マルチメディア処理などの画像や動画系の処理、インターネット利用、Webサービス利用といった外部サービスを利用した開発も解説しています。また、地図やデバイス、バックグラウンド動作、通知、データ処理、データベースなどといった開発現場でニーズの高いものも数多く入れています。さらに質の高いアプリ開発に必要なデバッグや、世界に向けてアプリを公開したい時に必要な国際化対応、アプリ収益化についても解説しています。

　本書がすべてのiOSアプリ開発者の手助けになれば幸いです。

2014年4月吉日
執筆者一同

本書の対象と構成について

本書は、iOSアプリ開発をする際に「本当に必要な知識とテクニック」を、目的別にまとめたものです。目的（＝やりたいこと）をレシピのタイトルとしているので、目次から「やりたいこと」を見つけることで、「どうやって実現するのか」を調べることができます。また、初級者がつまづきやすい・ハマりやすいポイントを詳細かつ丁寧に解説しています。

本書の対象

基本的にはすでに開発経験がある方、または脱初心者を目指す開発者の方を対象にしていますが、開発環境の準備までは自力できる初心者の方でも十分に利用できる内容となっています。

内容的にはiOSアプリ開発でかかわる内容を章ごとに分けて紹介しています。

なお本書では開発環境の準備や設定など入門書によく記載されている初心者向けの内容は割愛しています。あらかじめご了承ください。

本書の構成

本書は全体で18章から構成されています。具体的には表のとおりです。

章	タイトル	説明
第1章	ユーザーインターフェース	ユーザーインターフェースの設計で必要な開発TIPSを紹介
第2章	ストーリーボード	画面遷移に必要な開発TIPSを紹介
第3章	タッチアクション	タップやダブルタップなどユーザーアクションにかかわる開発TIPSを紹介
第4章	描画処理	直線や曲線など描画にかかわる開発TIPSを紹介
第5章	画像処理	画像にフィルターをかけるなど画像にかかわる開発TIPSを紹介
第6章	マルチメディア処理	音声やビデオなどマルチメディア関連の開発TIPSを紹介
第7章	インターネット利用	Webサイト、インターネットからのデータの取得といったの開発TIPSを紹介
第8章	Webサービス利用	主にFaebookを利用した開発TIPSを紹介
第9章	地図	iOSのMapsやGoogle MAps、さらにMapionMapsを利用する開発TIPSを紹介
第10章	デバイス	加速度や姿勢、センサー機能などの利用する開発TIPSを紹介
第11章	バックグラウンド動作	アプリのバックグラウンドで動作させる開発TIPSを紹介
第12章	通知	通知バナーやアラート、バッジなどを表示させる開発TIPSを紹介
第13章	連携処理	メールやカレンダー機能、または外部Webサービスとの連携する開発TIPSを紹介
第14章	データ処理	ファイルの入出力やCore Dataの利用など、データ処理に関する開発TIPSを紹介
第15章	データベース	SQLiteを利用したデータベース処理やトランザクションに関する開発TIPSを紹介
第16章	国際化対応	海外に向けてアプリを公開する時に必要なアプリの国際化対応に関する開発TIPSを紹介
第17章	デバッグ	アプリのデバッグ処理のコツやポイントに関する開発TIPSを紹介
第18章	アプリ収益化	アプリ内課金や広告に関する開発TIPSを紹介

本書の誌面について

本書では各章で扱うTIPSを図のように掲載しています。

各レシピはカテゴリごとに分けられ、項目から引きやすいようにキーワードを入れています。またレシピに関連する項目は 関連 という形で入れています。本文中でも関連する項目は レシピ という形で参照できるようにしています。注意事項やポイントなどは NOTE を入れて紹介しています。

またTIPSでは該当するサンプルと同じコードをリスト形式で掲載しています。サンプルのコードと違う場合は、 例 という形で掲載しています。

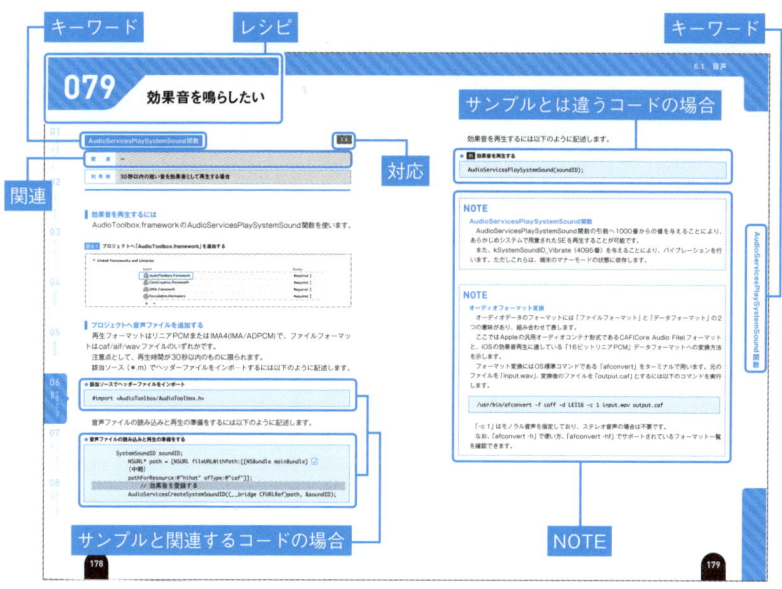

前提知識とサンプルプログラムついて

本書を読むための前提知識

本書をお読みいただくにあたって、平易な文章を心掛けましたが、Objective-Cの文法の説明や初心者向けの開発環境の構築などを省くため、以下のような知識を前提としています。

- Objective-Cの基本的な文法を把握されている方
- iOSアプリ開発の経験がある方
- iOSアプリの開発環境は自力で準備できる方

サンプルプログラムについて

本書で使用するサンプルプログラムは、下記のサイトからダウンロードできます。

- サンプルプログラムのダウンロードサイト
  URL http://www.shoeisha.co.jp/book/download

本書では、第1章から第18章において、サンプルプログラムを用意しています。

適宜必要なファイルを使用されているパソコンのハードディスクにコピーしてお使いください。またサンプルプログラムは、下表のような開発環境で作成して、実機検証を行っています。あわせてご確認ください。

各章のサンプルについて

章	サンプル	OS	開発環境	SDK	検証用実機
第1章	Chapter1	Mac OS 10.9	Xcode 5.0.2	iOS 7.0.3 SDK	iPhone5S
第2章	Chapter2	Mac OS 10.9	Xcode 5.0.2	iOS 7.0.3 SDK	iPhone5
第3章	Chapter3	Mac OSX 10.9.2	Xcode 5.0.2	iOS 7.0.4 SDK	iPhone5S
第4章	Chapter4	Mac OS 10.9	Xcode 5.0.2	iOS 7.0.3 SDK	iPhone5
第5章	Chapter5	Mac OSX 10.9.1	Xcode 5.0.2	iOS 7.0.4 SDK	iPhone5
第6章	Chapter6	Mac OSX 10.9.1	Xcode 5.0.2	iOS 7.0.4 SDK	iPhone5S
第7章	Chapter7	Mac OSX 10.9.1	Xcode 5.0.2	iOS 7.0.4 SDK	iPhone5
第8章	Chapter8	Mac OSX 10.9.2	Xcode 5.0.2	iOS 7.0.4 SDK	iPhone5S
第9章	Chapter9	Mac OSX 10.9.2	Xcode 5.0.2	iOS 7.0.4 SDK	iPhone5S
第10章	Chapter10	Mac OSX 10.9.1	Xcode 5.0.2	iOS 7.0.4 SDK	iPhone5S
第11章	Chapter11	Mac OSX 10.9.1	Xcode 5.0.2	iOS 7.0.4 SDK	iPhone5S
第12章	Chapter12	Mac OSX 10.9.1	Xcode 5.0.2	iOS 7.0.4 SDK	iPhone5
第13章	Chapter13	Mac OSX 10.9.2	Xcode 5.0.2	iOS 7.0.3 SDK	iPhone5
第14章	Chapter14	Mac OSX 10.9.2	Xcode 5.0.2	iOS 7.0.3 SDK	iPhone5
第15章	Chapter15	Mac OSX 10.9.1	Xcode 5.0.2	iOS 7.0.4 SDK	iPhone5
第16章	Chapter16	Mac OSX 10.9.2	Xcode 5.0.2	iOS 7.0.4 SDK	iPhone5S
第17章	Chapter17	Mac OSX 10.9.1	Xcode 5.0.2	iOS 7.0.4 SDK	iPhone5S
第18章	Chapter18	Mac OSX 10.9.2	Xcode 5.0.2	iOS 7.0.4 SDK	iPhone5S

免責事項について

サンプルファイルは、通常の運用において何ら問題ないことを編集部および著者は認識していますが、万一運用の結果、いかなる損害が発生したとしても、著者および株式会社翔泳社はいかなる責任も負いません。すべて自己責任においてお使いください。

著作権等について

本書に収録したソースコードの著作権は、著者および株式会社翔泳社が所有しています。個人で使用する以外に利用することはできません。許可なくネットワークを通じて配布を行うこともできません。個人的に使用する場合は、ソースコードの改変や流用は自由です。商用利用に関しては、株式会社翔泳社へご一報ください。

株式会社翔泳社 編集部

CONTENTS

はじめに ･･･ iii
本書の対象と構成について ･･･ iv
本書の誌面について ･･･ v
前提知識とサンプルプログラムついて ･･･････････････････････････････ v

第1章　ユーザーインターフェース ･･････････････････････････････････ 001

1.1　文字列 ･･ 002
- **001**　文字列をリッチに表示したい ･････････････････････････････ 002
- **002**　文字列を省略表示したい ･････････････････････････････････ 007
- **003**　ラベルに線／角丸を追加したい ･･･････････････････････････ 009

1.2　進捗 ･･ 010
- **004**　進捗状況を表示したい ･･･････････････････････････････････ 010
- **005**　色やサイズを変更したい ･････････････････････････････････ 012

1.3　ボタン ･･ 014
- **006**　ボタンの外観を変更したい ･･･････････････････････････････ 014
- **007**　ボタン状態に応じて画像を変えたい ･･･････････････････････ 017
- **008**　スライダーの外観をカスタマイズしたい ･･･････････････････ 019
- **009**　スライダーを縦に表示したい ･････････････････････････････ 022
- **010**　テキストフィールド付きで表示したい ･････････････････････ 023
- **011**　標準ボタン付きで表示したい ･････････････････････････････ 025
- **012**　アクションシートを表示したい ･･･････････････････････････ 027
- **013**　ON/OFFの色を変えたい ･･････････････････････････････････ 029
- **014**　ドラムボタンの刻み幅を指定したい ･･･････････････････････ 031
- **015**　日時の選択範囲を指定したい ･････････････････････････････ 032
- **016**　日付や時刻のみを表示したい ･････････････････････････････ 034

1.4　テーブル ･･ 036
- **017**　テーブルを表示したい ･･･････････････････････････････････ 036
- **018**　行の追加／削除／移動をさせたい ･････････････････････････ 040
- **019**　自分で作ったヘッダーやフッターを表示したい ･････････････ 044
- **020**　独自定義のセルを使いたい ･･･････････････････････････････ 047
- **021**　電話番号、メールアドレスを識別したい ･･･････････････････ 051

1.5　入力 ･･ 053
- **022**　キーボード入力モードを変更したい ･･･････････････････････ 053

023	クリアーボタンを表示したい	054
024	パスワードを入力したい	055
025	プレースホルダーを表示したい	056
026	入力を制限したい	058

1.6 ピッカービュー … 060

027	画面の下からアニメーションさせたい	060
028	選択された値を取得したい	062
029	表示項目を設定したい	064

1.7 ポップオーバー … 068

| 030 | ポップオーバーの基本的な設定をしたい | 068 |
| 031 | ポップオーバーを閉じたい | 070 |

1.8 画像 … 072

032	画像を表示したい	072
033	画像を回転させたい	074
034	画像を縮小して表示したい	075
035	デフォルトの選択を表示したい	077
036	画像付きの選択肢を表示したい	078
037	色付きの選択肢を表示したい	079
038	選択肢の文字列サイズを変えたい	080

第2章 ストーリーボード … 083

2.1 遷移 … 084

039	シーンを設置したい	084
040	遷移を設定したい	086
041	複数の遷移先へ分岐させたい	088
042	遷移の視覚効果を変更したい	091
043	遷移間でデータの受け渡しをしたい	093
044	Navigation Bar を使いたい	095
045	任意のシーンに戻りたい	099

第3章 タッチアクション … 103

3.1 操作検出 … 104

| 046 | タップ / ダブルタップを検出したい | 104 |
| 047 | パンを検出したい | 106 |

		048	ピンチイン／アウトを検出したい………………………………… 109
		049	回転を検出したい………………………………………………… 111
		050	スワイプを検出したい…………………………………………… 113
		051	長押しを検出したい……………………………………………… 115
	3.2	優先順位………………………………………………………………… 117
		052	ジェスチャーレコグナイザ間の優先順位を制御したい……… 117
	3.3	同時操作検出………………………………………………………… 119
		053	ピンチと回転を同時に検出したい……………………………… 119

第4章 描画処理 ……………………………………………………… 121

4.1	図形	………………………………………………………………… 122
	054	直線を描画したい………………………………………………… 122
	055	曲線を描画したい………………………………………………… 124
	056	円弧を描画したい………………………………………………… 126
	057	楕円を描画したい………………………………………………… 128
	058	矩形を描画したい………………………………………………… 130
	059	円グラフを描画したい…………………………………………… 132
4.2	テキスト……………………………………………………………… 136
	060	テキストを描画したい…………………………………………… 136
	061	色を指定してテキストを描画したい…………………………… 138
	062	フォントを指定してテキストを描画したい…………………… 140
	063	描画範囲を指定してテキストを描画したい…………………… 142

第5章 画像処理 ……………………………………………………… 145

5.1	加工	………………………………………………………………… 146
	064	画像を指定サイズにトリミングしたい………………………… 146
5.2	フィルター…………………………………………………………… 148
	065	画像にフィルターをかけたい…………………………………… 148
	066	画像を反転したい………………………………………………… 150
	067	画像を単色化（モノクローム）したい………………………… 152
	068	画像をセピア調にしたい………………………………………… 154
	069	画像の階調を変えたい…………………………………………… 156
	070	画像のガンマ比を変えたい……………………………………… 158

	071	画像の彩度、明度、コントラストを変えたい	160
	072	自然な色合いの画像にしたい	162
	073	画像の色相を変えたい	164
	074	画像にぼかしをかけたい	166
	075	画像を鮮明にしたい	168
	076	画像に水玉パターンの効果を付けたい	170
	077	画像にモザイクをかけたい	172
5.3	位置情報		174
	078	画像から位置情報を取得したい	174

第6章 マルチメディア処理 … 177

6.1 音声 … 178
- 079 効果音を鳴らしたい … 178
- 080 BGMを鳴らしたい … 181

6.2 ビデオ … 184
- 081 ビデオを再生したい … 184
- 082 アプリ内でYouTubeを再生したい … 188

第7章 インターネット利用 … 189

7.1 Web … 190
- 083 Webサイトをビューに表示したい … 190
- 084 インターネットからデータを取得したい … 193

第8章 Webサービス利用 … 197

8.1 Facebook … 198
- 085 Facebookの開発環境を準備したい … 198
- 086 Facebookのユーザー認証を行いたい … 203
- 087 FacebookのWallに投稿したい … 205

第9章 地図 … 209

9.1 Maps … 210
- 088 地図を表示したい … 210
- 089 地図にピンを打ちたい … 212

	090	アノテーションを表示したい	214
	091	経路を表示したい	216

9.2 Google Maps … 222
- 092 Google Mapsを利用したい … 222
- 093 Google Mapsを表示したい … 226
- 094 Google Mapsをカスタマイズしたい … 228

9.3 MapionMaps … 233
- 095 MapionMapsを利用したい … 233
- 096 MapionMapsを表示したい … 236

第10章 デバイス … 237

10.1 センサー … 238
- 097 デバイスにかかる加速度を検出したい … 238
- 098 デバイスの姿勢を検出したい … 241
- 099 センサーの検出精度を調節したい … 244
- 100 デバイスの現在位置を知りたい … 246
- 101 デバイスの方位を知りたい … 249
- 102 近接センサーの状態を知りたい … 252

10.2 カメラ … 254
- 103 カメラを呼び出したい … 254
- 104 写真をアルバムに保存したい … 256
- 105 顔検出を実現したい … 257

10.3 バッテリー … 260
- 106 バッテリー残量を取得したい … 260

10.4 ネットワーク … 261
- 107 ネットワークの接続状態を知りたい … 262

第11章 バックグラウンド動作 … 263

11.1 一定時間処理 … 264
- 108 アプリの終了後に一定時間処理を続けたい … 264

11.2 音楽再生 … 266
- 109 バックグラウンドで音楽を再生させ続けたい … 266

| 11.3 | 位置情報 | 269 |

110 バックグラウンドで位置情報を取得し続けたい ……………… 269

第12章　通知 …………………………………………………… 271

12.1　バッジ／バナー／アラート ………………………………… 272
111 Appのアイコンにバッジを表示したい ……………………… 272
112 Appがフォアグラウンドでない時に
通知バナーやアラートを表示したい ………………………… 273

12.2　リモート ………………………………………………………… 276
113 リモート通知を使いたい ……………………………………… 276

第13章　連携処理 ……………………………………………… 283

13.1　メール ………………………………………………………… 284
114 写真付きメールを送信したい ………………………………… 284
115 CSVファイルを添付したメールを作成したい ……………… 286

13.2　SNS …………………………………………………………… 288
116 ツイート機能を実現したい …………………………………… 288
117 Facebookに投稿できるようにしたい ……………………… 290
118 ［LINEで送る］ボタンを実装したい ………………………… 292

13.3　カレンダー …………………………………………………… 295
119 カレンダーのイベント情報を読み取りたい ………………… 295
120 イベントをカレンダーに登録したい ………………………… 298

13.4　リマインダー ………………………………………………… 302
121 タスクをリマインダーに登録したい ………………………… 302

13.5　アクセス許可 ………………………………………………… 304
122 位置情報サービスへアクセスしたい ………………………… 304
123 連絡先へアクセスしたい ……………………………………… 308
124 カレンダーへアクセスしたい ………………………………… 311
125 リマインダーへアクセスしたい ……………………………… 314
126 写真へアクセスしたい ………………………………………… 317

13.6　サービス連携 ………………………………………………… 320
127 FacebookやTwitterなどのSNSアカウントを利用したい ……… 320

		128	ほかのアプリケーションから利用したい ・・・・・・・・・・・・・・・・・・・・・・・・・・ 324

13.7 カスタマイズ ・・ 327
129　カスタマイズUIActivityを実装したい ・・・・・・・・・・・・・・・・・・・・・・・・・ 327

第14章　データ処理 ・・・ 331

14.1 ファイル ・・ 332
130　新規で作成したディレクトリにファイルを作成したい ・・・・・・・・・・・・・ 332
131　ファイルの入出力を行いたい ・・・・・・・・・・・・・・・・・・・・・・・・・・・・・・・・・・・ 335
132　アプリケーションの設定値を保持したい ・・・・・・・・・・・・・・・・・・・・・・・・ 339
133　リソースからファイルを読み込みたい ・・・・・・・・・・・・・・・・・・・・・・・・・・ 342
134　サンドボックス内のデータファイルを確認したい ・・・・・・・・・・・・・・・・ 344

14.2 データ ・・ 346
135　Core Dataの使用準備を行いたい ・・・・・・・・・・・・・・・・・・・・・・・・・・・・・・・ 346
136　Core Dataを用いてデータの登録・削除・検索を行いたい ・・・・・・・・・ 350
137　Key-Value形式でiCloudにデータを保持したい ・・・・・・・・・・・・・・・・・・・ 353
138　JSONをパースしたい ・・・ 356
139　iTunesからファイル転送できるようにしたい ・・・・・・・・・・・・・・・・・・・ 359

第15章　データベース ・・・ 361

15.1 作成／追加／更新／削除 ・・ 362
140　データベース（SQLite）を直接使いたい ・・・・・・・・・・・・・・・・・・・・・・・・ 362
141　テーブルを作成したい ・・ 364
142　データを追加・更新・削除したい ・・・・・・・・・・・・・・・・・・・・・・・・・・・・・・ 365

15.2 トランザクション／検索 ・・ 366
143　トランザクションを利用したい ・・・・・・・・・・・・・・・・・・・・・・・・・・・・・・・・ 366
144　データを検索したい ・・ 367

第16章　国際化対応 ・・・ 369

16.1 文字列 ・・ 370
145　アプリ内テキストの国際化を行いたい ・・・・・・・・・・・・・・・・・・・・・・・・・・ 370
146　Storyboardの国際化対応を行いたい ・・・・・・・・・・・・・・・・・・・・・・・・・・・・ 373
147　アプリ名の国際化対応を行いたい ・・・・・・・・・・・・・・・・・・・・・・・・・・・・・・ 376

16.2 動作確認 ……… 378
- 148 国際化対応の動作確認を行いたい ……… 378

第17章 デバッグ ……… 379

17.1 デバッグコンソール ……… 380
- 149 デバッグしたい ……… 380
- 150 ログを出力したい ……… 384

17.2 実機 ……… 388
- 151 実機でデバッグしたい ……… 388

17.3 解析 ……… 397
- 152 静的解析ツールでアプリケーションの不具合を静的に調査したい ……… 397
- 153 Instrumentsでアプリケーションの振る舞いを動的に調査したい ……… 403

17.4 メモリ ……… 409
- 154 メモリの使用状況を調査したい ……… 409
- 155 メモリリークを調査したい ……… 411
- 156 放棄されたメモリを調査したい ……… 415
- 157 ゾンビを調査したい ……… 418

第18章 アプリ収益化 ……… 421

18.1 通知 ……… 422
- 158 iPhoneアプリ内からアップデートの通知を行いたい ……… 422

18.2 レビュー ……… 426
- 159 AppStoreレビューを促すダイアログを出したい ……… 426

18.3 課金 ……… 428
- 160 アプリ内課金をしたい ……… 428

18.4 広告 ……… 437
- 161 広告を表示したい ……… 437

索引 ……… 439

PROGRAMMER'S RECIPE

第 01 章

ユーザーインターフェース

001 文字列をリッチに表示したい

UILabel	NSMutableAttributedStringクラス	7.X
関連	―	
利用例	文字表示を目立たせたい場合	

文字列をリッチに表示するには

UILabelの文字をリッチに表示するには、attributedTextプロパティを利用します。attributedTextにNSMutableAttributedStringを指定して、異なるフォントや文字色の文字を混ぜることができます（**表1.1**）。

表1.1 NSMutableAttributedStringに指定できるキー（主な設定値）

キー	説明
NSFontAttributeName	文字のフォントをセットする（UIFont）
NSForegroundColorAttributeName	文字色をセットする（UIColor）
NSBackgroundColorAttributeName	背景色をセットする（UIColor）
NSShadowAttributeName	影をセットする（NSShadow）
NSStrikethroughStyleAttributeName	打ち消し線の種類をセットする（NSUnderlineStyleSingle、NSUnderlineStyleThick、NSUnderlineStyleDouble）
NSStrikethroughColorAttributeName	打ち消し線の色をセットする（UIColor）
NSUnderlineStyleAttributeName	下線の種類をセットする（NSUnderlineStyleSingle、NSUnderlineStyleThick）
NSUnderlineColorAttributeName	下線の色をセットする（UIColor）
NSKernAttributeName	文字間隔をセットする（NSNumber）

NSMutableAttributedStringオブジェクトを生成するには

initWithString:メソッドでオブジェクトを生成します。initWithString:の引数には対象となる文字列を渡します。

●NSMutableAttributedStringオブジェクト生成

```
NSString *str = @"IOS ラベル サンプル";
NSMutableAttributedString *attrStr = [[NSMutableAttributedString alloc] initWithString:str];
```

● 文字のフォントをセットする

```objc
-(void)initFontLabel {
    NSString *str = @"IOS ラベル サンプル";
    NSMutableAttributedString *attrStr = [[NSMutableAttributedString alloc] 
initWithString:str];
    NSRange range1 = [str rangeOfString:@"ラベル"];
    // Futura-CondenseMediumをセットする
    [attrStr addAttribute:NSFontAttributeName
                    value:[UIFont fontWithName:@"Futura-CondensedMedium" size:25.of]
                    range:range1];
    [self.label1 setAttributedText:attrStr];
}
```

● 文字の色をセットする

```objc
-(void)initForeColorLabel {
    NSString *str = @"IOS ラベル サンプル";
    NSMutableAttributedString *attrStr = [[NSMutableAttributedString alloc] 
initWithString:str];
    NSRange range1 = [str rangeOfString:@"ラベル"];
    // 赤色にセットする
    [attrStr addAttribute:NSForegroundColorAttributeName
                    value:[[UIColor redColor] colorWithAlphaComponent:1.of]
                    range:range1];
    [self.label2 setAttributedText:attrStr];
}
```

● 文字の背景色をセットする

```objc
-(void)initBgColorLabel{
    // NSMutableAttributedStringオブジェクト生成
    NSString *str = @"IOS ラベル サンプル";
    NSMutableAttributedString *attrStr = [[NSMutableAttributedString alloc] 
initWithString:str];
    NSRange range1 = [str rangeOfString:@"ラベル"];
    // 黄色にセットする
    [attrStr addAttribute:NSBackgroundColorAttributeName
                    value:[[UIColor yellowColor] colorWithAlphaComponent:1.of]
                    range:range1];

    [self.label3 setAttributedText:attrStr];
}
```

●文字の影をセットする

```objc
-(void)initShadowLabel {
    NSString *str = @"IOS ラベル サンプル";
    NSMutableAttributedString *attrStr = [[NSMutableAttributedString alloc]
initWithString:str];

    NSShadow *shadow = [[NSShadow alloc] init];
    // 影の色
    [shadow setShadowColor:[UIColor redColor]];
    // ぼかしの半径
    [shadow setShadowBlurRadius:4.0];
    // 影のサイズ
    [shadow setShadowOffset:CGSizeMake(2, 2)];
    [attrStr addAttribute:NSShadowAttributeName
                    value:shadow
                    range:NSMakeRange(0,[attrStr length])];

    [self.label4 setAttributedText:attrStr];
}
```

●打ち消し線をセットする

```objc
-(void)initStrikethroughLabel{
    NSString *str = @"IOS ラベル サンプル";
    NSMutableAttributedString *attrStr = [[NSMutableAttributedString alloc]
initWithString:str];

    NSRange range1 = [str rangeOfString:@"IOS"];
    // 赤色の標準打ち消し線
    [attrStr addAttributes:@{NSStrikethroughStyleAttributeName:
@(NSUnderlineStyleSingle),NSStrikethroughColorAttributeName:[UIColor redColor]}
range:range1];

    NSRange range2 = [str rangeOfString:@"ラベル"];
    // 緑色の太線の打ち消し線
    [attrStr addAttributes:@{NSStrikethroughStyleAttributeName:
@(NSUnderlineStyleThick),NSStrikethroughColorAttributeName:[UIColor greenColor]}
range:range2];

    NSRange range3 = [str rangeOfString:@"サンプル"];
    // 青色の二重線の打ち消し線
    [attrStr addAttributes:@{NSStrikethroughStyleAttributeName:
@(NSUnderlineStyleDouble),NSStrikethroughColorAttributeName:[UIColor blueColor]}
range:range3];

    [self.label5 setAttributedText:attrStr];
}
```

●下線をセットする

```
-(void)initUnderlineLabel {
    NSString *str = @"IOS ラベル サンプル";
    NSMutableAttributedString *attrStr = [[NSMutableAttributedString alloc]
initWithString:str];

    NSRange range1 = [str rangeOfString:@"IOS"];
    // 赤色のシングル下線
    [attrStr addAttributes:@{NSUnderlineStyleAttributeName:
@(NSUnderlineStyleSingle),NSUnderlineColorAttributeName:[UIColor redColor]}
range:range1];

    NSRange range2 = [str rangeOfString:@"ラベル"];
    // 緑色の太線の下線
    [attrStr addAttributes:@{NSUnderlineStyleAttributeName:@
(NSUnderlineStyleThick),NSUnderlineColorAttributeName:[UIColor greenColor]}
range:range2];

    [self.label6 setAttributedText:attrStr];
}
```

●文字の間隔をセットする

```
-(void)initLetterSpaceLabel{
    NSString *str = @"IOS ラベル サンプル";

    CGFloat customLetterSpacing = 10.0f;

    // NSAttributedStringを生成してLetterSpacingをセット
    NSMutableAttributedString *attrStr = [[NSMutableAttributedString alloc]
initWithString:str];

    [attrStr addAttribute:NSKernAttributeName
                        value:[NSNumber numberWithFloat:customLetterSpacing]
                        range:NSMakeRange(0, attrStr.length)];

    [self.label7 setAttributedText:attrStr];
}
```

サンプルの実行結果は図1.1のようになります。

図1.1 実行結果

```
iOS ラベル　サンプル

iOS ラベル　サンプル

iOS ラベル　サンプル

iOS ラベル　サンプル

iOS ラベル　サンプル

iOS ラベル　サンプル

I O S　ラ ベ ル　サ …
```

MEMO

002 文字列を省略表示したい

UILabel	lineBreakModeプロパティ	7.X
関連	003 ラベルに線/角丸を追加したい　P.009	
利用例	ラベルに表示切らない文字列を表示する場合	

文字列を省略表示するには

UILabelで長い文字を省略表示するには、[Attributes Inspector]のLine BreaksでlineBreakModeプロパティを設定します（図1.1、表1.1）。入り切らない文字部分は「…」で表示されます（図1.2）。

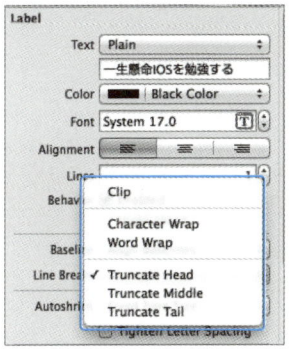

図1.1 UILabelのlineBreakModeプロパティ

表1.1 lineBreakModeプロパティの設定値（省略表示用設定）

設定値	説明
Truncating Head	先頭を…で省略
Truncating Middle	真ん中を…で省略
Truncating Tail	末尾を…で省略

図1.2 実行結果

```
…Sを勉強する
一生懸命IOS…
一生懸…強する
```

これらのプロパティは、コードで設定することもできます。

●lineBreakModeプロパティをコードで設定する

```
- (void)viewDidLoad
{
    （中略）
    // 先頭を...で省略
    self.label1.lineBreakMode = NSLineBreakByTruncatingHead;
    // 末尾を...で省略
    self.label2.lineBreakMode = NSLineBreakByTruncatingTail;
    // 真ん中を...で省略
    self.label3.lineBreakMode = NSLineBreakByTruncatingMiddle;
}
```

MEMO

1.1 文字列

003 ラベルに線／角丸を追加したい

| UILabel | layerプロパティ | 7.X |

| 関　連 | 002　文字列を省略表示したい　P.007 |
| 利用例 | 線／角丸付きのラベルを表示したい場合 |

▍線／角丸を追加するには

UILabelに枠線／角丸を追加するには、layerプロパティに線と角丸を設定します（図1.1）。

●layerプロパティに線と角丸を設定する

```
#import <QuartzCore/QuartzCore.h>
（中略）
- (void)viewDidLoad
{
    （中略）
    // 枠線の色を指定する
    self.label1.layer.borderColor =[[UIColor blueColor] CGColor];
    // 枠線の幅を指定する
    self.label1.layer.borderWidth=1.0f;
    // 角丸半径を指定する
    self.label1.layer.cornerRadius=10.0f;
}
```

図1.1 実行結果

004 進捗状況を表示したい

| UIProgressView | progressViewStyleプロパティ | progressプロパティ | 7.X |

| 関　連 | — |
| 利用例 | ファイルダウンロード進捗を表示したい場合 |

進捗状況を表示するには

進捗状況を表示するにはUIProgressViewを利用できます。[Attributes Inspector]のStyleでUIProgerssViewのprogressViewStyleプロパティを設定します。Progressプロパティで現在の進捗を設定します（図1.1、1.2）。

図1.1　UIProgerssViewのStyleプロパティとProgressプロパティ

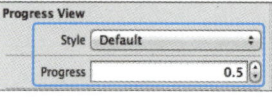

図1.2　実行結果

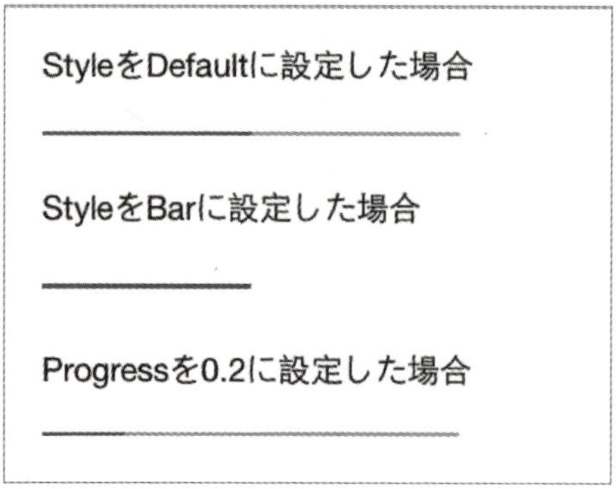

```
StyleをDefaultに設定した場合
─────────────────

StyleをBarに設定した場合
─────────────────

Progressを0.2に設定した場合
──────
```

> **NOTE**
>
> **Styleプロパティを「Bar」の右側の色について**
>
> 　Styleプロパティを「Bar」に設定して、TrackTint Colorプロパティがdefaultの場合、右側の色は透明になります。これらのプロパティは、コードで設定することもできます。

●progressViewStyle/progressプロパティをコードで指定する

```objc
- (void)viewDidLoad
{
    [super viewDidLoad];

    // Style:Default progerss:0.8
    self.progressview1.progressViewStyle = UIProgressViewStyleDefault;
    self.progressview1.progress = 0.8f;

    // Style:Bar progerss:0.2
    self.progressview2.progressViewStyle = UIProgressViewStyleBar;
    self.progressview2.progress = 0.2f;
}
```

進捗状況をリアルに表示するには

　UIProgressViewのProgressプロパティは、ある処理をしているスレッド中で変更しても、その処理が終了するまで画面に反映されないため、performSelectorInBackground:withObject:メソッドを利用して、バックグラウンドでProgressプロパティを変更します。

●ボタンをクリックしてバックグラウンドでProgressを更新するコード

```objc
- (IBAction)updateProgress:(id)sender {
    self.progressview3.progress = 0.0f;
    for(int i =0;i<10;i++) {
        [self performSelectorInBackground:@selector(addProgress:) withObject:[NSNumber numberWithFloat:0.1f]];
        [NSThread sleepForTimeInterval:0.1f];
    }
}

- (void)addProgress:(NSNumber*) count{
    self.progressview3.progress+=[count floatValue];
}
```

005 色やサイズを変更したい

| UIProgressView | progressTintColorプロパティ | trackTintColorプロパティなど | 7.X |

関連	―
利用例	ダウンロード完了時のプログレスバーの色を変更したい場合 プログレスバーの高さを調整したい場合

色を変更するには

UIProgressViewの左側の色変更は［Attributes Inspector］のProgress Tintで設定します。右側の色変更はTrack Tintで設定します（図1.1、1.2）。

図1.1 UIProgerssViewのprogressTinkColorプロパティとtrackTintColorプロパティ

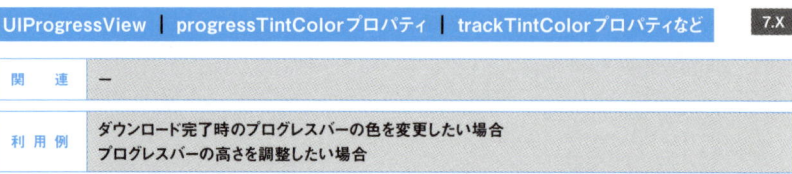

図1.2 実行結果

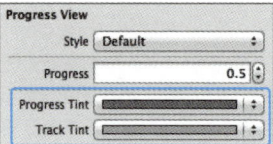

これらのプロパティは、コードで設定することもできます。

●Progress Tint/Track Tintプロパティをコードで指定する

```
- (void)viewDidLoad
{
    [super viewDidLoad];

    // スタイルをDefaultにセットする
    self.progressview1.progressViewStyle = UIProgressViewStyleDefault;
    // 左側の色を赤にセットする
    self.progressview1.progressTintColor = [UIColor colorWithRed:255.0f/255.0f
green:0.0f/255.0f blue:0.0f/255.0f alpha:1.0f];
    // 右側の色を緑にセットする
    self.progressview1.trackTintColor = [UIColor colorWithRed:0.0f/255.0f
green:255.0f/255.0f blue:0.0f/255.0f alpha:1.0f];
}
```

高さと表示方向を変更するには

UIProgerssViewの高さと表示方向は設定画面で変更できません。UIViewのtransformプロパティを利用して変更します。

● UIProgerssViewの高さと表示方向を変更

```
-(void)viewDidAppear:(BOOL)bl{
    [super viewDidAppear:bl];

    // 横方向に1倍。縦方向を12.0fに変更する時の倍率は自動計算（iOS7でheight=2の
    // ため、倍率は6になっている）
    self.progressview1.transform = CGAffineTransformMakeScale
(1.0f, 12.0f/ self.progressview1.bounds.size.height);
    // 時計回りに90度回転して表示する
    self.progressview2.transform = CGAffineTransformMakeRotation
(90.0f * M_PI/180.f);
}
```

図1.1 実行結果

```
高さを六倍に変更した場合
▬▬▬▬▬

縦方向に表示

│
│
│
```

> **NOTE**
>
> **デフォルトの高さ**
>
> iOS 7ではUIProgerssViewのデフォルトの高さが極端に小さい値「2」になっています。以前の古いバージョンと同じ高さに変更する場合、例のように拡大倍率を調整する必要があります。

006 ボタンの外観を変更したい

| UIButton | layerプロパティ | setAttributedTitle:forState:メソッド | 7.X |

関連	001 文字列をリッチに表示したい P.002
	007 ボタン状態に応じて画像を変えたい P.017

利用例	リッチなボタンを表示したい場合

ボタンのタイプを変更するには

UIButtonには5つの標準タイプ(System、Detail Disclosure、Info Light、Info Dark、Add Contact)があります。また、ユニークなインタフェースを定義するためのカスタムタイプもあります。[Attributes Inspector]のTypeでbuttonTypeプロパティを指定して変更します(図1.1、1.2)。

図1.1 typeプロパティ設定

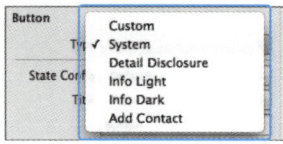

図1.2 実行結果(System、Detail Disclosure、Info Light、Info Dark、Add Contactの順番にタイプを設定している)

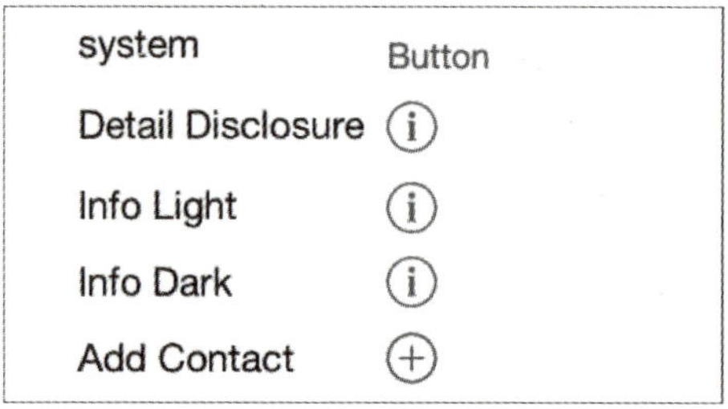

> **NOTE**
>
> **iOS 6の角丸矩形ボタン**
>
> iOS 7ではUIButtonTypeRoundedRectがUIButtonTypeSystemとして再定義されています。したがって、iOS 6で角丸矩形ボタンを使っていた場合、自動的にシステムボタンの外観に変わります。

> **NOTE**
>
> **標準的な画像データやファイル**
>
> 　Detail Disclosure、Info Light、Info Dark、Add Contact については、標準的な画像データやファイルが付属しています。これらの画像はカスタマイズできません。また、iOS 7では、Detail Disclosure、Info Light、Info Darkの3つタイプは同じの画像グラフィックスになっています。

リッチなタイトルを表示するには

UIButtonのタイトルをリッチに表示するにはsetAttributedTitle:forState:メソッドを利用してNSAttributedStringを指定します（図1.3）。

●**正常状態のボタンにリッチなタイトルをセットする**

```objc
-(void)setRichButton {
    NSString *str = @"IOS ボタン サンプル";
    NSMutableAttributedString *attrStr = [[NSMutableAttributedString alloc]
initWithString:str];

    NSRange range1 = [str rangeOfString:@"ボタン"];

    [attrStr addAttribute:NSFontAttributeName
                    value:[UIFont fontWithName:@"Futura-CondensedMedium" size:25.]
                    range:range1];

    NSRange range2 = [str rangeOfString:@"IOS"];
    // 赤色の標準打ち消し線
    [attrStr addAttributes:@{NSStrikethroughStyleAttributeName:
@(NSUnderlineStyleSingle),NSStrikethroughColorAttributeName:[UIColor redColor]}
range:range2];

    NSRange range3 = [str rangeOfString:@"ボタン"];
    // 緑色の太線の打ち消し線
    [attrStr addAttributes:@{NSStrikethroughStyleAttributeName:
@(NSUnderlineStyleThick),NSStrikethroughColorAttributeName:[UIColor greenColor]}
range:range3];

    NSRange range4 = [str rangeOfString:@"サンプル"];
    // 青色の二重線の打ち消し線
    [attrStr addAttributes:@{NSStrikethroughStyleAttributeName:
@(NSUnderlineStyleDouble),NSStrikethroughColorAttributeName:[UIColor blueColor]}
range:range4];
```

```
    [self.button1 setAttributedTitle:attrStr forState:UIControlStateNormal];
}
```

図1.3 実行結果

角丸/背景半透明のボタンを表示するには

　iOS 7では、角丸矩形ボタンが非推奨になって、ボタンのタイプをUIButtonTypeRoundedRectに指定しても角丸で表示されません。

　角丸矩形ボタンを表示するには、layerプロパティを変更して実現します。背景の半透明もlayerプロパティを変更することで実現します（図1.4）。

● 角丸/黒の半透明背景ボタンにセットする

```
- (void)roundButton:(UIButton*)button{
    CALayer *buttonLayer = button.layer;
    [buttonLayer setMasksToBounds:YES];
    [buttonLayer setCornerRadius:7.5f];
    [buttonLayer setBorderWidth:1.0f];
    [buttonLayer setBorderColor:[[UIColor blackColor] CGColor]];
    [buttonLayer setBackgroundColor:[[UIColor colorWithRed:0.0f/255.0f green:0.0f/255.0f blue:0.0f/255.0f alpha:0.5f] CGColor]];
}
```

図1.4 実行結果

007 ボタン状態に応じて画像を変えたい

UIButton	setImage:forState:メソッド	7.X
関連	006 ボタンの外観を変更したい P.014	
利用例	ログインボタンが有効・無効時の画像を区別したい場合	

ボタン状態に応じて画像を変えるには

UIButtonには4つの状態（Default、Highlighted、Selected、Disabled）があります。各状態の画像を変更するには、[Attributes Inspector]のState Configから変更したい状態を選択してから、Imageプロパティを変更します。また、タイトルがついている場合、画像が左側に表示されます（図1.1、図1.2）。

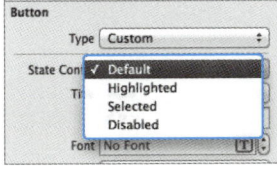

図1.1 [Attributes Inspector]のState Configの設定

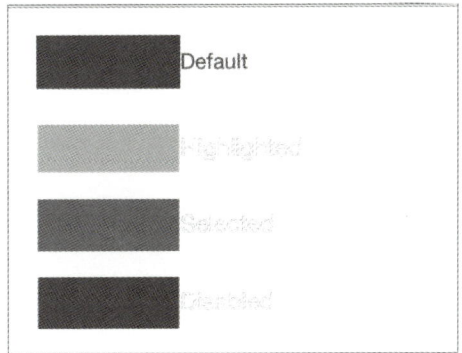

図1.2 実行結果

これらのプロパティは、コードで設定することもできます。

●ボタン各状態の画像をコードで設定する

```
// UIButtonのアウトレットを宣言
@property (strong, nonatomic) IBOutlet UIButton *button1;
@property (strong, nonatomic) IBOutlet UIButton *button2;
@property (strong, nonatomic) IBOutlet UIButton *button3;
@property (strong, nonatomic) IBOutlet UIButton *button4;


- (void)viewDidLoad
{
```

```
    （中略）
    UIImage *img = [UIImage imageNamed:@"green.png"];
    UIImage *img2 = [UIImage imageNamed:@"pink.png"];
    UIImage *img3 = [UIImage imageNamed:@"red.png"];
    UIImage *img4 = [UIImage imageNamed:@"gray.png"];

    [self.button1 setImage:img forState:UIControlStateNormal];
    [self.button2 setImage:img2 forState:UIControlStateHighlighted];
    [self.button3 setImage:img3 forState:UIControlStateSelected];
    [self.button4 setImage:img4 forState:UIControlStateDisabled];
}
```

MEMO

008 スライダーの外観をカスタマイズしたい

| UISlider | setMaximumTrackImage:forState:メソッドなど | 7.X |

| 関連 | 009 スライダーを縦に表示したい P.022 |
| 利用例 | スライダーのつまみを変更したい場合 |

スライダーの外観をカスタマイズするには

UISliderの外観をカスタマイズするには、[Attributes Inspector]で図1.1（表1.1）の設定を変更します（図1.2）。

図1.1 UISliderの[Attributes Inspector]の設定

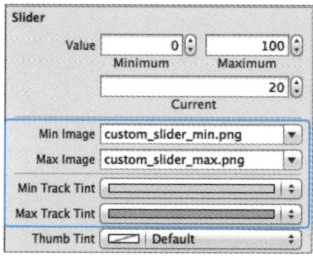

表1.1 [Attributes Inspector]で設定できる項目

プロパティ	説明
Min Image	スライダーの最小値の横に表示する画像（minimumValueImageプロパティ）
Max Image	スライダーの最大値の横に表示する画像（maximumValueImageプロパティ）
Min Track Tint	つまみの左側の色（minimumTrackTintColorプロパティ）
Max Track Tint	つまみ右側の色（maximumTrackTintColorプロパティ）

図1.2 実行結果❶

つまみ（thumb）の画像とつまみ左右側の画像を設定するには

UISliderのつまみの画像とつまみ左右側の画像を設定するには、コードで設定します（図1.3）。

●つまみ(thumb)の画像とつまみ左右側の画像を設定

```objc
- (void)viewDidLoad
{
    [super viewDidLoad];
    
    UIImage *stetchLeftTrack = [[UIImage imageNamed:@"green.png"]
                                stretchableImageWithLeftCapWidth:0.0
    topCapHeight:0.0];
    
    UIImage *stetchRightTrack = [[UIImage imageNamed:@"red.png"]
                                 stretchableImageWithLeftCapWidth:0.0
    topCapHeight:0.0];
    
    CGFloat width = 100;   // リサイズ後幅のサイズ
    CGFloat height = 10;   // リサイズ後高さのサイズ
    
    UIGraphicsBeginImageContext(CGSizeMake(width, height));
    [stetchLeftTrack drawInRect:CGRectMake(0, 0, width, height)];
    stetchLeftTrack = UIGraphicsGetImageFromCurrentImageContext();
    UIGraphicsEndImageContext();
    
    UIGraphicsBeginImageContext(CGSizeMake(width, height));
    [stetchRightTrack drawInRect:CGRectMake(0, 0, width, height)];
    stetchRightTrack= UIGraphicsGetImageFromCurrentImageContext();
    UIGraphicsEndImageContext();
    
    UIImage *thumbImage = [[UIImage imageNamed:@"ball.png"]
    stretchableImageWithLeftCapWidth:0.0 topCapHeight:0.0];
    
    [self.slider1 setThumbImage: thumbImage forState:UIControlStateNormal];
    
    [self.slider1 setMinimumTrackImage:stetchLeftTrack
    forState:UIControlStateNormal];
    [self.slider1 setMaximumTrackImage:stetchRightTrack
    forState:UIControlStateNormal];
    self.slider1.minimumValue = 0.0;
    self.slider1.maximumValue = 100.0;
    self.slider1.continuous = YES;
    self.slider1.value = 50.0;
}
```

図1.3 実行結果❷

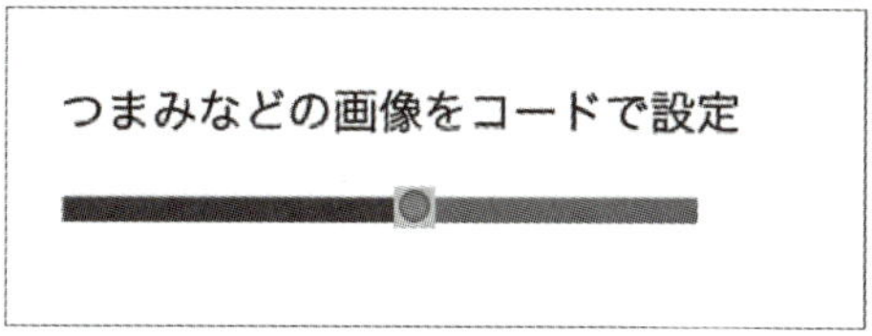

つまみなどの画像をコードで設定

> **NOTE**
> **appearance proxy**
> アプリのすべてのUISliderの外観のカスタマイズに「appearance proxy」が使えます。

MEMO

009 スライダーを縦に表示したい

| UISlider | transformプロパティ | | 7.X |

| 関連 | 008 スライダーの外観をカスタマイズしたい　P.019 |
| 利用例 | スライダーを縦に表示したい場合 |

スライダーを縦に表示するには

UISliderを縦に表示するには、UIViewのtransformプロパティを利用して変更します。

●UISliderを縦に表示

```objc
-(void)viewDidAppear:(BOOL)bl{
    [super viewDidAppear:bl];

    // 時計回りに90度回転して表示する
    self.uislider.transform = CGAffineTransformMakeRotation(90.0f * M_PI/180.f);
}
```

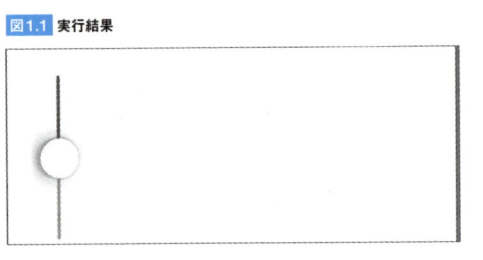

図1.1 実行結果

MEMO

010 テキストフィールド付きで表示したい

| UIAlertView | alertViewStyleプロパティ | 7.X |

| 関連 | 011 標準ボタン付きで表示したい P.025 |
| 利用例 | ログイン情報を入力したい場合 |

■ テキストフィールド付きで表示するには

UIAlertViewにテキストフィールドを表示するには、alertViewStyleプロパティを指定します（図1.1）。また、テキストフィールドの取得には、textFieldAtIndexメソッドを利用します（図1.2、1.3、1.4）。

●alertViewStyleプロパティをコードで指定する

```
{
    UIAlertView *alert;
    // UIAlertViewの初期化は省略
    (中略)
    alert.alertViewStyle = UIAlertViewStyleSecureTextInput;
}
```

図1.1 実行結果（UIAlertViewStyleDefault：テキストフィールドが表示されない）

図1.2 実行結果（UIAlertViewStyleSecureTextInput：パスワード入力用テキストフィールドが表示される）

図1.3 実行結果（UIAlertViewStylePlainTextInput：通常テキスト入力用フィールドが表示される）

図1.4 実行結果（UIAlertViewStyleLoginAndPasswordInput：
　　　　　ユーザーID入力用フィールドとパスワード入力テキストフィールドが表示される）

●textFieldAtIndex:メソッドでテキストフィールドを取得する

```
{
    // 1番目のテキストフィールド
    self.uiLabel.text = [[alertView textFieldAtIndex:0] text];
    // UIAlertViewStyleLoginAndPasswordInputに指定された場合、
    // 2番目のパスワードフィールドの値を取得する
    self.uiLabel2.text = [[alertView textFieldAtIndex:1] text];
}
```

> **NOTE**
>
> **UIAlertViewの構成**
>   iOS 7以前はaddSubViewメソッドを利用してUIAlertViewにほかのビューを追加して表示できますが、iOS 7でUIAlertViewの構成を変更することはできません。

011 標準ボタン付きで表示したい

| UIAlertView | addButtonWithTitle:メソッド | 7.X |

| 関連 | 010 テキストフィールド付きで表示したい P.023 |
| 利用例 | 確認情報を表示したい場合 |

▌標準ボタン付きで表示するには

　Interface builderからUIAlertViewを直接に利用できません。コードでUIAlert Viewを初期化して呼び出します。UIAlertViewに標準ボタンを表示するには、initWith Title:message:delegate:cancelButtonTitle:otherButtonTitles:という初期化メソッドを利用して初期化時に指定するか、初期化後にaddButtonWithTitle:メソッドで追加します。

　各ボタンのアクションはUIAlertViewDelegateプロトコルのalertView:clicked ButtonAtIndex:メソッド内に実装します（図1.1）。

●UIAlertViewにボタンを指定して表示する

```
- (void)viewDidLoad
{
    [super viewDidLoad];

    // アラートビューを作成
    // キャンセルボタンを表示しない場合はcancelButtonTitleにnilを指定
    UIAlertView *alert = [[UIAlertView alloc]
                          initWithTitle:@"UIAlertViewタイトル"
                          message:@"ボタンを押してください。"
                          delegate:self
                          cancelButtonTitle:@"Cancel"
                          otherButtonTitles:@"Button1", nil];

    // 初期化後ボタンを追加
    [alert addButtonWithTitle:@"Button2"];
    // UIAlertViewDelegateの実現を指定する
    alert.delegate = self;

    // アラートビューを表示
    [alert show];
}
```

●ボタンのアクションを指定する

```objc
// アラートのボタンが押された時に呼ばれるデリゲート例文
-(void)alertView:(UIAlertView*)alertView
clickedButtonAtIndex:(NSInteger)buttonIndex {
    switch (buttonIndex) {
        case 0:
            // 1番目のボタン「Cancel」が押された時の処理を記述する
            self.uiLabel.text = @"Cancelボタンを選択した";
            break;
        case 1:
            // 2番目のボタン「Button1」が押された時の処理を記述する
            self.uiLabel.text = @"Button1を選択した";
            break;
        case 2:
            self.uiLabel.text = @"Button2を選択した";
            // 3番目のボタン「Button2」が押された時の処理を記述する
            break;
        case 3:
            break;
    }
}
```

図1.1 実行例

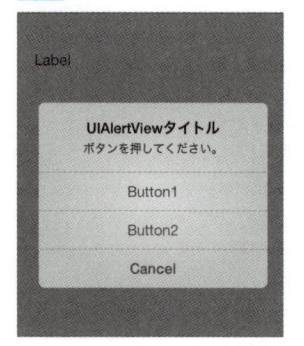

> **NOTE**
>
> **UIActionSheet**
>
> iOS Human Interface Guidelinesによると、UIAlertViewにたくさんのボタンが追加された場合、スクロールが発生して悪いユーザーエクスペリエンスになります。たくさんのボタンを利用したい場合、UIActionSheetを考えるべきです。

012 アクションシートを表示したい

UIActionSheet	initWithTitle:メソッド	actionSheet:clickedButtonAtIndex:メソッド	7.X
関連	—		
利用例	ユーザーに選択させたい場合		

アクションシートを表示するには

アクションシートを表示するには、UIActionSheetを利用します。initWithTitle:メソッドで初期化してボタンを追加します。actionSheet:clickedButtonAtIndex:メソッドの中でボタンが押された時のアクションを実装します（図1.1）。

● アクションシートを生成して表示する

```objc
- (IBAction)showActionSheet:(id)sender {
    // Do any additional setup after loading the view from its nib.
    UIActionSheet *actionSheet = [[UIActionSheet alloc]
                                  // タイトルをセットする
                                  initWithTitle:@"UIActionSheetサンプル"
                                  // デリゲートを指定する
                                  delegate:self
                                  // キャンセルボタンのタイトルを指定する
                                  cancelButtonTitle:@"キャンセル"
                                  // 赤色の警告ボタンのタイトルを指定する
                                  destructiveButtonTitle:@"削除"
                                  // ほかのボタンを指定する
                                  otherButtonTitles:@"button1",@"button2", nil];

    // ビューの中にアクションシートを表示する
    [actionSheet showInView:self.view];
}
```

図1.1 実行結果

アクションシート中のボタンが押された時のアクションを実装する

UIActionSheetDelegateプロトコルのactionSheet:clickedButtonAtIndex:メソッドを実装します。ボタンが押されたら、アクションシートが自動的に閉じるようになります。

● ボタンが押された時のアクション

```
-(void)actionSheet:(UIActionSheet*)actionSheet clickedButtonAtIndex:(NSInteger)
buttonIndex {
    switch (buttonIndex) {
        case 0:
            self.label1.text=@"キャンセルボタン";
            break;
        case 1:
            self.label1.text=@"削除ボタン";
            break;
        case 2:
            self.label1.text=@"button1";
            break;
        case 3:
            self.label1.text=@"button2";
            break;
    }
}
```

013 ON/OFFの色を変えたい

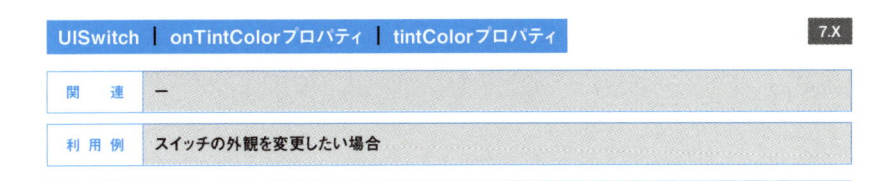

UISwitch	onTintColorプロパティ	tintColorプロパティ	7.X

関　連	—
利用例	スイッチの外観を変更したい場合

ON/OFFの色を変えるには

　UISwitchのON状態の色を変えるには、[Attributes inspecor]のOn TintでonTintColorプロパティを指定します。OFF状態の色は、TintでtintColorプロパティを指定します。また、つまみの色はThumb TintでthumbTintColorプロパティを指定します（図1.1、1.2）。

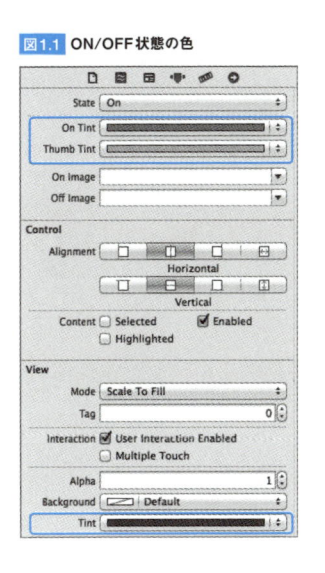

図1.1 ON/OFF状態の色

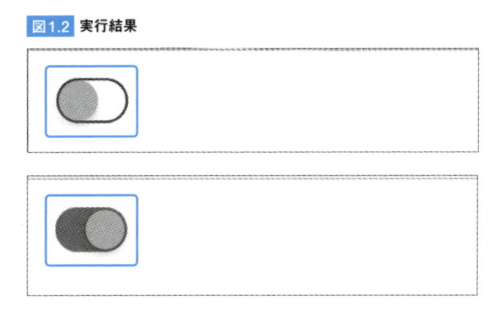

図1.2 実行結果

　これらのプロパティは、コードで設定することもできます。

●ON/OFF状態の色をコードで設定する

```
// アウトレットの宣言
@property (strong, nonatomic) IBOutlet UISwitch *uiSwitch;


- (void)viewDidLoad
{
    (中略)
    self.uiSwitch.onTintColor = [UIColor redColor];
    self.uiSwitch.tintColor = [UIColor blueColor];
    self.uiSwitch.thumbTintColor = [UIColor greenColor];
}
```

MEMO

014 ドラムボタンの刻み幅を指定したい

| UIDatePicker | minuteIntervalプロパティ | 7.X |

| 関連 | 015 日時の選択範囲を指定したい P.032 |
| | 016 日付や時刻のみを表示したい P.034 |

| 利用例 | 予定表の出席時間を15分単位で選択したい場合 |

刻み幅を指定するには

UIDatePickerの刻み幅の指定には、[Attributes Inspector]のIntervalでminuteIntervalプロパティを設定します。「minuteInterval」は分単位で指定します（図1.1、1.2）。

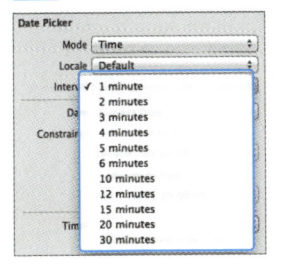

図1.1 UIDatePickerのプロパティ minuteInterval

図1.2 実行結果

これらのプロパティは、コードで設定することもできます。

●minuteIntervalプロパティをコードで設定する

```
- (void)viewDidLoad
{
    (中略)
    self.datepicker1.minuteInterval = 15;
}
```

015 日時の選択範囲を指定したい

| UIDatePicker | minimumDateプロパティ | maximumDateプロパティ | 7.X |

| 関連 | 014 ドラムボタンの刻み幅を指定したい P.031 |
| | 016 日付や時刻のみを表示したい P.034 |

| 利用例 | 期間限定セミナーの参加日をユーザーに選択させたい場合 |

日時の選択範囲を指定するには

　UIDatePickerの選択可能な最小の日時は、[Attributes Inspector]のConstraintsでminimumDateプロパティを設定します。選択可能な最大の日時はmaximumDateプロパティを設定します（図1.1、1.2）。

図1.1 UIDatePickerのminimumDateプロパティと maximumDateプロパティ

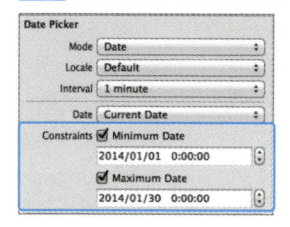

```
Date Picker
       Mode  Date
      Locale Default
    Interval 1 minute
        Date Current Date
 Constraints ☑ Minimum Date
             2014/01/01 0:00:00
             ☑ Maximum Date
             2014/01/30 0:00:00
```

図1.2 実行結果

```
一月の一ヶ月間を指定

    平成23年  10月  23日
    平成24年  11月  24日
    平成25年  12月  25日
    平成26年   1月  26日
    平成27年   2月  27日
    平成28年   3月  28日
    平成29年   4月  29日

7日前と7日後をコードで指定

    平成23年  10月  23日
    平成24年  11月  24日
    平成25年  12月  25日
    平成26年   1月  26日
    平成27年   2月  27日
    平成28年   3月  28日
```

これらのプロパティは、コードで設定することもできます。

●minimumDateとmaximumDateプロパティをコードで設定する

```
// UIDatePickerのアウトレットを宣言
@property (strong, nonatomic) IBOutlet UIDatePicker *datepicker1;


- (void)viewDidLoad
{
   (中略)
   // 7日前を指定する
   self.datepicker1.minimumDate=[NSDate dateWithTimeIntervalSinceNow:86400*(-7)];
   // 7日後を指定する
   self.datepicker1.maximumDate=[NSDate dateWithTimeIntervalSinceNow:86400*7];
}
```

MEMO

016 日付や時刻のみを表示したい

| UIDatePicker | datePickerModeプロパティ | 7.X |

| 関　連 | 014 ドラムボタンの刻み幅を 指定したい　P.031 |
| | 015 日時の選択範囲を指定したい　P.032 |

| 利用例 | 生年月日を選択できるようにする場合 |

日付のみ/時刻のみ表示するには

　UIDatePickerを日付のみ表示するには、[Attributes Inspector]のModeでdatePickerModeプロパティをDateに設定します（図1.1、表1.1）。時刻のみ表示するには、Timeに設定します（図1.2）。

図1.1 UIDatePickerのプロパティ datePickerMode

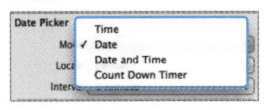

図1.2 実行結果

表1.1 datePickerMode プロパティの設定値

設定値	説明
UIDatePickerModeTime	時分
UIDatePickerModeDate	年月日
UIDatePickerModeDateAndTime	月日時分
UIDatePickerModeCountDownTimer	カウントダウンタイマー用

これらのプロパティは、コードで設定することもできます。

●datePickerMode プロパティをコードで設定する

```
// UIDatePicerのアウトレットを宣言
@property (strong, nonatomic) IBOutlet UIDatePicker *datepicker1;
@property (strong, nonatomic) IBOutlet UIDatePicker *datepicker2;


- (void)viewDidLoad
{
    (中略)
    self.datepicker1.datePickerMode = UIDatePickerModeDate;
    self.datepicker2.datePickerMode = UIDatePickerModeTime;
}
```

MEMO

017 テーブルを表示したい

UITableView	Storyboard	UITableViewController		7.X
関連	—			
利用例	一覧情報をテーブルレイアウトで表示したい場合			

テーブルを表示するには

　テーブルを表示するには、UITableViewを利用します。なお、UITableViewDataSourceプロトコルとUITableViewDelegateプロトコルを実装する必要があります。

　UITableViewDataSourceにはtableView:numberOfRowsInSection:メソッドが必須です。UITableViewDelegateはテーブルの外観やテーブルの動作を管理しています。

　StoryboardとUITableViewControllerを利用してテーブルを簡単に表示できます。UITableViewControllerはUITableViewを管理し、関連の設定や動作をサポートしています。

StoryboardとUITableViewControllerを利用してUITableViewを表示するには

　StoryboardとUITableViewControllerを利用してUITableViewを表示する手順は下記の通りです。

手順1 XcodeでUITableViewControllerのサブクラスを生成する

　「Xcode」→「New File」→「Objective-c Class」→「Subclass of」に「UITableViewController」を選択します（図1.1）。

図1.1 UITableViewControllerのサブクラスの作成

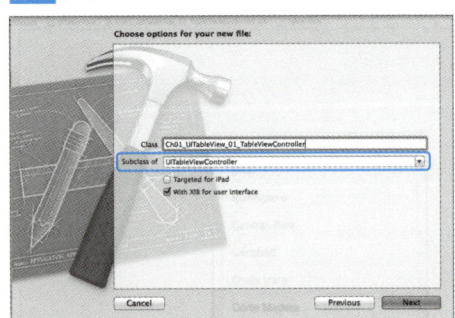

> **NOTE**
> **コメントアウトしているコード**
> 　サンプルとして、テーブルのセクション数などは直接Storyboardで指定するため、生成したUITableViewControllerのサブクラス中の各メソッドをコメントアウトしています。

手順2 Storyboardを追加してクラスを指定する

Storyboardを追加して、object libraryからTable ViewControllerをStoryboardにドラッグします。追加されたシーンのIdentity inspectorの「Custom Class」に 手順1 で生成したクラスを指定します（図1.2）。

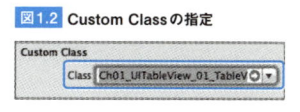

図1.2 Custom Classの指定

手順3 各種設定を行う

Storyboard上の「UITableView」を選択して、[Attributes Inspector] にて、Contentを「Static Cells」に設定し、Sections（セクション数）を「2」に設定します。スタイルを「Plain」に指定します（図1.3、1.4、1.5）。

図1.3 UITableViewのcontentとセクション設定

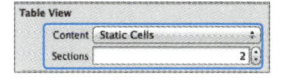

図1.4 document outline

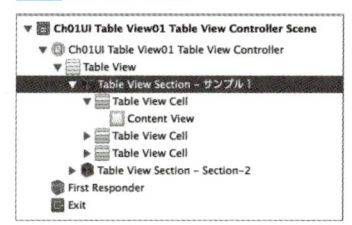

図1.5 UITableViewのレイアウト

手順4 行数やセクションヘッダーを設定する

　document outlineを展開して、「Table View Section」を選択し、[Attributes inspector]にて、行数(Rows)やセクションヘッダー(Header)を設定します(図1.6)。

図1.6 行数やセクションヘッダー設定

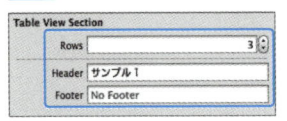

手順5 スタイルを設定する

　document outlineから「Table View Cell」を選択して、[Attributes inspector]にて、スタイルを設定します(例として「Basic」を選択)。
　Accessoryを「Disclosure Indicator」に設定します(図1.7、表1.1)。

図1.7 Table View Cellのスタイルとアクセサリーの設定

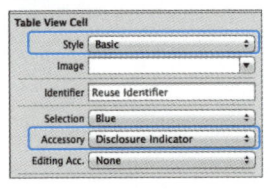

表1.1 UITableViewCellStyle列挙子

UITableViewCellStyle列挙子	説明
UITableViewCellStyleDefault	左画像、右文字列
UITableViewCellStyleValue1	左画像、右は左寄せ文字列、右寄せ文字列
UITableViewCellStyleValue2	右は左寄せ文字列、右寄せ文字列
UITableViewCellStyleSubtitle	左画像、右側文字列(上タイトル、下詳細文字列)

手順6 コンテンツを指定する

UITableViewの「Label」を選択してコンテンツを指定します（図1.8、1.9）。

図1.8 コンテンツの指定

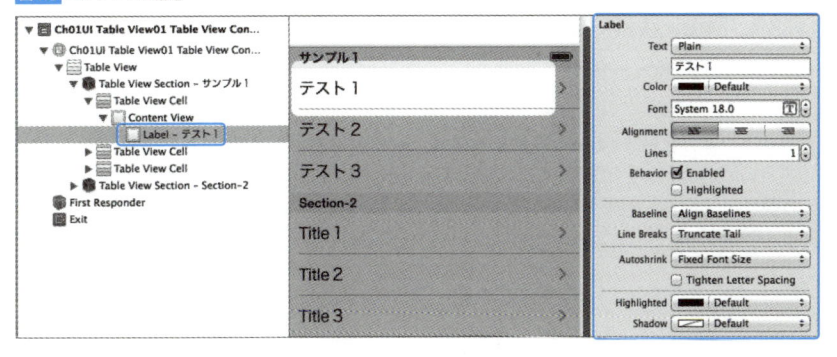

図1.9 実行結果

018 行の追加/削除/移動をさせたい

| UITableView | UITableViewDelegateの各デリゲートメソッド | 7.X |

| 関連 | 017 テーブルを表示したい P.036
020 独自定義のセルを使いたい P.047 |

| 利用例 | 設定項目を追加/削除/移動したい場合 |

テーブルの行を追加/削除/移動するには

UITableViewの行を追加/削除/移動するには、UITableViewを編集モードに設定する必要があります。編集モードにした場合、削除と追加のコントローラが左側に表示されます（図1.1）。

> **NOTE**
> **UITableViewの表示方法や独自定義セルの利用**
> UITableViewの表示方法や独自定義セルの利用は レシピ017 「テーブルを表示したい」と レシピ020 「独自定義のセルを使いたい」を参照してください。

●変数を宣言する

```
// 行データを格納する
NSMutableArray *rowDataArray;
// 追加された行数
int insertRow;
```

●ナビゲーションバーに編集ボタンを追加してテーブルの初期表示データを初期化する

```objc
- (void)viewDidLoad
{
    [super viewDidLoad];
    self.navigationItem.rightBarButtonItem = self.editButtonItem;
    
    self.title = @"行追加/削除/移動サンプル";
    rowDataArray = [[NSMutableArray alloc]init];
    for(int i=1;i<4;i++) {
        [rowDataArray addObject:[NSString stringWithFormat:@"元の行：%d",i]];
    }
    insertRow = 1;
}
```

● セクション数と行数を設定する

```
- (NSInteger)numberOfSectionsInTableView:(UITableView *)tableView
{
    // サンプルとして、1セクションを設定している
    return 1;
}


- (NSInteger)tableView:(UITableView *)tableView numberOfRowsInSection:(NSInteger)section
{
    // 1つのセクション中の行数を返す
    return [rowDataArray count];
}
```

● テーブルセルを設定する

```
- (UITableViewCell *)tableView:(UITableView *)tableView cellForRowAtIndexPath:
(NSIndexPath *)indexPath
{
    // storyboardで指定したIdentifierを指定する
    UITableViewCell *cell = [tableView dequeueReusableCellWithIdentifier:
@"mycell"];

    UILabel *uiLabel;

    uiLabel = (UILabel *)[cell viewWithTag:1];
    uiLabel.text = [rowDataArray objectAtIndex:indexPath.row];
    return cell;
}
```

● 編集モードの時に追加ボタンを表示する。通常モードの時に追加ボタンを非表示にする

```
- (void)setEditing:(BOOL)editing animated:(BOOL)animated {
    [super setEditing:editing animated:animated];
    [self.tableView setEditing:editing animated:YES];
    if (editing) {
        // 現在編集モード
        UIBarButtonItem *addButton = [[UIBarButtonItem alloc]
initWithBarButtonSystemItem:UIBarButtonSystemItemAddtarget:self action:
@selector(insertRow:)];
        // 追加ボタンを表示する
        [self.navigationItem setLeftBarButtonItem:addButton animated:YES];
    } else {
        // 現在通常モード。  追加ボタンを非表示にする
```

```
        [self.navigationItem setLeftBarButtonItem:nil animated:YES];
    }
}
```

●行追加処理

```
- (IBAction)insertRow:(id)sender {
    NSIndexPath *indexPath = [NSIndexPath indexPathForRow:rowDataArray.count
inSection:0];
    NSArray *indexPaths = [NSArray arrayWithObjects:indexPath,nil];
    [rowDataArray addObject:[NSString stringWithFormat:@"追加された行：
%d",insertRow]];
    // 次に使う時用にinsertCountに1足している
    insertRow++;
    [self.tableView insertRowsAtIndexPaths:indexPaths withRowAnimation:
UITableViewRowAnimationTop];
}
```

●行移動処理

```
- (void)tableView:(UITableView *)tableView moveRowAtIndexPath:(NSIndexPath *)
fromIndexPath toIndexPath:(NSIndexPath *)toIndexPath {

    if(fromIndexPath.section == toIndexPath.section) {
        // 移動元と移動先は同じセクション
        if(rowDataArray && toIndexPath.row < [rowDataArray count]) {
            // 移動対象を保持する
            id item = [rowDataArray objectAtIndex:fromIndexPath.row ];
            // 配列から一度消す
            [rowDataArray removeObject:item];
            // 保持しておいた対象を挿入する
            [rowDataArray insertObject:item atIndex:toIndexPath.row];
        }
    }
}


- (BOOL)tableView:(UITableView *)tableView canMoveRowAtIndexPath:(NSIndexPath *)
indexPath {
    // すべてのデータが移動できるようにしている
    return YES;
}
```

●コミット時に、行データを格納している配列からデータを削除する

```
- (void)tableView:(UITableView *)tableView commitEditingStyle:
(UITableViewCellEditingStyle)editingStyle forRowAtIndexPath:(NSIndexPath *)
indexPath {
    if (editingStyle == UITableViewCellEditingStyleDelete) {
        // 削除ボタンが押された行のデータを配列から削除する
        [rowDataArray removeObjectAtIndex:indexPath.row];
        [self.tableView deleteRowsAtIndexPaths:[NSArray
arrayWithObject:indexPath] withRowAnimation:UITableViewRowAnimationFade];
    } else if (editingStyle == UITableViewCellEditingStyleInsert) {
        // ここは空のままで問題ない
    }
}
```

図1.1 編集モードのテーブル表示

019 自分で作ったヘッダーや フッターを表示したい

| UITableView | tableHeaderViewプロパティ | tableFooterViewプロパティなど | 7.X |

| 関 連 | — |
| 利用例 | ヘッダーやフッターの見た目をカスタマイズしたい場合 |

UITableViewに自分で作ったヘッダーとフッターを表示するには

UITableViewのヘッダーは、tableHeaderViewプロパティで指定します。フッターはtableFooterViewプロパティで指定します（図1.1）。

●UITableViewのヘッダーとフッターを設定する

```
- (void)viewDidLoad
{
    （中略）
    UIView *tableHeaderView = [[UIView alloc] initWithFrame:CGRectMake
(0, 0, 320, 50)];
    [tableHeaderView setBackgroundColor:[UIColor greenColor]];

    UIView *tableFooterView = [[UIView alloc] initWithFrame:CGRectMake
(0, 0, 320, 50)];
     [tableFooterView setBackgroundColor:[UIColor greenColor]];

    UILabel *headerLabel = [[UILabel alloc] initWithFrame:CGRectMake
(10, 20, 320, 25)];
    headerLabel.text = @"Table Header View";

    UILabel *footerLabel = [[UILabel alloc] initWithFrame:CGRectMake
(10, 10, 320, 25)];
    footerLabel.text=@"Table Footer View";
    [tableHeaderView addSubview:headerLabel];
    [tableFooterView addSubview:footerLabel];

    self.tableView.tableHeaderView = tableHeaderView;
    self.tableView.tableFooterView = tableFooterView;
}
```

UITableViewの各セクションに自分で作ったヘッダーとフッターを表示するには

自分で作ったヘッダーを表示するには、tableView:viewForHeaderInSection:メソッドとtableView:heightForHeaderInSection:メソッドを実装します。

自分で作ったフッターを表示するには、tableView:viewForFooterInSection:メ

ソッドとtableView:heightForFooterInSection:メソッドを実装します。
パフォーマンスを良くするために、UITableViewHeaderFooterViewを利用します。

● 各セクションに自分で作ったヘッダーとフッターを表示する

```
- (void)viewDidLoad
{
    (中略)
    // 再利用するため、UITableViewHeaderFooterViewを登録する
    [self.tableView registerClass:[UITableViewHeaderFooterView class] forHeaderFooterViewReuseIdentifier:@"HeaderFooter"];
}

// セクションのヘッダーに表示するViewを定義する
- (UIView *)tableView:(UITableView *)tableView viewForHeaderInSection:
(NSInteger)section
{
    UITableViewHeaderFooterView *header = [tableView dequeueReusableHeaderFooterViewWithIdentifier:@"HeaderFooter"];

    UILabel *label = [[UILabel alloc] initWithFrame:CGRectMake(0,0,320,50)];
    label.text = [NSString stringWithFormat : @"%@%d", @"Section Header",section];
    label.backgroundColor = [UIColor blueColor];
    label.textColor = UIColor.whiteColor;

    UISwitch *uiswitch = [[UISwitch alloc] initWithFrame:CGRectMake
(200, 10, 20, 50)];

    [header.contentView addSubview:label];
    [header.contentView addSubview:uiswitch];
    return header;
}

- (CGFloat)tableView:(UITableView *)tableView heightForFooterInSection:
(NSInteger)section
{
    return 50;
}
- (CGFloat)tableView:(UITableView *)tableView heightForFooterInSection:
(NSInteger)section
{
    return 50;
}
```

```objc
// セクションのフッターに表示するViewを定義する
- (UIView *)tableView:(UITableView *)tableView viewForFooterInSection:
(NSInteger)section
{
    UITableViewHeaderFooterView *footer = [tableView
dequeueReusableHeaderFooterViewWithIdentifier:@"HeaderFooter"];

    UILabel *label = [[UILabel alloc] initWithFrame:CGRectMake(0,0,320,50)];
    label.text = [NSString stringWithFormat : @"%@%d", @"Section Footer",section];
    label.backgroundColor = [UIColor redColor];
    label.textColor = UIColor.whiteColor;

    UISwitch *uiswitch = [[UISwitch alloc] initWithFrame:CGRectMake
(200, 10, 20, 50)];

    [footer.contentView addSubview:label];
    [footer.contentView addSubview:uiswitch];
    return footer;
}
```

図1.1 実行結果

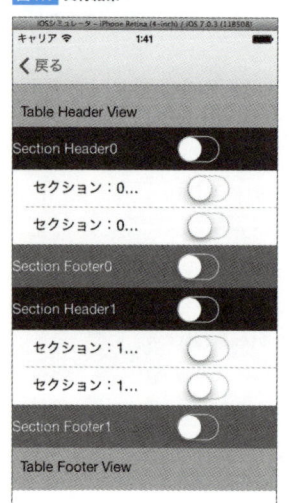

020 独自定義のセルを使いたい

UITableView	Storyboard	tableView:cellForRowAtIndexPath:メソッド	7.X

関　連	017　テーブルを表示したい　P.036
利用例	テーブルのセルに複数の部品を配置したい場合

▌独自定義のセルを使うには

UITableViewのセルにはUITableViewCellが使われています。Storyboardで独自セルを定義して利用する手順は下記の通りです。

手順1　Storyboardに追加

レシピ017「テーブルを表示したい」の 手順1 から 手順2 を参照してUITableViewControllerのサブクラスを作成してStoryboardに追加します。

手順2　contentを設定

Storyboard上の「UITableView」を選択して、[Attributes Inspector]にて、Contentを「Dynamic Prototypes」に設定します。Prototype Cellsを1に指定します（図1.1）。

図1.1 UITableViewの設定

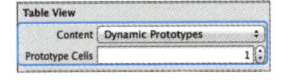

手順3　スタイルなどを設定

document outlineを展開して、「Table View Cell」を選択して、[Attributes Inspector]にて、styleを「Custom」に設定し、Identifierに「mycell」と入力します（図1.2）。

図1.2 Table View Cell設定

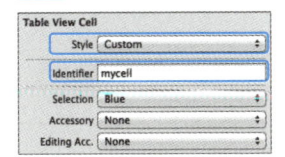

手順4 objectを選択して配置

図1.3のようにLibraryからobjectを選択してcellに配置します（例としてラベルを1つ、スイッチを1つ追加している）。

図1.3 ラベルとスイッチを追加したPrototype Cells

手順5 プロパティを設定

手順4 で追加されたobjectのプロパティなどを設定します。サンプルでは、viewWithTag:メソッドで **手順4** の各objectにアクセスするため、各objectのtagプロパティにユニークな値を設定しています。

手順6 テーブルのセクション数や行数を設定

UITableViewDataSourceプロトコルのtableView:cellForRowAtIndexPath:メソッドを実装して、prototype cellからセルを生成してデータを設定します。テーブルのセクション数や行数を設定します（図1.4）。

● tableView:cellForRowAtIndexPath: メソッドの実装やセクション数などを設定する

```
- (UITableViewCell *)tableView:(UITableView *)tableView cellForRowAtIndexPath:
(NSIndexPath *)indexPath
{
    // storyboardで指定したIdentifierを指定する
    UITableViewCell *cell = [tableView dequeueReusableCellWithIdentifier:
@"mycell"];

    UILabel *uiLabel;
    UISwitch *uiSwitch;

    uiLabel = (UILabel *)[cell viewWithTag:1];
    uiLabel.text = [NSString stringWithFormat:@"セクション:%d 行:%d",
indexPath.section, indexPath.row];

    uiSwitch = (UISwitch *)[cell viewWithTag:2];
    [uiSwitch setOn:true];

    return cell;
}


- (NSInteger)numberOfSectionsInTableView:(UITableView *)tableView
{
    // セクション数を返す
    return 4;
}


- (NSInteger)tableView:(UITableView *)tableView numberOfRowsInSection:
(NSInteger)section
{
    // セクション中の行数を返す。ここですべてのセクションに同じの行数3を設定している
    return 3;
}


- (NSString *)tableView:(UITableView *)tableView titleForHeaderInSection:
(NSInteger)section
{
    // 各セクションのヘッダーを指定する
    return [NSString stringWithFormat : @"%@%d", @"セクション",section];
}
```

図1.4 実行結果

> **NOTE**
>
> **Identifierについて**
>
> 　dequeueReusableCellWithIdentifier:メソッドで使うIdentifierは 手順3 のprototype cellの設定と同じです。
> 　StoryboardでprototypecellHandle定義しているため、dequeueReusableCellWithIdentifier:メソッドが常に有効なセルを返しています。セルのnilチェックと新規作成は不要です。

021 電話番号、メールアドレスを識別したい

| UITableView | dataDetectorTypes プロパティ | 7.X |

関　連	—
利用例	テキスト中の電話番号をタップして電話したい場合 メールアドレスをタップしてメールしたい場合 URLをタップしてSafariでWebサイトを開きたい場合

電話番号、メールアドレスを識別するには

UITextViewに表示されたテキストから電話番号やメールアドレスを認識するには、[Attributes Inspector]のDetectionでdataDetectorTypesプロパティを指定します（図1.1、表1.1）。

UITextViewの中のURLや電話番号がハイパーリンクになり、タップすることでSafariでWebサイトを開いたり電話したりすることができます（図1.2）。

図1.1 UITextViewの[Attributes Inspector]のDetectionの設定

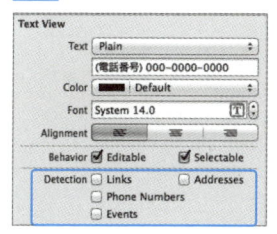

表1.1 dataDetectorTypesプロパティの設定一覧

設定値	説明
UIDataDetectorTypePhoneNumber	電話番号を識別
UIDataDetectorTypeLink	URLを識別
UIDataDetectorTypeAddress	住所を識別
UIDataDetectorTypeCalendarEvent	カレンダーイベントを識別
UIDataDetectorTypeNone	識別しない
UIDataDetectorTypeAll	電話番号やURLを全部識別

図1.2 実行結果

```
(URL) http://www.shoeisha.co.jp/

(電話番号)  000-1234-1234

(住所) 〒105-0011 東京都港区芝公園4－2
－8

(カレンダーイベント) 1月29日(水) 10:30

(識別しない) (電話番号) 000-1234-1234
(URL) http://www.google.co.jp  (住所) 〒
105-0011 東京都港区芝公園4－2－8  (カ
レンダーイベント)  1月29日(水) 10:30

(電話番号やURLを全部識別) (電話番号)
000-1234-1234  (URL) http://
www.google.co.jp  (住所) 〒105-0011 東京
都港区芝公園4－2－8  (カレンダーイベン
ト) 1月29日(水) 10:30
```

これらのプロパティは、コードで設定することもできます。

●dataDetectorTypesプロパティをコードで設定する

```
- (void)viewDidLoad
{
    [super viewDidLoad];
    UITextView.dataDetectorTypes = UIDataDetectorTypePhoneNumber;
    UITextView.dataDetectorTypes = UIDataDetectorTypeLink;
    UITextView.dataDetectorTypes = UIDataDetectorTypeAddress;
    UITextView.dataDetectorTypes = UIDataDetectorTypeCalendarEvent;
    UITextView.dataDetectorTypes = UIDataDetectorTypeNone;
    UITextView.dataDetectorTypes = UIDataDetectorTypeAll;
}
```

022 キーボード入力モードを変更したい

1.5 入力

| UITextField | keyboardTypeプロパティ | 7.X |

| 関連 | — |
| 利用例 | 数字や電話番号を入力したい場合 |

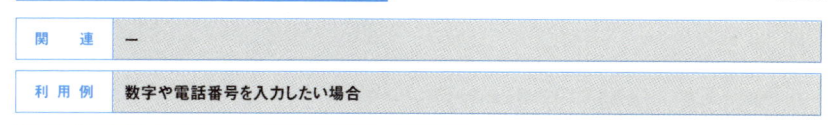

■ キーボード入力モードを変更するには

UITextFieldのキーボード入力モードを指定するには、[Attributes Inspector]のKeyboardからkeyboardTypeプロパティを指定します（図1.1、表1.1）。

図1.1 [Attributes Inspector]のKeyboard設定

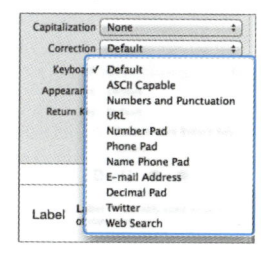

表1.1 keyboardTypeプロパティの設定一覧

設定値	説明
UIKeyboardTypeDefault	デフォルトのキーボード
UIKeyboardTypeASCIICapable	ASCIIキャラクタ入力用のキーボード
UIKeyboardTypeNumbersAndPunctuation	数字および句読文字入力用のキーボード
UIKeyboardTypeURL	URL入力用のキーボード。「.」、「/」、「.com」を入力しやすい
UIKeyboardTypeNumberPad	数字入力用のキーボード。自動的に先頭文字を大文字にする変換機能をサポートしていない
UIKeyboardTypePhonePad	電話番号入力用のキーボード。自動的に先頭文字を大文字にする変換機能をサポートしていない
UIKeyboardTypeNamePhonePad	電話番号と人名入力用のキーボード。自動的に先頭文字を大文字にする変換機能をサポートしていない
UIKeyboardTypeEmailAddress	メールアドレス入力用のキーボード。「@」、「.」、空白を入力しやすい
UIKeyboardTypeDecimalPad	数字と小数点
UIKeyboardTypeTwitter	Twitter入力用のキーボード。「@」、「#」を入力しやすい
UIKeyboardTypeWebSearch	Web検索用

これらのプロパティは、コードで設定することもできます。

● keyboardTypeプロパティをコードで設定する

```
- (void)viewDidLoad
{
    [super viewDidLoad];
    self.textfield1.keyboardType=UIKeyboardTypeEmailAddress;
}
```

023 クリアーボタンを表示したい

UITextField | clearButtonMode プロパティ　7.X

関連	—
利用例	入力エラーが発生して入力値を全部クリアしたい場合

▌クリアーボタンを表示するには

UITextFieldの右側のクリアーボタンを表示するには、[Attributes Inspector]の Clear ButtonでclearButtonModeプロパティを指定します（図1.1、表1.1）。

図1.1 UITextFieldのclearButtonMode プロパティ

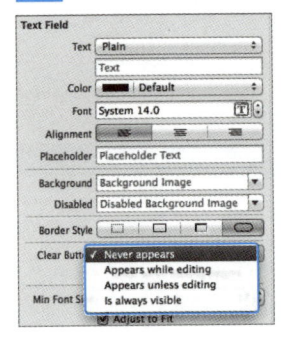

表1.1 clearButtonMode プロパティの設定一覧

設定値	説明
UITextFieldViewModeNever	表示しない
UITextFieldViewModeWhileEditing	編集時に表示
UITextFieldViewModeUnlessEditing	フォーカスが当たっていない時のみ表示
UITextFieldViewModeAlways	常に表示する

これらのプロパティは、コードで設定することもできます。

●clearButtonModeプロパティをコードで設定する

```
- (void)viewDidLoad
{
    [super viewDidLoad];
    self.textfield1.clearButtonMode = UITextFieldViewModeNever;
    self.textfield2.clearButtonMode = UITextFieldViewModeWhileEditing;
    self.textfield3.clearButtonMode = UITextFieldViewModeUnlessEditing;
    self.textfield4.clearButtonMode = UITextFieldViewModeAlways;
}
```

024 パスワードを入力したい

| UITextField | secureTextEntry プロパティ | 7.X |

| 関連 | ― |
| 利用例 | ログイン画面のパスワードをマスク「*」で表示したい場合 |

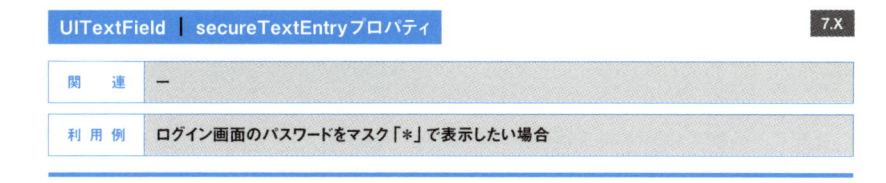

UITextFieldにパスワードを入力するには、[Attributes Inspector]のSecureでsecureTextEntryプロパティを指定します（図1.1）。入力されたパスワードがマスク「●」で表示されます（図1.2）。

図1.1 UITextFieldのSecureプロパティ

☑ Secure

図1.2 実行結果

●●●●●

このプロパティは、コードで設定することもできます。

● secureTextEntryプロパティをコードで設定する

```
- (void)viewDidLoad
{
    （中略）
    self.textfield1.secureTextEntry=YES;
}
```

025 プレースホルダーを表示したい

UITextField	placeholderプロパティ	attributedPlaceholderプロパティ	7.X
関連	―		
利用例	「ユーザーIDを入力してください」などのヒントを示したい場合		

通常のプレースホルダーホルダーを表示するには

[Attributes Inspector]のPlaceholderでplaceholderプロパティを指定します（図1.1、1.2）。

図1.1 UITextFieldのPlaceholder

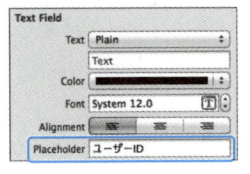

図1.2 実行結果

このプロパティは、コードで設定することもできます。

●Placeholderプロパティをコードで設定する

```
- (void)viewDidLoad
{
    self.textfield1.placeholder=@"ユーザーID";
}
```

リッチなプレースホルダーを表示するには

コードでattributedPlaceholderプロパティにNSAttributedStringを指定します（図1.3）。

●attributedPlaceholderプロパティをコードで設定する

```
- (void)viewDidLoad
{
    NSString *str = @"ユーザーID";
    NSMutableAttributedString *attrStr = [[NSMutableAttributedString alloc]
initWithString:str];
    NSRange range1 = [str rangeOfString:@"ID"];
    // 赤色にセットする
    [attrStr addAttribute:NSForegroundColorAttributeName
                    value:[[UIColor redColor] colorWithAlphaComponent:1.]
                    range:range1];

    self.textfield2.attributedPlaceholder=attrStr;
}
```

図1.3 実行結果

MEMO

026 入力を制限したい

UITextField	UITextFieldDelegateプロトコル	7.X
関連	―	
利用例	数字のみの入力に制限したい場合	

入力を制限するには

UITextFieldの入力制限をしたい場合、UITextFieldDelegateプロトコルのtextField:shouldChangeCharactersInRange:replacementString:メソッドを実装します。

このメソッドはファーストレスポンダになっているUITextFieldに1文字でも入力があれば呼び出されます。

数字のみ入力を制限したい

入力文字数はtextField:shouldChangeCharactersInRange:replacementString:メソッド内に実装して、数字しか入力できないように制限できます。なお、入力文字数制限の実装と併用できます。

●UITextFieldDelegateプロトコルを実現

```
@interface Ch01_UITextField_03_ViewController : UIViewController
<UITextFieldDelegate>
// UITextFieldのアウトレットを宣言
@property (strong, nonatomic) IBOutlet UITextField *textfield1;
@end
```

●textField:shouldChangeCharactersInRange:replacementString:メソッドの実装

```
- (BOOL)textField:(UITextField *)textField shouldChangeCharactersInRange:
(NSRange)range replacementString:(NSString *)string
{
    // 入力済みのテキストを取得
    NSMutableString *str = [textField.text mutableCopy];
    // 入力済みのテキストと入力が行われたテキストを結合
    [str replaceCharactersInRange:range withString:string];


    BOOL ret = YES;
    ret =[self isNumber:str];


    return ret;
}
```

●数字入力チェックメソッド

```objc
- (BOOL)isNumber:(NSString *)value {

    // 空文字の場合はNO
    if ( (value == nil) || ([@"" isEqualToString:value]) ) {
        return NO;
    }

    int l = [value length];

    BOOL b = NO;
    for (int i = 0; i < l; i++) {
        NSString *str = [[value substringFromIndex:i] substringToIndex:1];
        const char *c = [str cStringUsingEncoding:NSASCIIStringEncoding];
        if ( c == NULL ) {
            b = NO;
            break;
        }
        if ((c[0] >= 0x30) && (c[0] <= 0x39)) {
            b = YES;
        } else {
            b = NO;
            break;
        }
    }

    if (b) {
        return YES;   // 数値文字列である
    } else {
        return NO;
    }
}
```

027 画面の下から アニメーションさせたい

UIPickerView		7.X
関連	—	
利用例	ピッカービューを画面下からアニメーション表示させたい場合	

画面下からアニメーションさせるには

ピッカービューを画面下からアニメーションさせるには、標準のアニメーション機能を利用します（図1.1）。

●画面下からアニメーションでピッカービューを表示する

```
PickerViewController *piclerViewController;


- (IBAction)showPickerView:(id)sender {
    piclerViewController = [[PickerViewController alloc] init];

    piclerViewController.delegate = self;

    // PickerViewをサブビューとして表示する
    UIView *pickerView = piclerViewController.view;
    CGPoint middleCenter = pickerView.center;

    // アニメーション開始時のPickerViewの位置を計算
    UIWindow* mainWindow = (((Ch01_AppDelegate*) [UIApplication
sharedApplication].delegate).window);
    CGSize offSize = [UIScreen mainScreen].bounds.size;
    CGPoint offScreenCenter = CGPointMake(offSize.width / 2.0,
offSize.height*1.5);
    pickerView.center = offScreenCenter;

    [mainWindow addSubview:pickerView];

    // アニメーションを使ってPickerViewを表示する
    [UIView beginAnimations:nil context:nil];
    [UIView setAnimationDuration:1];
    pickerView.center = middleCenter;
    [UIView commitAnimations];
}
```

図1.1 実行結果

```
UIPickerViewを表示




                Close


   data1         test1
   data2         test2
```

MEMO

028 選択された値を取得したい

UIPickerView	pickerView:didSelectRow:inComponent:メソッド	7.X
関連	—	
利用例	選択値を取得したい場合	

選択された値を取得するには

UIPickerViewの行が選択された時に値を取得するには、pickerView:didSelectRow:inComponent:メソッドを実装します。

pickerView:didSelectRow:inComponent:メソッドは選択された行のインデックスが渡されているため、このインデックスを利用して自分が保持しているデータソースから値を取得できます。

また、UIPickerViewが閉じる時に選択された値を取得するにはUIPickerViewのselectedRowInComponent:メソッドを利用します。

●pickerView:didSelectRow:inComponent:メソッドの実装

```objc
NSArray   *data1 = [NSArray arrayWithObjects:@"data1",@"data2",@"data3",@"data4",
@"data5", nil];
NSArray   *data2 = [NSArray arrayWithObjects:@"test1",@"test2",@"test3",@"test4",
@"test5",@"test6", nil];

- (void)pickerView:(UIPickerView *)pickerView
      didSelectRow:(NSInteger)row inComponent:(NSInteger)component
{
    // 1列目の選択された行数を取得
    NSInteger val0 = [pickerView selectedRowInComponent:0];

    // 2列目の選択された行数を取得
    NSInteger val1 = [pickerView selectedRowInComponent:1];
    NSLog(@"1列目:%@が選択", [data1 objectAtIndex:val0]);
    NSLog(@"2列目:%@が選択", [data2 objectAtIndex:val1]);
}

// UIPickerViewが閉じる時に選択された値を取得する
- (IBAction)closePickerView:(id)sender {
    // 1列目の選択された行数を取得
    NSInteger val0 = [self.uiPicker selectedRowInComponent:0];
```

```
    // 2列目の選択された行数を取得
    NSInteger val1 = [self.uiPicker selectedRowInComponent:1];

    NSLog(@"1列目:%@が選択", [data1 objectAtIndex:val0]);
    NSLog(@"2列目:%@が選択", [data2 objectAtIndex:val1]);
    (中略)
}
```

MEMO

029 表示項目を設定したい

| UIPickerView | UIPickerViewDataSource プロトコル | UIPickerViewDelegate プロトコル | 7.X |

関連	—
利用例	複数の選択肢を表示したい場合 リッチな選択肢を表示したい場合

UIPickerViewを利用するには

UIPickerViewを利用するには、UIPickerViewDataSourceプロトコルとUIPickerViewDelegateプロトコルのデリゲートメソッドを実装する必要があります。

表1.1 UIPickerViewDataSource プロトコルのメソッド

メソッド	説明
numberOfComponentsInPickerView	（必須）列数を返す
pickerView:numberOfRowsInComponent	（必須）行数を返す

表1.2 UIPickerViewDelegate プロトコルのメソッド

メソッド	説明
pickerView:rowHeightForComponent	行の高さを返す
pickerView:widthForComponent	列の幅を返す
pickerView:titleForRow:forComponent	行に表示するテキストを返す
pickerView:attributedTitleForRow:forComponent	行に表示するリッチテキストを返す
pickerView:viewForRow: forComponent:reusingView	行に表示するビューを返す。 行のビュー表示をカスタマイズに利用する
pickerView:didSelectRow:inComponent	行を選択時に呼び出される

> **NOTE**
> **通常のテキストを表示したい場合**
> pickerView:attributedTitleForRow:forComponent:デリゲートメソッドが優先して使われるため、通常のテキストを表示したい場合、pickerView:attributedTitleForRow:forComponent:デリゲートメソッドを実装しないか、nilを返す必要があります。

●UIPickerViewDataSourceとUIPickerViewDelegateの実装

```
// ヘッダーファイルの宣言
@interface PickerViewController : UIViewController<UIPickerViewDataSource,
UIPickerViewDelegate>
@end


// データ変数を宣言
@interface PickerViewController ()
{
    NSArray *data1;
    NSArray *data2;
}


// UIPickerViewに表示するデータを定義する
- (void)viewDidLoad
{
    [super viewDidLoad];
    // Do any additional setup after loading the view from its nib.
    data1 = [NSArray arrayWithObjects:@"data1",@"data2",@"data3",@"data4",
@"data5", nil];
    data2 = [NSArray arrayWithObjects:@"test1",@"test2",@"test3",@"test4",
@"test5",@"test6", nil];
    self.uiPicker.delegate = self;
    self.uiPicker.dataSource = self;
}
```

●UIPickerViewに表示する列数を指定する

```
-(NSInteger)numberOfComponentsInPickerView:(UIPickerView *)pickerView{
    return 2;
}
```

●UIPickerViewに表示する行数を指定する

```
-(NSInteger)pickerView:(UIPickerView *)pickerView numberOfRowsInComponent:
(NSInteger)component{
    if(0 == component) {
        return data1.count;
    } else {
        return data2.count;
    }
}
```

● PickerViewの各行に表示する文字列を指定する

```
- (NSString *)pickerView:(UIPickerView *)pickerView titleForRow:
(NSInteger)row forComponent:(NSInteger)component{
    if( 0== component){
        return [data1 objectAtIndex:row];
    } else {
        return [data2 objectAtIndex:row];
    }
}
```

PickerViewにリッチテキストを表示するには

pickerView:attributedTitleForRow:forComponent:メソッドを実装します（図1.1）。

●「pickerView:attributedTitleForRow:forComponent：」の実装

```
- (NSAttributedString *)pickerView:(UIPickerView *)pickerView
attributedTitleForRow:(NSInteger)row forComponent:(NSInteger)component{
    NSString *str = @"Error";
    NSMutableAttributedString *attrStr = [[NSMutableAttributedString alloc]
initWithString:str];
    NSRange range1 = [str rangeOfString:@"Error"];
    // 赤色にセットする
    [attrStr addAttribute:NSForegroundColorAttributeName
                    value:[[UIColor redColor] colorWithAlphaComponent:1.]
                    range:range1];

    NSString *str2 = @"Warn";
    NSMutableAttributedString *attrStr2 = [[NSMutableAttributedString alloc]
initWithString:str2];
    NSRange range2 = [str2 rangeOfString:@"Warn"];
    // 黄色にセットする
    [attrStr2 addAttribute:NSForegroundColorAttributeName
                    value:[[UIColor yellowColor] colorWithAlphaComponent:1.]
                    range:range2];

    NSString *str3 = @"Info";
    NSMutableAttributedString *attrStr3 = [[NSMutableAttributedString alloc]
initWithString:str3];
    NSRange range3 = [str3 rangeOfString:@"Info"];
    // 赤色にセットする
    [attrStr3 addAttribute:NSForegroundColorAttributeName
                    value:[[UIColor grayColor] colorWithAlphaComponent:1.]
                    range:range3];
    NSMutableAttributedString *result;
    switch (row) {
```

```
        case 0:
            result = attrStr;
            break;
        case 1:
            result = attrStr2;
            break;
        case 2:
            result = attrStr3;
            break;
        default:
            result =[[NSMutableAttributedString alloc] initWithString:@"NULL"];
            break;
    }

    return result;
}
```

図1.1 実行結果

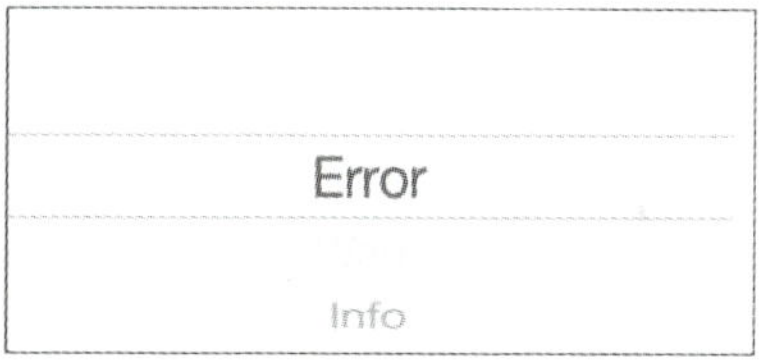

MEMO

030 ポップオーバーの基本的な設定をしたい

| UIPopoverController | initWithContentViewController:メソッド | 7.X |
| presentPopoverFromRect:メソッド | | |

| 関　連 | 031　ポップオーバーを閉じたい　P.070 |
| 利用例 | 画面遷移せずに設定を行いたい場合
画面項目のヘルプ情報を表示したい場合 |

■ ポップオーバーを表示するには

　ポップオーバーの表示には、UIPopoverControllerを利用します。UIPopoverControllerは、画面の一部を浮かび上がってポップオーバーを提供するiPad専用のインターフェースです（図1.1、表1.1）。

● ポップオーバーを初期化して表示する

```
@interface Ch01_UIPopoverController_01_ViewController ()
{
    UIPopoverController *popover;
}
@end

- (IBAction)showPopOver:(id)sender {

    // ポップオーバー内に表示する画面を初期化する
    // この画面はViewControllerを継承している
    ContentViewController *contentViewController = [[ContentViewController alloc] init];

    // ポップオーバー内に表示する画面を指定して初期化する
    // 後で、メソッド「setContentViewController:animated:」で変更できる
    popover = [[UIPopoverController alloc] initWithContentViewController:contentViewController];

    // ポップオーバーのサイズを指定する
    popover.popoverContentSize = CGSizeMake(320., 320.);

    // ポップオーバーの背景色を指定する
    popover.backgroundColor = [UIColor colorWithRed:0.0/255.0 green:0.0/255.0 blue:255.0/255.0 alpha:0.5];

    // ポップオーバーを終了しない外部ビューを指定する
    popover.passthroughViews = @[self.textField];
```

```
    UIButton *tappedButton = (UIButton *)sender;
    // ポップオーバーのアンカー表示方向を指定して表示する
    [popover presentPopoverFromRect:tappedButton.frame inView:self.view ↵
permittedArrowDirections:UIPopoverArrowDirectionAny animated:YES];
}
```

図1.1 実行結果

表1.1 アンカー表示方向の種類（UIPopoverArrowDirection）

設定値	説明
UIPopoverArrowDirectionUp	上方向のアンカー
UIPopoverArrowDirectionDown	下方向のアンカー
UIPopoverArrowDirectionLeft	左方向のアンカー
UIPopoverArrowDirectionRight	右方向のアンカー
UIPopoverArrowDirectionAny	ポップオーバーが表示されたスペースからアンカーを表示

ポップオーバーを終了しない外部ビューを指定するには

　UIPopoverControllerでは、表示後にポップオーバー以外の場所をタブすると、自動的にポップオーバーを閉じて終了します。

　ポップオーバー以外の場所をタブしてもポップオーバーを終了したくない場合、passthroughViewsプロパティを指定します。NSArray形式の複数のUIを指定できます。

●passthroughViewsプロパティを指定する

```
// ポップオーバー外部のテキストフィールド
@property (strong, nonatomic) IBOutlet UITextField *textField;
（中略）
{
    // ポップオーバーを終了しない外部ビューを指定する
    _popoverController.passthroughViews = @[self.textField];
}
```

031 ポップオーバーを閉じたい

UIPopoverController	dismissPopoverAnimated:メソッド	7.X
関連	030 ポップオーバーの基本的な設定をしたい P.068	
利用例	ポップオーバー内部の保存ボタンをタップしてポップオーバーを閉じたい場合	

▌ポップオーバーを閉じるには

　ポップオーバー画面の外部場所をタップすると、自動的にポップオーバーを閉じますが、ポップオーバー画面自身のボタンで閉じたい場合、プログラムでdismissPopoverAnimated:メソッドを利用してポップオーバーを閉じます。

　また、ポップオーバーの中身であるUIViewControllerからUIPopoverControllerを参照するために、下記のような処理を入れています。

- 1. 中身となるUIViewControllerが独自にDelegateを宣言
- 2. [Close]ボタンが押されたらDelegateメソッドで通知
- 3. ポップオーバーを開いたUIViewControllerは、上記のDelegateメソッドを実装して、UIPopoverControllerのdismissPopoverAnimated:メソッドを呼ぶ

●ポップオーバーの中身であるUIViewControllerにDelegateを宣言

```objc
@protocol CloseUIPopoverControllerdelegate;
@interface Content2ViewController : UIViewController
@property (weak, nonatomic) id<CloseUIPopoverControllerdelegate> delegate;
@end
@protocol CloseUIPopoverControllerdelegate <NSObject>
- (void)closePopover:(Content2ViewController *)sender;
@end
```

●ポップオーバーの中身であるUIViewController中の[Close]ボタンが押されたらDelegateメソッドで通知

```objc
- (IBAction)closePopOver:(id)sender {
    [_delegate popoverControllerDidTapCloseButton:self];
}
```

　ポップオーバーを開いたUIViewControllerは、上記のDelegateメソッドを実装して、UIPopoverControllerのdismissPopoverAnimated:メソッドを呼びます。

●Delegateメソッドの実装

```
@interface Ch01_UIPopoverController_02_ViewController : UIViewController↵
<UIPopoverControllerDelegate, CloseUIPopoverControllerdelegate>
@end
```

●UIPopoverControllerのdismissPopoverAnimated:メソッドを呼ぶ

```
#import "Ch01_UIPopoverController_02_ViewController.h"
@interface Ch01_UIPopoverController_02_ViewController ()
{
    UIPopoverController * popover;
}
@end
(中略)
-(void)closePopover:(Content2ViewController *)sender{
    if (popover) {
        [popover dismissPopoverAnimated:YES];
        popover = nil;
    }
}
```

MEMO

032 画像を表示したい

UIImageView	imageプロパティ		7.X
関　連	―		
利用例	画像を表示したい場合		

▌画像を表示するには

画像を表示するにはUIImageViewを使用します。アプリ内部の画像を表示する時に、あらかじめ画像を用意しておいて、[Attributes Inspector]のimageで表示させたい画像を選択してimageプロパティを設定します（図1.1）。

図1.1 UIImageViewのimageプロパティ

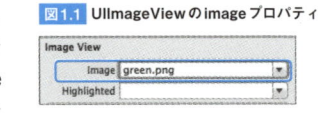

imageプロパティは、コードで設定することもできます。

●imageプロパティをコードで設定する

```
{
    UIImage *image = [UIImage imageNamed:@"red.png"];
    self.imageView1.image=image;
}
```

▌Web画像を表示するには

Web画像を表示するには、プログラムで実現します。UIImageViewに使っているUIImageは、URLを指定してWeb画像を読み込むことができます。Web画像をUImageに読み込んで、UIImageViewに設定て表示します（図1.2）。

●URLを指定してWeb画像を表示する

```
{
    // NSURLを作る
    NSURL *imageURL = [NSURL URLWithString:@"http://books.shoeisha.co.jp/images/banner/174.gif"];
    // NSURLオブジェクトからデータを作る
    NSData *imageData = [NSData dataWithContentsOfURL:imageURL];
    // 読み込んだ画像データでUIImageを作る
    UIImage *uiImage = [UIImage imageWithData:imageData];
    // UIImageをUIImageViewのimageプロパティに設定する
    self.imageView2.image = uiImage;
}
```

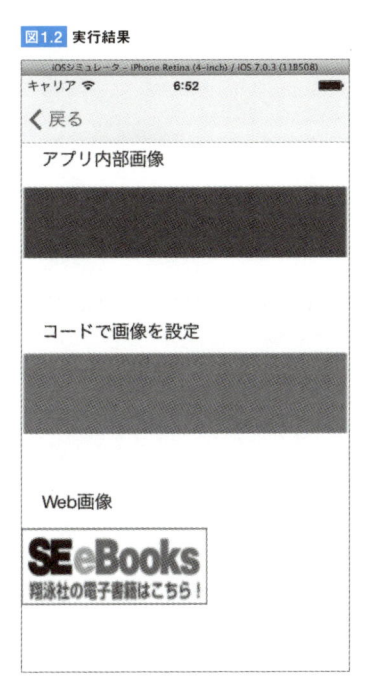

図1.2 実行結果

MEMO

033 画像を回転させたい

| UIImageView | transformプロパティ | 7.X |

| 関連 | 034 画像を縮小して表示したい P.075 |
| 利用例 | 横向きの画像をユーザーに縦向きに表示したい場合 |

画像を回転するには

UIImageViewに表示している画像を回転するには、UIView共通のtransformプロパティにCGAffineTransformMakeRotationを指定します(図1.1)。

●画像を時計回りに90度回転

```
- (void)viewDidLoad
{
    (中略)
    // 画像を表示する
    UIImage *image = [UIImage imageNamed:@"sample.jpg"];
    imageView = [[UIImageView alloc]initWithImage:image];
    imageView.frame = CGRectMake(20, 120, 260, 400);
    [self.view addSubview:imageView];

    // 時計回りに90度回転
    float angle = 90.0 * M_PI / 180;
    CGAffineTransform t2 = CGAffineTransformMakeRotation(angle);
    imageView.transform = t2;
}
```

図1.1 実行結果(左:回転前、右:回転後)

034 画像を縮小して表示したい

| UIImageView | transformプロパティ | 7.X |

| 関　連 | 033　画像を回転させたい　P.074 |
| 利用例 | 画像を縮小表示したい場合 |

■ 画像を縮小するには

UIImageViewに表示している画像を縮小するには、UIView共通のtransformプロパティにCGAffineTransformMakeScaleを指定します（図1.1）。

●画像を縮小する

```objc
- (void)viewDidLoad
{
    (中略)
    // 画像を表示する
    UIImage *image = [UIImage imageNamed:@"sample.jpg"];
    imageView = [[UIImageView alloc]initWithImage:image];
    imageView.frame = CGRectMake(20, 120, 260, 400);
    [self.view addSubview:imageView];

    // 画像の横幅と縦幅を0.5倍に縮小する
    CGAffineTransform t2 = CGAffineTransformMakeScale(0.5,0.5);
    imageView.transform = t2;
}
```

> **NOTE**
> **画像を拡大して表示する**
> CGAffineTransformMakeScaleのパラメータを1より大きい値に指定すると、画像を拡大して表示できます。

図1.1 実行結果（左：縮小前、右：縮小後）

MEMO

035 デフォルトの選択肢を表示したい

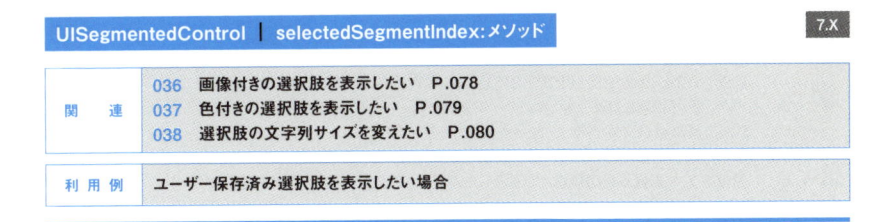

| UISegmentedControl | selectedSegmentIndex:メソッド | 7.X |

| 関連 | 036 画像付きの選択肢を表示したい　P.078
037 色付きの選択肢を表示したい　P.079
038 選択肢の文字列サイズを変えたい　P.080 |

| 利用例 | ユーザー保存済み選択肢を表示したい場合 |

デフォルトの選択を表示するには

　UISegmentedControlには1つの選択肢しか表示できません。デフォルトの選択を表示するには、[Attributes Inspector]でSegmentを選択して、[Selected]のチェックボックスをONに指定します(図1.1、1.2)。

図1.1 [Attributes Inspector]のsegmentとimageの設定

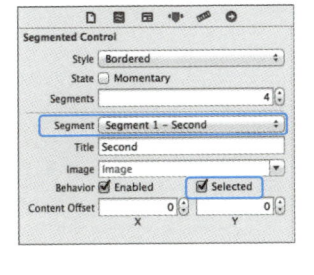

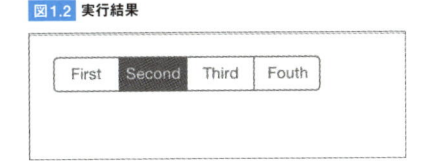

図1.2 実行結果

　これらのプロパティは、コードで設定することもできます。

●UISegmentedControlをコードで設定する

```
// 各ラベルのアウトレットの宣言
@property (strong, nonatomic) IBOutlet UISegmentedControl *uiSegmentControl;

- (void)viewDidLoad
{
    (中略)
    self.uiSegmentControl.selectedSegmentIndex = 3;
}
```

036 画像付きの選択肢を表示したい

| UISegmentedControl | initWithItems:メソッド | 7.X |

関連	035 デフォルトの選択肢を表示したい　P.077 037 色付きの選択肢を表示したい　P.079 038 選択肢の文字列サイズを変えたい　P.080
利用例	音楽再生の選択肢を画像付きで表示したい場合

画像付きの選択肢を表示するには

UISegmentedControlの選択肢に画像を表示するには、[Attributes Inspector]でSegmentを選択して、Imageに画像を指定します（図1.1、1.2）。

図1.1 [Attributes Inspector]のsegmentとimageの設定

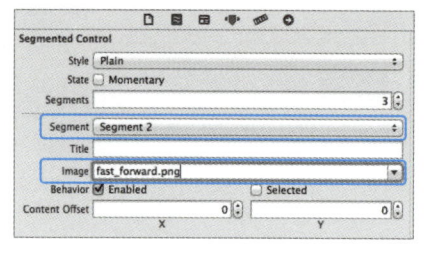

図1.2 実行結果

これらのプロパティは、コードで設定することもできます。

● 選択肢の画像をコードで設定する

```
- (void)viewDidLoad
{
    [super viewDidLoad];
    UISegmentedControl *segmentedControl =
            [[UISegmentedControl alloc] initWithItems:@[
            [UIImage imageNamed:@"rewind_to_start_01.png"],
            [UIImage imageNamed:@"play.png"],
            [UIImage imageNamed:@"fast_forward.png"]
            ]];
    CGRect frame = CGRectMake(20,184,226,28);
    segmentedControl.frame = frame;
    segmentedControl.selectedSegmentIndex = 1;
    segmentedControl.autoresizingMask = UIViewAutoresizingFlexibleLeftMargin |
UIViewAutoresizingFlexibleRightMargin;
    [self.view addSubview:segmentedControl];
}
```

1.8 画像

037 色付きの選択肢を表示したい

| UISegmentedControl | setTitleTextAttributes:forState:メソッド | 7.X |

| 関連 | 035 デフォルトの選択肢を表示したい P.077
036 画像付きの選択肢を表示したい P.078
038 選択肢の文字列サイズを変えたい P.080 |

| 利用例 | 選択肢の色を変更したい場合 |

色付きの選択肢を表示するには

UISegmentedControlの選択肢に色を付けて表示するには、setTitleTextAttributes:forState:メソッドを利用します（図1.1）。

●setTitleTextAttributes:forState:メソッドを実装する

```
- (void)viewDidLoad
{
    [super viewDidLoad];
    UISegmentedControl *segmentedControl = [[UISegmentedControl alloc]
initWithFrame:CGRectMake(20,184,226,28)];
    [segmentedControl insertSegmentWithTitle:@"First" atIndex:0 animated:false];
    [segmentedControl insertSegmentWithTitle:@"Second" atIndex:1 animated:false];
    [segmentedControl insertSegmentWithTitle:@"Third" atIndex:2 animated:false];

    [self.view addSubview:segmentedControl];

    NSDictionary *normaltextAttr =
    @{NSBackgroundColorAttributeName :[UIColor redColor]};

    [segmentedControl setTitleTextAttributes:normaltextAttr forState:
UIControlStateNormal];
}
```

図1.1 実行結果

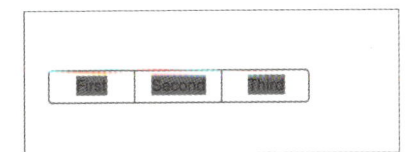

038 選択肢の文字列サイズを変えたい

| UISegmentedControl | setTitleTextAttributes:forState:メソッド | 7.X |

| 関連 | 035 デフォルトの選択肢を表示したい　P.077
036 画像付きの選択肢を表示したい　P.078
037 色付きの選択肢を表示したい　P.079 |

| 利用例 | 選択肢の文字列のサイズを大きく変更したい場合 |

選択肢の文字列サイズを変えるには

UISegmentedControlの選択肢に色付き表示するには、setTitleTextAttributes:forState:メソッドを利用します（図1.1）。

●メソッド「setTitleTextAttributes:forState:」を実装する

```
- (void)viewDidLoad
{
    [super viewDidLoad];

    UISegmentedControl *segmentedControl = [[UISegmentedControl alloc] 
initWithFrame:CGRectMake(20,110,226,28)];
    [segmentedControl insertSegmentWithTitle:@"First" atIndex:0 animated:false];
    [segmentedControl insertSegmentWithTitle:@"Second" atIndex:1 animated:false];
    [segmentedControl insertSegmentWithTitle:@"Third" atIndex:2 animated:false];

    [self.view addSubview:segmentedControl];

    UIFont *font = [UIFont italicSystemFontOfSize:16];
    NSDictionary *normaltextAttr =
    @{NSFontAttributeName :font};

    [segmentedControl setTitleTextAttributes:normaltextAttr forState:
UIControlStateNormal];

    segmentedControl = [[UISegmentedControl alloc] initWithFrame:
CGRectMake(20,205,226,28)];
    [segmentedControl insertSegmentWithTitle:@"First" atIndex:0 animated:false];
    [segmentedControl insertSegmentWithTitle:@"Second" atIndex:1 animated:false];
    [segmentedControl insertSegmentWithTitle:@"Third" atIndex:2 animated:false];

    [self.view addSubview:segmentedControl];

    font = [UIFont italicSystemFontOfSize:20];
```

```
    normaltextAttr =
    @{NSFontAttributeName :font};

    [segmentedControl setTitleTextAttributes:normaltextAttr
forState:UIControlStateNormal];
}
```

図1.1 実行結果

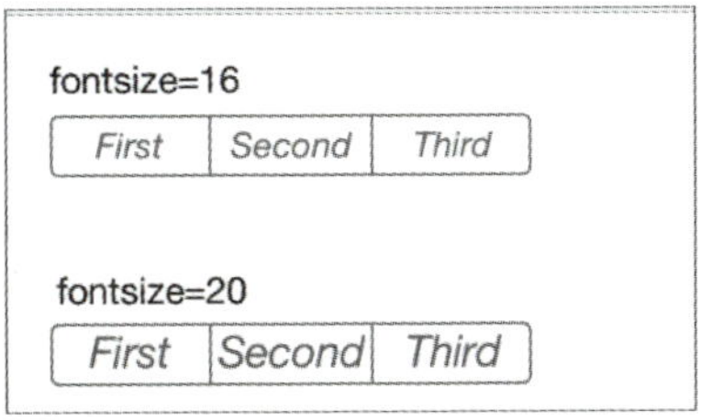

fontsize=16

| First | Second | Third |

fontsize=20

| First | Second | Third |

MEMO

MEMO

PROGRAMMER'S RECIPE

第 **02** 章

ストーリーボード

039 シーンを設置したい

View Controller		7.X
関連	040 遷移を設定したい　P.086 041 複数の遷移先へ分岐させたい　P.088 042 遷移の視覚効果を変更したい　P.091 043 遷移間でデータを受け渡したい　P.093 044 Navigation Barを使いたい　P.095 045 任意のシーンに戻りたい　P.099	
利用例	新規のシーンを作成する場合	

シーンを設置するには

プロジェクトナビゲータで「Main.storyboard」を選択します（図2.1）。

図2.1 Main.storyboard を選択

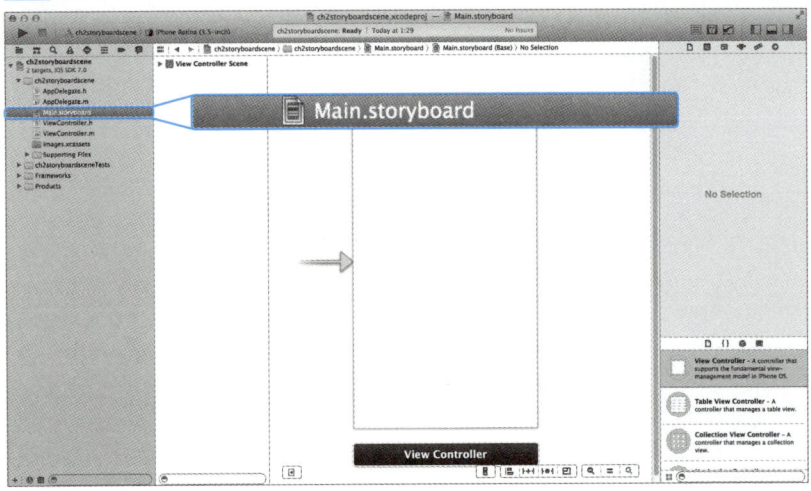

右下のオブジェクトライブラリから「View Controller」をドラッグし、エディターエリアにドロップします（図2.2）。

図2.2 「View Controller」をドラッグ＆ドロップ

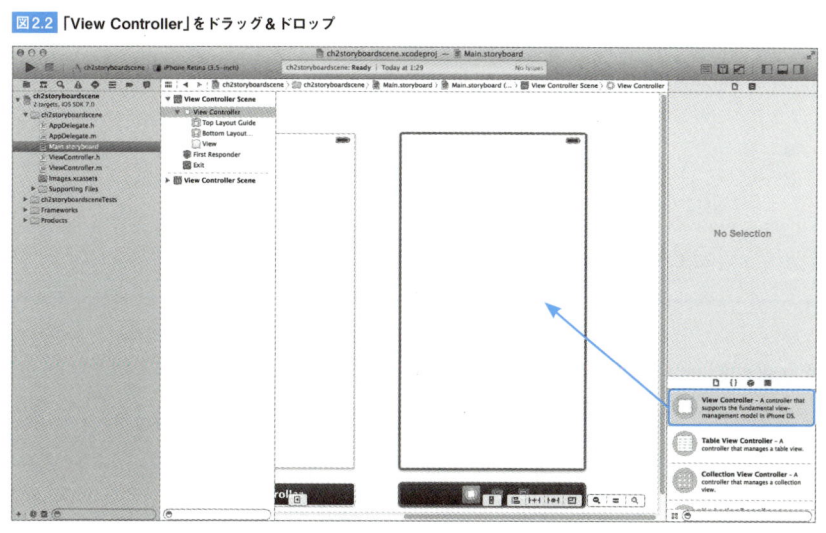

MEMO

040 遷移を設定したい

| View Controller | push | modal | custom | | 7.X |

関連	039 シーンを設置したい　P.084 041 複数の遷移先へ分岐させたい　P.088 042 遷移の視覚効果を変更したい　P.091 043 遷移間でデータを受け渡したい　P.093 044 Navigation Barを使いたい　P.095 045 任意のシーンに戻りたい　P.099
利用例	新規で遷移を作成する場合

遷移を設定するには

遷移元シーンのView Controllerから遷移先シーンへ [control] キーを押しながらカーソルをドラッグします。

マウスをはなすとスタイルを選択するポップアップが表示されるのでpush、modal、customの内から1つ、ここではmodalを選択します（図2.1）。

図2.1 スタイルを選択

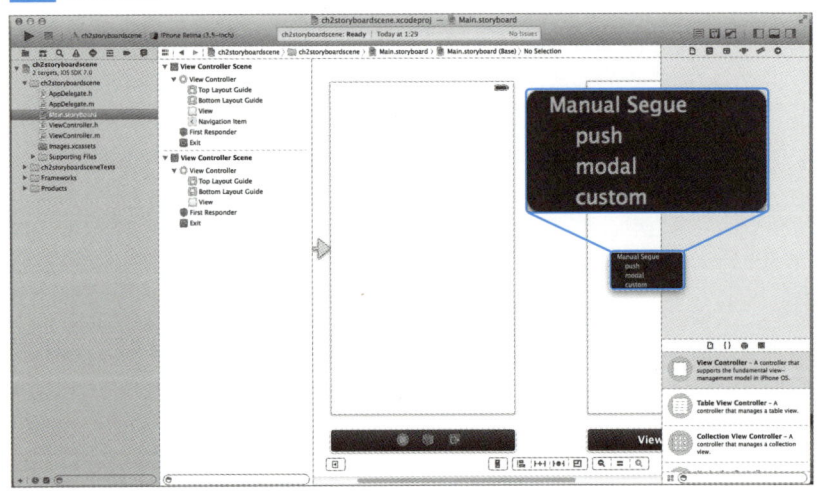

シーン間に遷移の矢印が設置されます（図2.2）。

2.1 遷移

図2.2 遷移の矢印

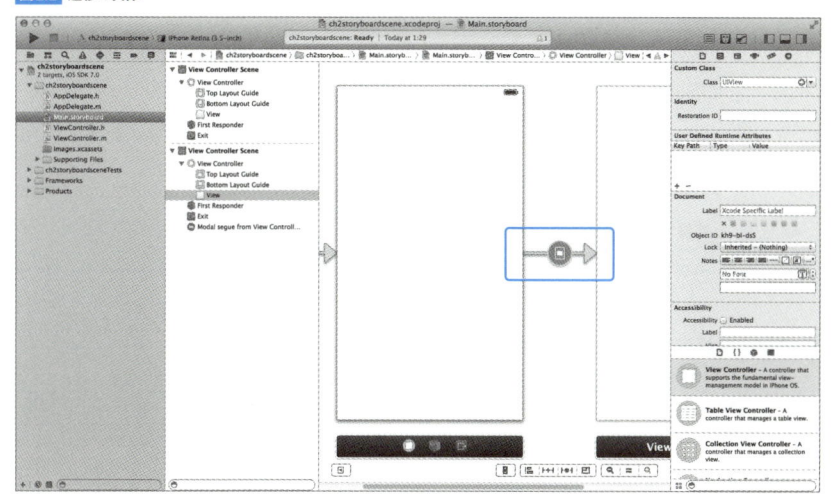

View Controller | push | modal | custom

MEMO

041 複数の遷移先へ分岐させたい

performSegueWithIdentifier:メソッド		7.X
関連	039 シーンを設置したい　P.084 040 遷移を設定したい　P.086 042 遷移の視覚効果を変更したい　P.091 043 遷移間でデータを受け渡したい　P.093 045 Navigation Barを使いたい　P.095 044 任意のシーンに戻りたい　P.099	
利用例	遷移する先を複数設定する場合	

複数の遷移先へ分岐させるには

　ストーリーボード（Storyboard）でシーンを2つ追加し、それぞれメインシーンからセグエを追加します（図2.1）。なお本章では「Storyboard」を「ストーリーボード」と明記いたします。

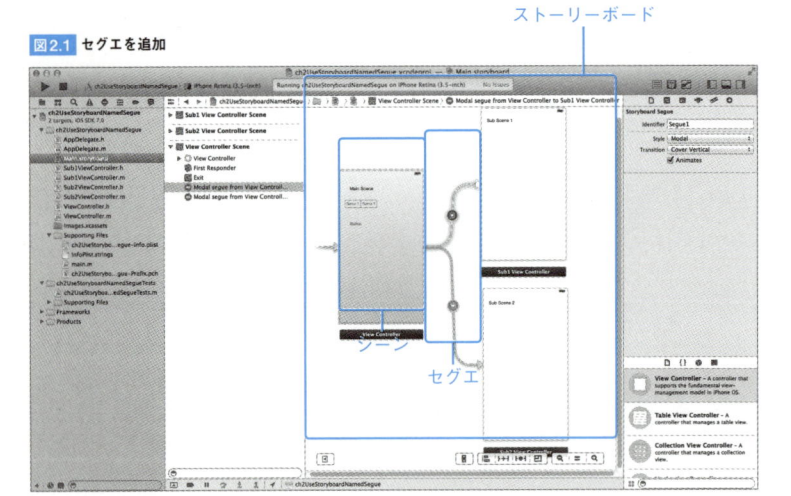

図2.1 セグエを追加

NOTE

ストーリーボード、シーン、セグエ
　ストーリーボードを利用すれば、画面のなかのレイアウトと画面から画面への遷移をビジュアル効果を用いて作成できます。
　シーンは画面と画面に用いる部品をまとめたものを言います。
　セグエとはシーンから別のシーンに遷移する時に利用します。

2.1 遷移

1つ目のセグエを選択し、[Attributes Inspector]で「Segue1」とセグエ名を付けます（図2.2）。

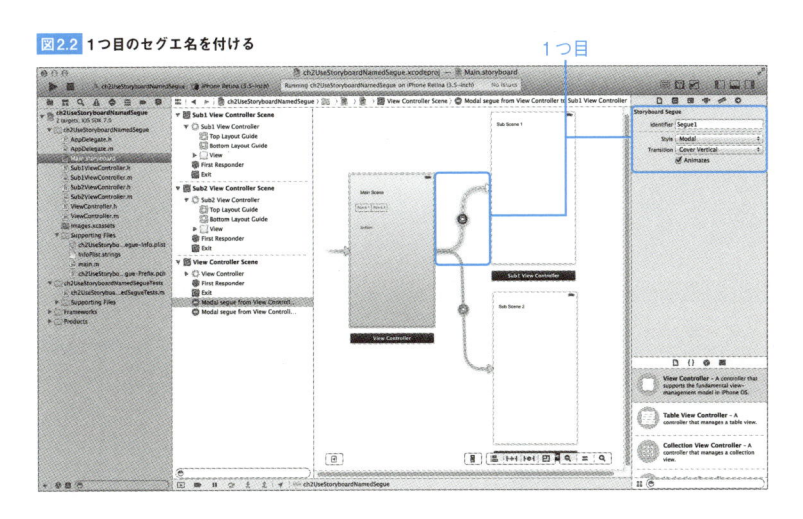

図2.2 1つ目のセグエ名を付ける

2つ目のセグエにも同様に「Segue2」とセグエ名を付けます（図2.3）。

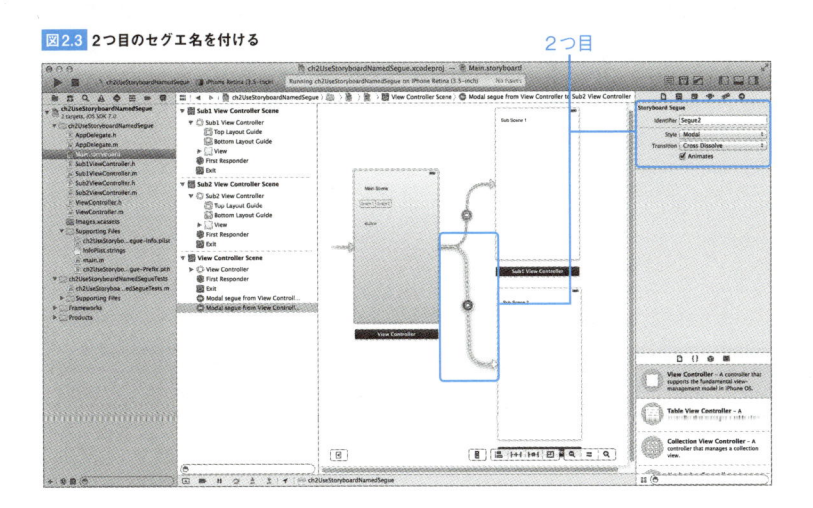

図2.3 2つ目のセグエ名を付ける

performSegueWithIdentifier:メソッド

performSegueWithIdentifier:メソッドで先に名前を付けたセグエ名を用いて、遷移先のセグエを指定します。

● 複数の遷移先へ分岐させる

```
- (IBAction)pushButton1:(id)sender {
    if (self.changeScene.selectedSegmentIndex==0) {
        [self performSegueWithIdentifier:@"Segue1" sender:self];
    } else {
        [self performSegueWithIdentifier:@"Segue2" sender:self];
    }
}
```

　ここでは、UISegmentedControlのselectedSegmentIndexの値によって分岐しています（サンプルではViewController.m）。

実行結果

実行結果は図2.4から2.6のとおりです。

図2.4 メインシーン　　　図2.5 シーン1へ遷移 　　　図2.6 シーン2へ遷移

042 遷移の視覚効果を変更したい

Transition		7.X
関連	039 シーンを設置したい P.084 040 遷移を設定したい P.086 041 複数の遷移先へ分岐させたい P.088 043 遷移間でデータを受け渡したい P.093 044 Navigation Barを使いたい P.095 045 任意のシーンに戻りたい P.099	
利用例	遷移する時にビジュアルで動きを見せる場合	

遷移の視覚効果を変更するには

StyleにModalを指定したセグエは［Attributes Inspector］でTransitionを変えることで視覚効果を変更できます（図2.1）。

図2.1 視覚効果

設定できる視覚効果には、表2.1の4種類があります（図2.2）。

表2.1 視覚効果

トランジションタイプ	内容
Cover Vertical	画面が下からせり上がってくる。現在の作業に割り込み、データの変更などを行う場合に使用する。一般的に、この画面を閉じるための［完了］ボタンとオプションで［キャンセル］ボタンを配置する
Flip Horizontal	画面がくるりと回転して入れ替わる。アプリケーションの作業モードを一時的に変更するために使用する。一般に、アプリケーションの通常の動作モードに戻るための何らかのボタンを提供する
Cross Dissolve	デバイスの向きが変化した時に代替のインターフェースを表示するために使用する
Partial Curl	ページがめくり上がるようなアニメーションをする

図2.2 設定できる視覚効果

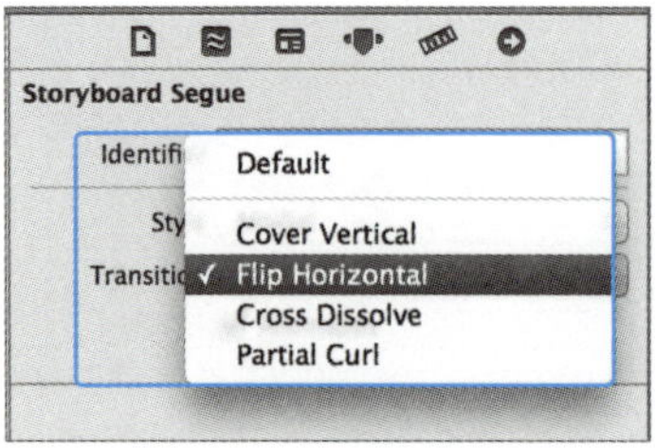

MEMO

043 遷移間でデータの受け渡しをしたい

| ViewController | prepareForSegue:メソッド | 7.X |

関連	039 シーンを設置したい P.084
	040 遷移を設定したい P.086
	041 複数の遷移先へ分岐させたい P.088
	042 遷移の視覚効果を変更したい P.091
	044 Navigation Barを使いたい P.095
	045 任意のシーンに戻りたい P.099

| 利用例 | 特定の遷移の間でデータのやりとりをする場合 |

遷移間でデータを受け渡しするには

遷移先画面のViewControllerにデータ受け渡し用のプロパティを追加します（サンプルではSubViewController.h）。

●データ受け渡し用のプロパティを追加する

```
@interface SubViewController : UIViewController
@property (copy, nonatomic) NSString *receiveString;
@end
```

画面遷移時に、遷移元画面のprepareForSegue:メソッドでセグエから遷移先画面のViewControllerを取得し、データ受け渡し用のプロパティに値をセットします（サンプルではViewController.m）。

●データ受け渡し用のプロパティに値をセットする

```
-(void)prepareForSegue:(UIStoryboardSegue *)segue sender:(id)sender
{
    // セグエから遷移先画面のViewContollerを取得
    SubViewController *subViewController = [segue destinationViewController];
    
    // データ受け渡し用プロパティにデータをセットする
    if ( [[segue identifier] isEqualToString:@"segue1"] ) {
        subViewController.receiveString = @"from button 1";
    } else {
        subViewController.receiveString = @"from button 2";
    }
}
```

サンプルでは「Button 1」での遷移時に「from button 1」という文字列を、「Button 2」

での遷移時に「from button 2」という文字列を遷移先の画面に渡して表示しています。

実行する

サンプルをシミュレータで実行してみます（図2.1、2.2、2.3）。

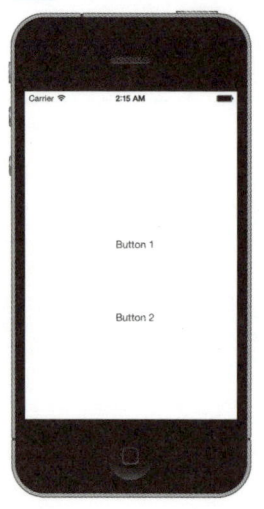

図2.1 メインシーン

図2.2 「Button 1」で遷移後

図2.3 「Button 2」で遷移後

044 Navigation Barを使いたい

Navigation Controller　　　　　　　　　　　　　　　　　　　　　　　7.X

関連	039 シーンを設置したい　P.084
	040 遷移を設定したい　P.086
	041 複数の遷移先へ分岐したい　P.088
	042 遷移の視覚効果を変更したい　P.091
	043 遷移間でデータを受け渡したい　P.093
	045 任意のシーンに戻りたい　P.099

利用例	シーンへの遷移をNavigation Barで行う場合

■ Navigation Barを使うには

「Single View Application」プロジェクトにNavigation Barを追加して、シーンの遷移を行います。

■「Navigation Controller」を挿入する

「Single View Application」プロジェクトを生成したら、Main.storyboardで「View Controller」を選択した状態で、Xcodeのメニューから [Edior] → [Embed In] → [Navigation Controller] を順に選択します（図2.1）。

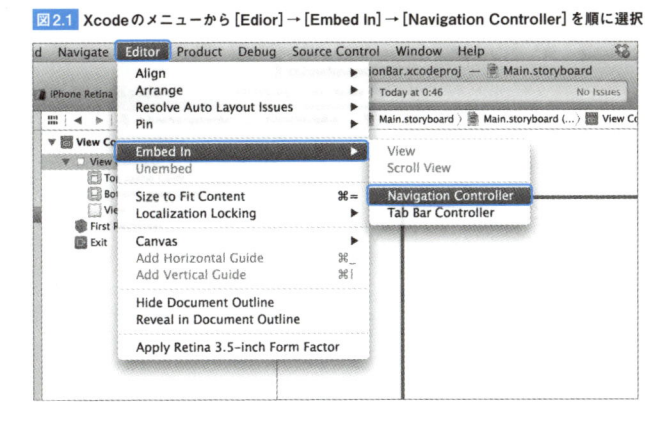

図2.1 Xcodeのメニューから [Edior] → [Embed In] → [Navigation Controller] を順に選択

ストーリーボードに「Navigation Controller」が挿入されます（図2.2）。

図2.2 「Navigation Controller」の挿入

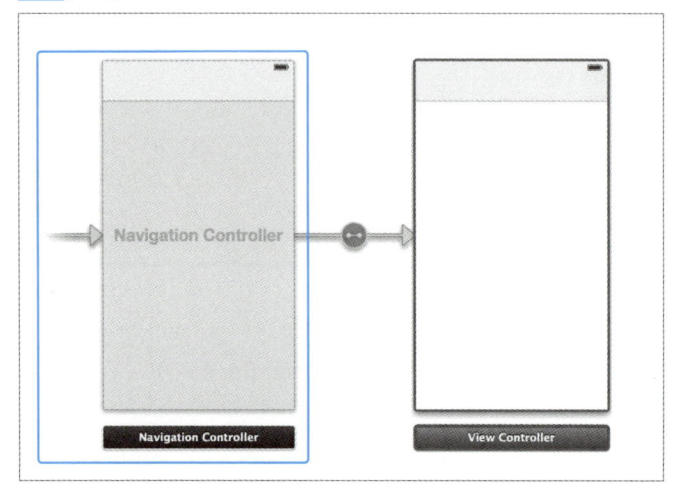

シーンを追加する

遷移先のシーンをストーリーボードに追加します。元のシーンには遷移のための「Button」を追加しておきます（図2.3）。

図2.3 「Button」を追加

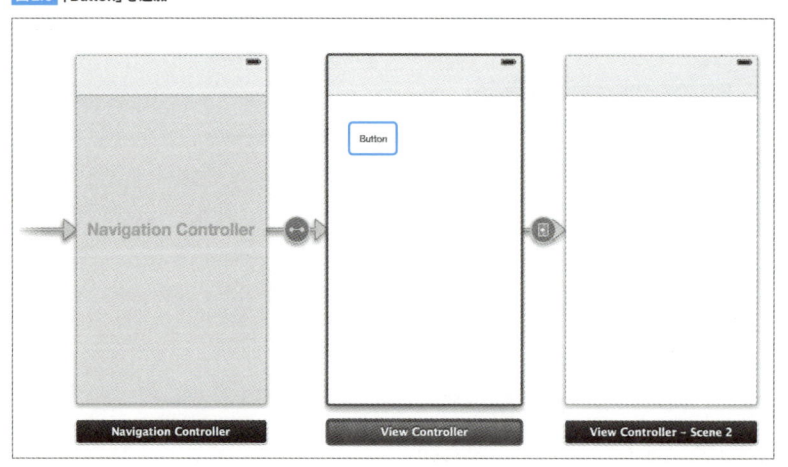

シーンに名前を付ける

それぞれのシーンの「Navigation Item」を選択しTitle欄に名前を入力します。サンプルではそれぞれ「Scene 1」、「Scene 2」としています（図2.4）。

図2.4 Title欄に名前を入力する

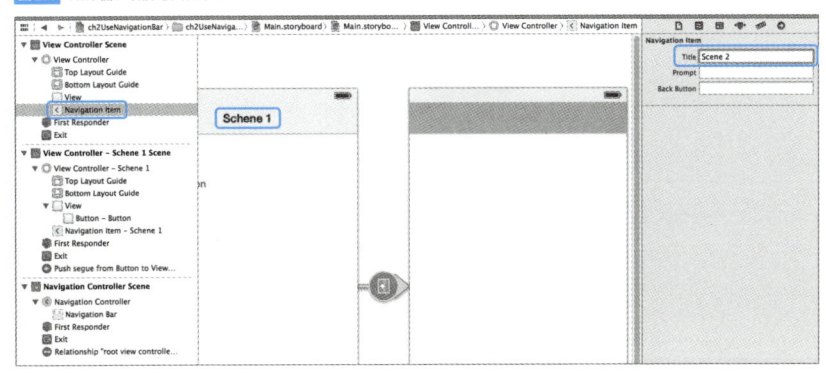

遷移を追加する

元のシーンの「Button」を [control] キーを押しながら、遷移先のシーンにドラッグします（図2.5）。

図2.5 遷移先のシーンにドラッグする

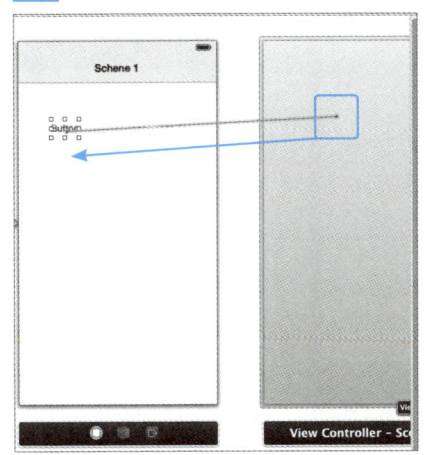

[Action Segue]ダイアログが表示されるので「push」を選択します（図2.6）。

図2.6 「push」を選択

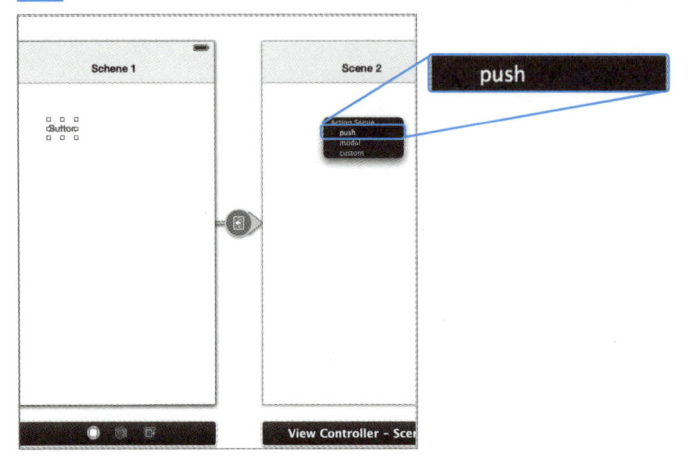

実行する

　サンプルをシミュレータで実行してみます。
　「Button」を押下すると（図2.7）Scene 2に遷移します（図2.8）。
　Navigation BarにScene 1への遷移ボタンが自動的に表示され、押下することによってScene 1に戻ります。

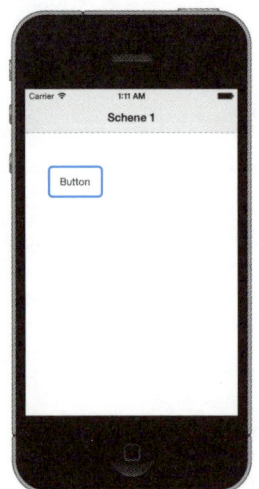

図2.7 「Button」を押下する

図2.8 Scene 2に遷移する

045 任意のシーンに戻りたい

2.1 遷移

Unwind Segue		7.X
関連	039 シーンを設置したい　P.084 040 遷移を設定したい　P.086 041 複数の遷移先へ分岐したい　P.088 042 遷移の視覚効果を変更したい　P.091 043 遷移間でデータを受け渡したい　P.093 044 Navigation Barを使いたい　P.095	
利用例	いくつか前のシーンに戻る場合	

任意のシーンに戻るには

Navigation Barで複数画面にわたってシーンを遷移した時、直前ではなく、いくつか前のシーンに戻りたい時があります。そういう時には「Unwind Segue」を使うと任意のシーンに戻ることができます。

複数のシーンをNavigation Barで遷移するプロジェクトを用意する

複数のシーンをNavigation Barで遷移するプロジェクトを用意します。プロジェクトの作成方法は レシピ044 の「Navigation Barを使いたい」を参照してください。

ここでは「Scene 3」の画面でボタンを押下すると「Scene 1」に戻るケースを解説します（図2.1）。

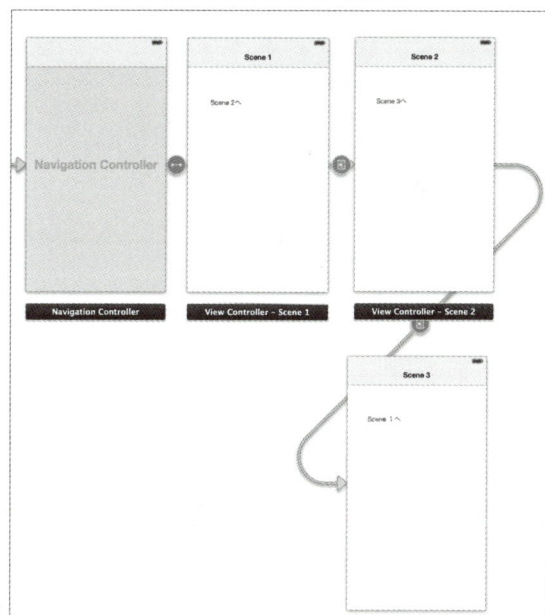

図2.1 サンプル

戻り先シーンのView ControllerにIBActionメソッドを追加する

戻り先シーンのView Controller、サンプルではViewController.mにIBActionメソッドを追加します。ここでは「unwindToScene1:」というメソッドを追加していますが、メソッド名は任意の名前でかまいません。

● 戻り先シーンのView ControllerにIBActionメソッドを追加する

```
- (IBAction)unwindToScene1:(UIStoryboardSegue *)segue
{
    NSLog(@"unwindToScene1");
}
```

Unwind Segueを「Scene 3」のボタンに接続する

ストーリーボードでScene 3のExit（緑色のアイコン）を選択します。
「Utilities」ペインでConnections Inspectorを表示します。
先ほど追加したIBActionメソッドの「unwindToScene1:」が表示されています（図2.2）。

図2.2 IBActionメソッド

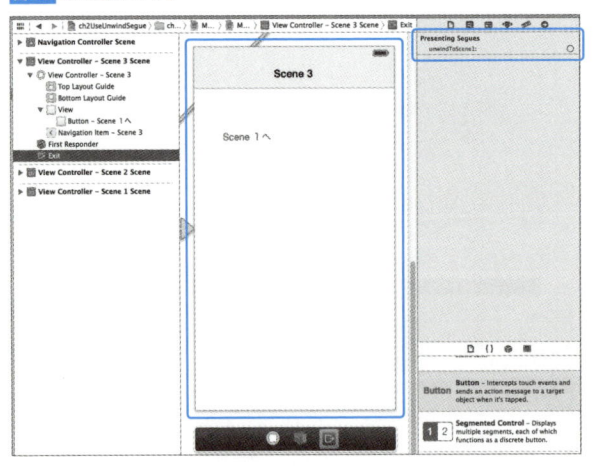

「unwindToScene1:」の右に表示されている丸を「Scene 3」の［Scene 1へ］ボタンにドラッグ＆ドロップし、ポップアップから「action」を選択します（図2.3）。

図2.3 「action」を選択

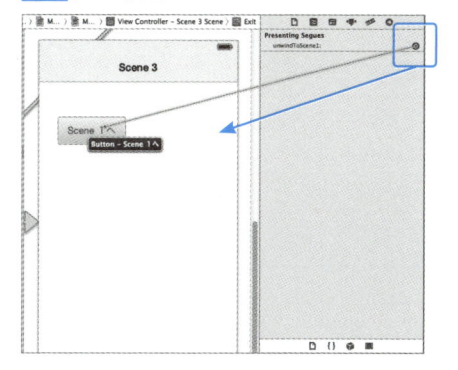

実行する

サンプルをシミュレータで実行してみます。

「Scene 3」の ［Scene 1へ］ ボタンを押下げすると「Scene 2」を飛ばして「Scene 1」へ戻ることが確認できます（図2.4、2.5）。

図2.4 ［Scene 1へ］ボタンを押下げする

図2.5 Scene 1に遷移する

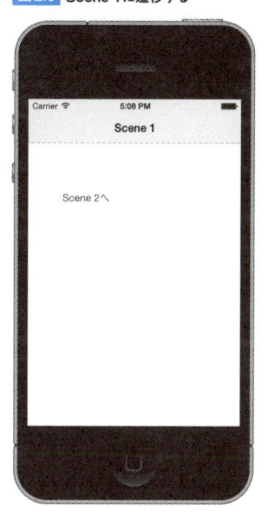

MEMO

PROGRAMMER'S RECIPE

第 03 章

タッチアクション

046 タップ／ダブルタップを検出したい

UITapGestureRecognizerクラス		7.X
関 連	047 パンを検出したい　P.106 048 ピンチイン／アウトを検出したい　P.109 049 回転を検出したい　P.111 050 スワイプを検出したい　P.113 051 長押しを検出したい　P.115	
利 用 例	UIButtonクラス以外でタップ時に処理を行う場合	

タップを検出するには

viewのタップを検出するにはUITapGestureRecognizerクラスを利用します。手順は以下の通りです。

1. ハンドラを指定してUITapGestureRecognizerクラスのインスタンスを生成する
2. 検出したいタップ数などジェスチャの細かい設定を行う
3. 生成したUITapGestureRecognizerクラスのインスタンスを、タップを検出したいViewに設定する

UITapGestureRecognizerクラスはUIGestureRecognizerクラスを継承しており、これらの手順はほかのUIGestureRecognizerクラスを継承しているジェスチャを認識するためのクラスにおいても同様になります。

●ハンドラを指定してUITapGestureRecognizerクラスのインスタンスを生成する

```
UITapGestureRecognizer *singleTapGestureRecognizer = [[UITapGestureRecognizer
alloc]
                                        initWithTarget:self
                                        action:@selector(handleSingleTap
Gesture:)];
```

この例ではself（サンプルではViewController.m）のhandleSingleTapGesture:メソッドがハンドラになります。ジェスチャ（タップ）が認識されると、このハンドラが呼ばれます。

検出するタップ数を設定する

検出するタップ数を設定するにはUITapGestureRecognizerクラスのnumberOfTapsRequiredプロパティに値を設定します。デフォルトは1なのでシングルタップを検出するようになっています。

ダブルタップを検出したい場合は、numberOfTapsRequiredプロパティに2を設定します。

●ダブルタップを検出する
```
doubleTapGestureRecognizer.numberOfTapsRequired = 2;
```

検出する指の本数を設定する

　UITapGestureRecognizerクラスは、検出する指の本数も設定できます。「2本指のシングルタップを検出」といったことが可能です。
　検出する指の本数を設定するにはUITapGestureRecognizerクラスのnumberOfTouchesRequiredプロパティに指の本数を指定します。2本指でのタップを検出したい場合は2を設定します。

●2本指でのタップを検出する
```
twoFingersTapGestureRecognizer.numberOfTouchesRequired = 2;
```

生成したUITapGestureRecognizerクラスのインスタンスをタップを検出したいViewに設定する

　UIViewのaddGestureRecognizer:メソッドで生成したUITapGestureRecognizerクラスのインスタンスを設定します。これで、このViewに対してタップが行われるとインスタンス生成時に指定したハンドラが呼ばれることになります（図3.1）。

●UITapGestureRecognizerをViewに設定する
```
[self.view addGestureRecognizer:singleTapGestureRecognizer];
```

図3.1　実行画面

047 パンを検出したい

UIPanGestureRecognizerクラス		7.X
関連	046 タップ／ダブルタップを検出したい　P.104 048 ピンチイン／アウトを検出したい　P.109 049 回転を検出したい　P.111 050 スワイプを検出したい　P.113 051 長押しを検出したい　P.115	
利用例	UITableViewでフリックのイベントを取得する場合	

パンを検出するには

パンを検出するにはUIPanGestureRecognizerクラスを利用します。ほかのUIGestureRecognizerクラスと同様にまずハンドラを指定して、UIPanGestureRecognizerクラスのインスタンスを生成します。

●ハンドラを指定してUIPanGestureRecognizerクラスのインスタンスを生成する

```
UIPanGestureRecognizer *panGestureRecognizer = [[UIPanGestureRecognizer alloc]
                                                initWithTarget:self
                                                action:@selector
(handlePanGesture:)];
```

この例ではself（サンプルではViewController.m）のhandlePanGesture:メソッドがハンドラになります。

検出する指の本数を設定する

UIPanGestureRecognizerクラスは、検出する指の本数も設定できます。「2本指のパンを検出」といったことが可能です。検出する指の本数を設定するにはUIPanGestureRecognizerクラスのminimumNumberOfTouchesプロパティとmaximumNumberOfTouchesプロパティにそれぞれ検出する最小の指の本数と最大の指の本数を指定します。2本指でパンのみを検出したい場合は、両方に2を設定します。

●2本指でのパンを検出する

```
// 検出する最大の指の数を2に設定する(初期値は1)
twoFingerPanGestureRecognizer.maximumNumberOfTouches = 2;
// 検出する最小の指の数を2に設定する(初期値は1)
twoFingerPanGestureRecognizer.minimumNumberOfTouches = 2;
```

生成したUIPanGestureRecognizerクラスのインスタンスを パンを検出したいViewに設定する

　UIViewのaddGestureRecognizer:メソッドで生成したUIPanGestureRecognizerクラスのインスタンスを設定します。これで、このViewに対してパンが行われるとインスタンス生成時に指定したハンドラが呼ばれることになります。

●UIPanGestureRecognizerをViewに設定する

```
[self.view addGestureRecognizer:panGestureRecognizer];
```

指を動かした方向を知る

　設定したViewに対してパンが行われるとインスタンス生成時に設定したハンドラが呼ばれます。translationInView:メソッドを使うことで、指を動かした方向を知ることができます。設定したView自身をtranslationInView:メソッドの引数に与え、得られたCGPointの値で方向を確認できます。

　xがプラスの値であれば右方向、マイナスの値であれば左方向、yの値がプラスの値であれば下方向、マイナスの値であれば上方向にパンが行われたことになります（図3.1）。

●指を動かした方向を知る

```
- (void)handlePanGesture:(UIPanGestureRecognizer *)gestureRecognizer
{
    NSLog(@"%s", __PRETTY_FUNCTION__);
    CGPoint location = [gestureRecognizer translationInView:self.view];
    self.label.text = @"1本指でのパンを検出しました";
    self.lacationLabel.text = [NSString stringWithFormat:@"x:%f  y:%f", location.x,
location.y];
}
```

図3.1 実行画面

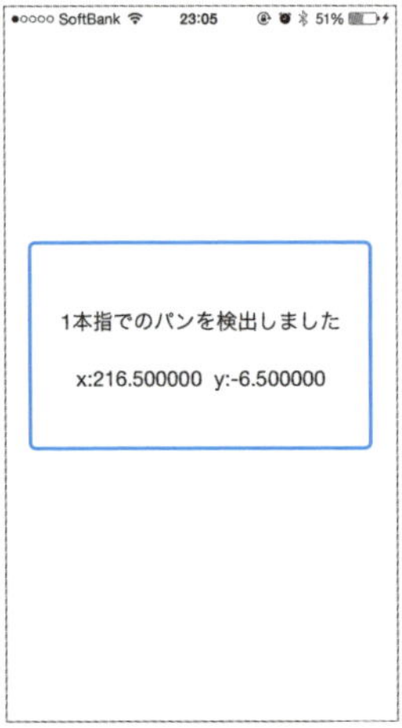

1本指でのパンを検出しました
x:216.500000 y:-6.500000

MEMO

048 ピンチイン／アウトを検出したい

UIPinchGestureRecognizer クラス		7.X
関連	046 タップ／ダブルタップを検出したい　P.104 047 パンを検出したい　P.106 049 回転を検出したい　P.111 050 スワイプを検出したい　P.113 051 長押しを検出したい　P.115	
利用例	画像をピンチイン／アウトで拡大縮小を行う場合	

ピンチイン／アウトを検出するには

ピンチイン／アウトを検出するにはUIPinchGestureRecognizerクラスを利用します。ほかのUIGestureRecognizerクラスと同様にまずハンドラを指定して、UIPinchGestureRecognizerクラスのインスタンスを生成します。

●ハンドラを指定してUIPinchGestureRecognizerクラスのインスタンスを生成する

```
UIPinchGestureRecognizer *pinchGestureRecognizer = [[UIPinchGestureRecognizer alloc]
                                                    initWithTarget:self
                                                    action:@selector(handlePinchGesture:)];
```

この例ではself（サンプルではViewController.m）のhandlePinchGesture:メソッドがハンドラになります。

生成したUIPinchGestureRecognizerクラスのインスタンスをピンチを検出したいViewに設定する

UIViewのaddGestureRecognizer:メソッドで生成したUIPinchGestureRecognizerクラスのインスタンスを設定します。これで、このViewに対してピンチイン／アウトが行われるとインスタンス生成時に指定したハンドラが呼ばれることになります。

●UIPinchGestureRecognizerをViewに設定する

```
[self.view addGestureRecognizer:pinchGestureRecognizer];
```

ピンチの情報を取得する

設定したViewに対してピンチインまたはピンチアウトが行われるとインスタンス生成時に設定したハンドラが呼ばれます。

ピンチインなのかピンチアウトなのかを判断するには、UIPinchGestureRecognizerクラスのvelocityプロパティで判断することができます。

プラスの値であればピンチアウト、マイナスの値であればピンチインが行われたことになります。velocityプロパティはピンチのスピードを表します（図3.1）。

●ピンチイン／アウトの情報を取得する

```
- (void)handlePinchGesture:(UIPinchGestureRecognizer *)gestureRecognizer
{
  NSLog(@"%s", __PRETTY_FUNCTION__);
  CGFloat scale = gestureRecognizer.scale;
  CGFloat velocity = gestureRecognizer.velocity;

  if (velocity > 0) {
    self.label.text = @"ピンチアウトが検出されました";
  } else {
    self.label.text = @"ピンチインが検出されました";
  }

  self.valueLabel.text = [NSString stringWithFormat:@"Scale:%f  Velocity:%f",
scale, velocity];
}
```

図3.1 実行画面

049 回転を検出したい

UIRotationGestureRecognizerクラス		7.X
関連	046 タップ／ダブルタップを検出したい　P.104 047 パンを検出したい　P.106 048 ピンチイン／ピンチアウトを検出したい　P.109 050 スワイプを検出したい　P.113 051 長押しを検出したい　P.115	
利用例	画像を指の回転動作で回転させる場合	

回転を検出するには

回転を検出するにはUIRotationGestureRecognizerクラスを利用します。ほかのUIGestureRecognizerクラスと同様にまずハンドラを指定してUIRotationGestureRecognizerクラスのインスタンスを生成します。

●ハンドラを指定してUIRotationGestureRecognizerクラスのインスタンスを生成する

```
UIRotationGestureRecognizer *rotationGestureRecognizer =
[[UIRotationGestureRecognizer alloc]
                                    initWithTarget:self
                                    action:@selector
(handleRotationGesture:)];
```

この例ではself（サンプルではViewController.m）のhandleRotationGesture:メソッドがハンドラになります。

生成したUIRotationGestureRecognizerクラスのインスタンスを回転を検出したいViewに設定する

UIViewのaddGestureRecognizer:メソッドで生成したUIRotationGestureRecognizerクラスのインスタンスを設定します。
　これで、このViewに対して回転が行われるとインスタンス生成時に指定したハンドラが呼ばれることになります。

●UIRotationGestureRecognizerをViewに設定する

```
[self.view addGestureRecognizer:rotationGestureRecognizer];
```

回転の情報を取得する

設定したViewに対して回転が行われるとインスタンス生成時に設定したハンドラが呼ばれます。UIRotationGestureRecognizerクラスのrotationプロパティがプラスの値であれば右回転、マイナスの値であれば左回転が行われたことになります。velocityプロパティは回転のスピードを表します（図3.1）。

● 回転の情報を取得する

```
- (void)handleRotationGesture:(UIRotationGestureRecognizer *)gestureRecognizer
{
  NSLog(@"%s", __PRETTY_FUNCTION__);
  CGFloat rotation = gestureRecognizer.rotation;
  CGFloat velocity = gestureRecognizer.velocity;

  if (rotation > 0) {
    self.label.text = @"右回転を検出しました";
  } else {
    self.label.text = @"左回転を検出しました";
  }

  self.valueLabel.text = [NSString stringWithFormat:@"Rotation:%f  Velocity:%f", 
rotation, velocity];
}
```

図3.1 実行画面

050 スワイプを検出したい

UISwipeGestureRecognizerクラス		7.X
関連	046 タップ／ダブルタップを検出したい　P.104 047 パンを検出したい　P.106 048 ピンチイン／アウトを検出したい　P.109 049 回転を検出したい　P.111 051 長押しを検出したい　P.115	
利用例	UITableViewのセルをスワイプで操作する場合	

スワイプを検出するには

スワイプを検出するにはUISwipeGestureRecognizerクラスを利用します。ほかのUIGestureRecognizerクラスと同様にまずハンドラを指定してUISwipeGestureRecognizerクラスのインスタンスを生成します。

●ハンドラを指定してUISwipeGestureRecognizerクラスのインスタンスを生成する

```
UISwipeGestureRecognizer *rightSwipeGestureRecognizer =
[[UISwipeGestureRecognizer alloc]
                                      initWithTarget:self
                                      action:@selector
(handleRightSwipeGesture:)];
```

この例ではself（サンプルではViewController.m）のhandleRightSwipeGesture:メソッドがハンドラになります。

検出するスワイプの方向を設定する

UISwipeGestureRecognizerクラスがUIPanGestureRecognizerクラスと異なる点は、方向を指定して、その方向に指が動かされた時のみハンドラが呼ばれることです。

UIPanGestureRecognizerクラスではハンドラが呼ばれた後にどちらに指が動かされたか判断する必要があります。

必要に応じて使い分けると良いでしょう。検出するスワイプの方向を設定するにはdirectionプロパティに値を設定します。

以下がそれぞれ上、下、左、右に対応しています。

- UISwipeGestureRecognizerDirectionUp：上
- UISwipeGestureRecognizerDirectionDown：下
- UISwipeGestureRecognizerDirectionLeft：左
- UISwipeGestureRecognizerDirectionRight：右

●右方向へのスワイプを検出するように設定する

```
rightSwipeGestureRecognizer.direction = UISwipeGestureRecognizerDirectionRight;
```

生成したUISwipeGestureRecognizerクラスのインスタンスを スワイプを検出したいViewに設定する

　UIViewのaddGestureRecognizer:メソッドで生成したUISwipeGestureRecognizerクラスのインスタンスを設定します。これで、このViewに対してスワイプが行われるとインスタンス生成時に指定したハンドラが呼ばれることになります（図3.1）。

●UISwipeGestureRecognizerをViewに設定する

```
[self.view addGestureRecognizer:rightSwipeGestureRecognizer];
```

図3.1 実行画面

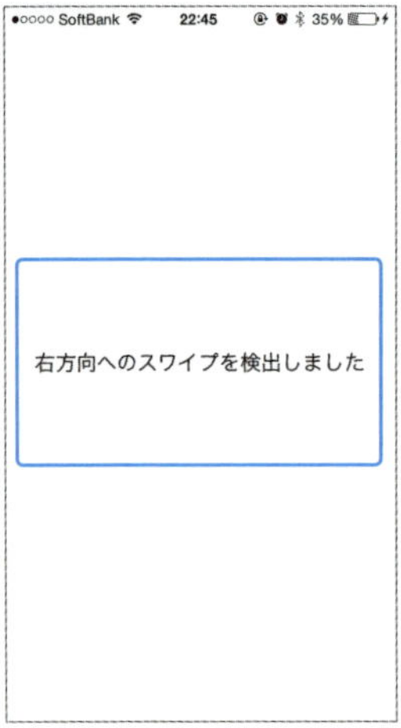

051 長押しを検出したい

UILongPressGestureRecognizerクラス		7.X
関連	046 タップ／ダブルタップを検出したい　P.104 047 パンを検出したい　P.106 048 ピンチイン／アウトを検出したい　P.109 049 回転を検出したい　P.111 050 スワイプを検出したい　P.113	
利用例	長押し時にポップアップを表示する場合	

長押しを検出するには

長押しを検出するにはUILongPressGestureRecognizerクラスを利用します。ほかのUIGestureRecognizerクラスと同様にまずハンドラを指定して、UILongPressGestureRecognizerクラスのインスタンスを生成します。

●ハンドラを指定してUILongPressGestureRecognizerクラスのインスタンスを生成する

```
UILongPressGestureRecognizer *longPressGestureRecognizer =
[[UILongPressGestureRecognizer alloc]
                                          initWithTarget:self
                                          action:@selector
(handleLongPressGesture:)];
```

この例ではself（サンプルではViewController.m）のaddGestureRecognizer:メソッドがハンドラになります。

許容する指が動く範囲を指定する

長押しを行うとすると指が少なからず上下左右に動いてしまいます。UILongPressGestureRecognizerクラスではどの程度指が上下左右に動いても長押しを行っていると判断するかのしきい値を設定できます。allowableMovementプロパティにピクセル単位で指定します。

●20pxまで動いても長押しと判断するように設定する

```
longPressGestureRecognizer.allowableMovement = 20;     // 20px
```

イベントが発生するまで押し続けるする時間を設定する

どれだけ押しを続けたら長押しが行われたと判断するかの時間を設定します。minimumPressDurationプロパティに設定します。初期値は0.5（0.5秒）となっています。

●0.3秒押し続けたら長押しと判断するように設定する

```
longPressGestureRecognizer.minimumPressDuration = 0.3f;      // 0.3秒
```

生成したUILongPressGestureRecognizerクラスのインスタンスを長押しを検出したいViewに設定する

UIViewのaddGestureRecognizerToFail:メソッドで生成したUILongPressGestureRecognizerクラスのインスタンスを設定します。これで、このViewに対して長押しが行われるとインスタンス生成時に指定したハンドラが呼ばれることになります（図3.1）。

●UILongPressGestureRecognizerをViewに設定する

```
[self.view addGestureRecognizer:longPressGestureRecognizer];
```

図3.1　実行画面

052 ジェスチャーレコグナイザ間の優先順位を制御したい

UIGestureRecognizerクラス		7.X
関連	046 タップ／ダブルタップを検出したい　P.104 047 パンを検出したい　P.106 048 ピンチイン／アウトを検出したい　P.109 049 回転を検出したい　P.111 050 スワイプを検出したい　P.113 051 長押しを検出したい　P.115	
利用例	ダブルタップとシングルタップの両方を設定して別々の処理を行う場合	

ジェスチャーレコグナイザ間の優先順位を制御するには

　UIGestureRecognizerクラスは検出の優先度を設定できます。複数のUIGestureRecognizerクラスを用意し、あるUIGestureRecognizerが失敗した時のみ検出を行うということが可能です。

　一番使う場面とすればダブルタップとシングルタップの両方を設定している時です。両方を設定すると、ダブルタップを検出したいのにシングルタップが先に検出されてしまいます。

　そのような場合は、UIGestureRecognizerクラスのrequireGestureRecognizerToFail:メソッドを利用します。ダブルタップの検出に失敗した時のみ、シングルタップが検出されるようにすれば、意図した動作となります。

　シングルタップを検出するUITapGestureRecognizerクラスのインスタンスのrequireGestureRecognizerToFail:メソッドを利用して、ダブルタップを検出するUITapGestureRecognizerクラスのインスタンスを指定して呼び出すことで、ダブルタップの検出に失敗した時のみシングルタップが検出されるようになります（図3.1）。

●ダブルタップの検出に失敗した時のみシングルタップを検出させる

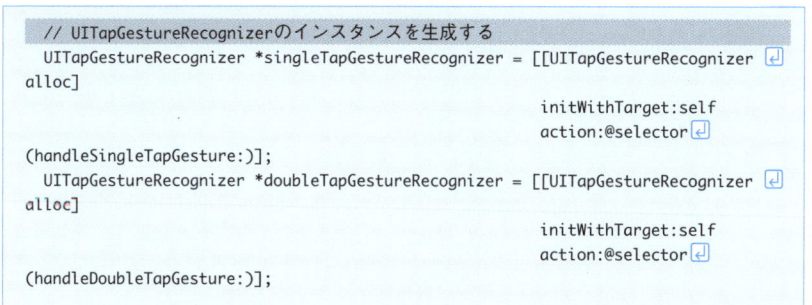

```
// UITapGestureRecognizerのインスタンスを生成する
UITapGestureRecognizer *singleTapGestureRecognizer = [[UITapGestureRecognizer
alloc]
                                                      initWithTarget:self
                                                      action:@selector
(handleSingleTapGesture:)];
UITapGestureRecognizer *doubleTapGestureRecognizer = [[UITapGestureRecognizer
alloc]
                                                      initWithTarget:self
                                                      action:@selector
(handleDoubleTapGesture:)];
```

```
（中略）

// ダブルタップの優先度を上げるために、ダブルタップの検出に失敗した時のみシング
// ルタップを検出する
[singleTapGestureRecognizer requireGestureRecognizerToFail:doubleTapGestureRecogn
izer];
```

図3.1 実行画面

シングルタップを検出しました

3.3 同時操作検出

053 ピンチと回転を同時に検出したい

UIGestureRecognizerDelegateクラス		7.X
関連	046 タップ／ダブルタップを検出したい　P.104 047 パンを検出したい　P.106 048 ピンチイン／アウトを検出したい　P.109 049 回転を検出したい　P.111 050 スワイプを検出したい　P.113 051 長押しを検出したい　P.115	
利用例	ピンチと回転の2つのジェスチャで表示している写真を操作する場合	

ピンチと回転を同時に検出するには

　UIPinchGestureRecognizerクラスとUIRotationGestureRecognizerクラスを1つのViewに同時に設定し、双方のハンドラが同時に呼び出されるようにするには、UIGestureRecognizerDelegateクラスを実装します。

　実装したクラスでgestureRecognizer:shouldRecognizeSimultaneouslyWithGestureRecognizer:メソッドがYESを返すようにします。

●複数のジェスチャを同時に検出できるようにする

```
- (BOOL)gestureRecognizer:(UIGestureRecognizer *)gestureRecognizer
shouldRecognizeSimultaneouslyWithGestureRecognizer:(UIGestureRecognizer *)↵
otherGestureRecognizer
{
  return YES;
}
```

　そして、UIPinchGestureRecognizerクラスとUIRotationGestureRecognizerクラスのdelegateに設定します（図3.1）。

●delegateを設定する

```
- (void)viewDidLoad
{
  [super viewDidLoad];
  
  // UIPinchGestureRecognizerのインスタンスを生成する
  UIPinchGestureRecognizer *pinchGestureRecognizer = [[UIPinchGestureRecognizer ↵
alloc]
                                            initWithTarget:self
                                            action:@selector↵
(handlePinchGesture:)];
```

119

```objc
    // delegateを設定する
    pinchGestureRecognizer.delegate = self;

    // ピンチを検出するようにGestureRecognizerをViewに設定する
    [self.view addGestureRecognizer:pinchGestureRecognizer];

    // UIRotationGestureRecognizerのインスタンスを生成する
    UIRotationGestureRecognizer *rotationGestureRecognizer = ↵
[[UIRotationGestureRecognizer alloc]
                                                initWithTarget:self
                                                action:@selector ↵
(handleRotationGesture:)];

    // delegateを設定する
    rotationGestureRecognizer.delegate = self;

    // 回転を検出するようにGestureRecognizerをViewに設定する
    [self.view addGestureRecognizer:rotationGestureRecognizer];
}
```

図3.1 実行画面

PROGRAMMER'S RECIPE

第 04 章

描画処理

054 直線を描画したい

UIBezierPathクラス	addLineToPoint:メソッド		7.X
関連	055 曲線を描画したい　P.124 056 円弧を描画したい　P.126 057 楕円を描画したい　P.128 058 矩形を描画したい　P.130 059 円グラフを描画したい　P.132 060 テキストを描画したい　P.136 061 色を指定してテキストを描画したい　P.138 062 フォントを指定してテキストを描画したい　P.140 063 描画範囲を指定してテキストを描画したい　P.142		
利用例	パスを作成して直線を描画する場合		

直線を描画するには

直線を描画するにはUIBezierPathクラスのaddLineToPoint:メソッドを用いて直線のパスを追加し、描画を行います。

直線のパスを追加する

moveToPoint:メソッドでパスの始点を設定し、addLineToPoint:メソッドでパスに始点からの直線を追加します。

直線を追加した後は、直線の終点が新たな始点となり、addLineToPoint:メソッドでさらに直線を追加できます。

描画を行う

パスを設定し終わったら、strokeメソッドでパスの描画を行います（図4.1）。

●直線を描画する

```
-(void) drawPathLine {
    // UIBezierPath のインスタンスを生成する
    UIBezierPath *path = [UIBezierPath bezierPath];

    float startX = 100;
    float startY = 200;
    float endX = 200;
    float endY = 300;

    // 始点を設定する
    [path moveToPoint:CGPointMake(startX, startY)];
```

```
    // 終点を設定する
    [path addLineToPoint:CGPointMake(endX, endY)];

    // 描画実行
    [path stroke];
}
```

図4.1 実行結果

055 曲線を描画したい

| UIBezierPathクラス | addQuadCurveToPoint:controlPoint:メソッド | 7.X |

関連	054 直線を描画したい　P.122
	056 円弧を描画したい　P.126
	057 楕円を描画したい　P.128
	058 矩形を描画したい　P.130
	059 円グラフを描画したい　P.132
	060 テキストを描画したい　P.136
	061 色を指定してテキストを描画したい　P.138
	062 フォントを指定してテキストを描画したい　P.140
	063 描画範囲を指定してテキストを描画したい　P.142

利用例	曲線のパスを作成して曲線を描画する場合

曲線を描画するには

曲線を描画するにはUIBezierPathクラスのaddQuadCurveToPoint:controlPoint:メソッドを用いて曲線のパスを追加し、描画を行います。このメソッドは、始点に終点とコントロールポイントを指定した2次曲線のパスを追加します。

曲線のパスを追加する

moveToPoint:メソッドでパスの始点を設定します。
addQuadCurveToPoint:controlPoint:メソッドで終点とコントロールポイントを設定します。

描画を行う

パスを設定し終わったら、strokeメソッドでパスを描画します（図4.1）。

●曲線を描画する

```
-(void) drawPathCurveLine {
    // UIBezierPath のインスタンスを生成する
    UIBezierPath *path = [UIBezierPath bezierPath];

    float startX = 100;
    float startY = 200;
    float controlPointX = 100;
    float controlPointY = 300;
    float endX = 50;
    float endY = 300;

    // 始点を設定する
```

```
    [path moveToPoint:CGPointMake(startX, startY)];

    // 終点とコントロールポイントを設定する
    [path addQuadCurveToPoint:CGPointMake(endX, endY)
               controlPoint:CGPointMake(controlPointX, controlPointY)];

    // 描画実行
    [path stroke];
}
```

図4.1 実行結果

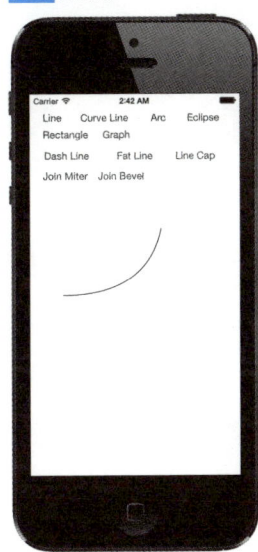

056 円弧を描画したい

| UIBezierPathクラス | addArcWithCenter:メソッド | 7.X |

関連	054 直線を描画したい　P.122 055 曲線を描画したい　P.124 057 楕円を描画したい　P.128 058 矩形を描画したい　P.130 059 円グラフを描画したい　P.132 060 テキストを描画したい　P.136 061 色を指定してテキストを描画したい　P.138 062 フォントを指定してテキストを描画したい　P.140 063 描画範囲を指定してテキストを描画したい　P.142
利用例	パスを作成して直線を描画する場合

円弧を描画するには

円弧を描画するにはUIBezierPathクラスのaddArcWithCenter:メソッドを用いて円弧のパスを追加し、描画を行います。

円弧のパスを追加する

addArcWithCenter:メソッドで中心点、半径、開始角、終了角、時計回りかを示すフラグを設定します。

ここで、開始角と終了角はラジアンで指定し、0ラジアンは3時の方向を示します。

描画を行う

パスを設定し終わったら、strokeメソッドでパスを描画します（図4.1）。

●円弧を描画する（中心点、半径、開始角、終了角、回転方向を指定）

```
-(void) drawPathArc {
    // UIBezierPath のインスタンスを生成する
    UIBezierPath *path = [UIBezierPath bezierPath];

    // 円弧のパラメータを作成する
    float centerX = 160;        // 中心点
    float centerY = 300;
    CGPoint center = CGPointMake(centerX, centerY);
    float radius = 100;         // 半径
    float startAngle = 0;       // 開始角 単位はラジアン
    float endAngle = M_PI*1.5;  // 終了角 単位はラジアン
    BOOL clockwise = YES;       // 時計回り
```

4.1 図形

```
    // 円弧のパスを追加する
    [path addArcWithCenter:center
                    radius:radius
                startAngle:startAngle
                  endAngle:endAngle
                 clockwise:clockwise];

    // 描画実行
    [path stroke];
}
```

図4.1 実行結果

057 楕円を描画したい

UIBezierPathクラス	bezierPathWithOvalInRect:メソッド	7.X
関連	054 直線を描画したい　P.122 055 曲線を描画したい　P.124 056 円弧を描画したい　P.126 058 矩形を描画したい　P.130 059 円グラフを描画したい　P.132 060 テキストを描画したい　P.136 061 色を指定してテキストを描画したい　P.138 062 フォントを指定してテキストを描画したい　P.140 063 描画範囲を指定してテキストを描画したい　P.142	
利用例	パスを作成して楕円を描画する場合	

楕円を描画するには

楕円を描画するにはUIBezierPathクラスのbezierPathWithOvalInRect:メソッドを用いて楕円のパスを生成し、描画を行います。

楕円のパスを生成する

bezierPathWithOvalInRect:メソッドで楕円をのパスを生成します。パラメータには楕円を囲む矩形を指定します。

描画を行う

パスを生成し終わったら、strokeメソッドでパスを描画します（図4.1）。

●楕円を描画する

```
-(void) drawPathEclipse {
    // 矩形のパラメータを生成する
    int x = 100;            // 矩形のx座標
    int y = 150;            // 矩形のy座標
    int width = 100;        // 矩形の高さ
    int height = 200;       // 矩形の幅
    CGRect rect = CGRectMake(x, y, width, height);

    // 楕円のパスを生成する
    UIBezierPath *path = [UIBezierPath bezierPathWithOvalInRect:rect];

    // 線の色を設定する
    [[UIColor greenColor] setStroke];

    // 描画実行
    [path stroke];
}
```

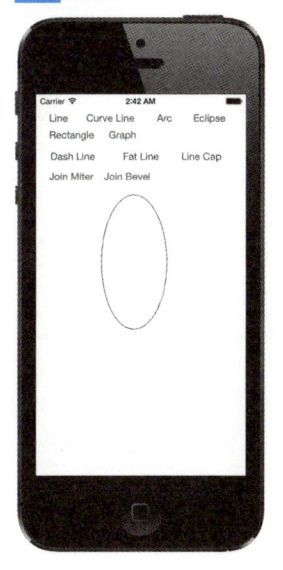

図4.1 実行結果

MEMO

058 矩形を描画したい

| UIBezierPathクラス | bezierPathWithRect:メソッド | 7.X |

関連	054 直線を描画したい P.122
	055 曲線を描画したい P.124
	056 円弧を描画したい P.126
	057 楕円を描画したい P.128
	059 円グラフを描画したい P.132
	060 テキストを描画したい P.136
	061 色を指定してテキストを描画したい P.138
	062 フォントを指定してテキストを描画したい P.140
	063 描画範囲を指定してテキストを描画したい P.142

| 利用例 | パスを作成して矩形を描画する場合 |

矩形を描画するには

矩形を描画するにはUIBezierPathクラスのbezierPathWithRect:メソッドを用いて矩形のパスを生成し、描画を行います。

矩形のパスを生成する

bezierPathWithRect:メソッドで矩形をのパスを生成します。

描画を行う

パスを生成し終わったら、strokeメソッドでパスを描画します（図4.1）。

● 矩形を描画する

```
-(void) drawPathRectangle {
    // 矩形のパラメータを生成する
    int x = 100;          // 矩形のx座標
    int y = 150;          // 矩形のy座標
    int width = 100;      // 矩形の高さ
    int height = 200;     // 矩形の幅
    CGRect rect = CGRectMake(x, y, width, height);

    // 矩形のパスを生成する
    UIBezierPath *path = [UIBezierPath bezierPathWithRect:rect];

    // 線の色を設定する
    [[UIColor redColor] setStroke];

    // 描画実行
    [path stroke];
}
```

図4.1 実行結果

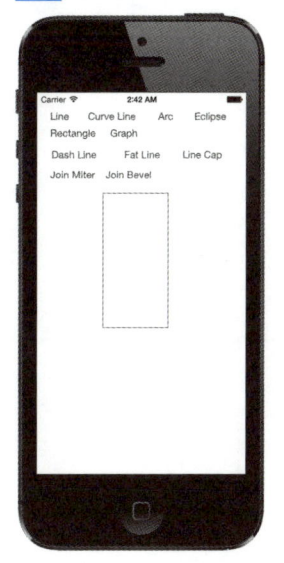

059 円グラフを描画したい

| UIBezierPathクラス | addArcWithCenter:メソッド | addLineToPoint:メソッド | 7.X |

関 連	054 直線を描画したい P.122
	055 曲線を描画したい P.124
	056 円弧を描画したい P.126
	057 楕円を描画したい P.128
	058 矩形を描画したい P.130
	060 テキストを描画したい P.136
	061 色を指定してテキストを描画したい P.138
	062 フォントを指定してテキストを描画したい P.140
	063 描画範囲を指定してテキストを描画したい P.142

利 用 例	描画用のクラスを利用して円グラフを描画する場合

円グラフを描画するには

円グラフの描画をするには、円グラフの割合ごとに、割合のサイズに合わせた扇型を描画します。

扇形を描画するメソッドを作成する

扇形を描画するには、まずUIBezierPathクラスのインスタンスを作成し、扇型のパスを設定します。

addArcWithCenter:メソッドで扇型の円弧部分のパスを設定し、addLineToPoint:メソッドで中心点への線を引きます。

最後に、closePathメソッドでパスを閉じて扇型のパスの設定が完了します。

●扇型のパスを設定する

```
// PATH に円グラフの扇形を設定
[path addArcWithCenter:center        // 中心点
              radius:radius          // 半径
          startAngle:startAngle      // 開始角
            endAngle:endAngle        // 終了角
           clockwise:YES];           // 時計回りを指定

// 円弧から中心点への直線を追加する
[path addLineToPoint:center];

// パスを閉じて扇型を作成する
[path closePath];
```

扇型のパスを設定したら、塗りつぶし色を指定し、fillメソッドでパス内を塗りつぶします。さらに、strokeメソッドでパスの線分を描画することにより、扇型の縁取りを描画します。

● 扇型を描画するメソッド

```
-(void) drawFunShapeWithCenter:(CGPoint)center          // 中心点
                        radius:(float)radius            // 半径
                    startAngle:(float)startAngle        // 開始角
                         angle:(float) angle            // 角度
                         color:(UIColor *)color         // 色
{
    // UIBezierPath のインスタンスを生成する
    UIBezierPath *path = [UIBezierPath bezierPath];

    // 終了角を算出s
    float endAngle = startAngle + angle;

    // PATH に円グラフの扇形を設定
    [path addArcWithCenter:center           // 中心点
                    radius:radius           // 半径
                startAngle:startAngle       // 開始角
                  endAngle:endAngle         // 終了角
                 clockwise:YES];            // 時計回りを指定

    // 円弧から中心点への直線を追加する
    [path addLineToPoint:center];

    // パスを閉じて扇型を作成する
    [path closePath];

    // 塗りつぶし色を設定する
    if (color) {
        [color setFill];
    }

    // 描画実行
    // 塗りつぶし
    [path fill];

    // 縁を描画
    [path stroke];
}
```

円グラフを描画する

作成した扇型描画メソッドを用いて円グラフを描画します（図4.1）。

● 円グラフを描画する

```
-(void) drawPathGraph {
    // 円グラフの中心点
    float centerX = 160;
    float centerY = 300;
    CGPoint center = CGPointMake(centerX, centerY);

    // 円グラフの半径
    float radius = 100;

    // グラフ内容の割合テーブル (%)
    int parcentTable[] = {15,26,40,19};

    // 開始角、0は3時の方向
    float startAngle = 0;

    // テーブルの内容分、扇形を描画する
    for (int i=0; i<4; i++) {
        // グラフの割合
        int percent = parcentTable[i];

        // 割合から角度を算出
        float angle = M_PI*2 * percent / 100.0;

        // 塗りつぶし色を設定する
        UIColor *color;
        switch (i) {
            case 0:
                color = [UIColor blueColor];
                break;
            case 1:
                color = [UIColor yellowColor];
                break;
            case 2:
                color = [UIColor greenColor];
                break;
            case 3:
                color = [UIColor redColor];
                break;
        }

        // 扇形を描画する
```

```
            [self drawFunShapeWithCenter:center radius:radius startAngle:startAngle ⏎
angle:angle color:color];

            // 次の開始角を算出
            startAngle += angle;
        }
    }
```

図4.1 実行結果

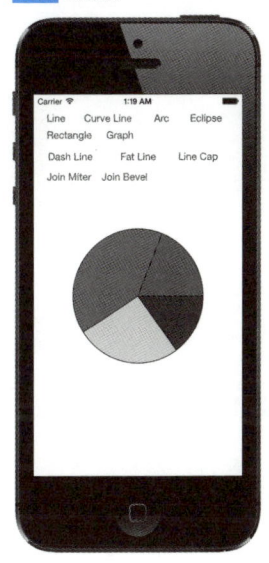

060 テキストを描画したい

| NSStringクラス | drawAtPoint:withAttributes:メソッド | 7.X |

関連	054 直線を描画したい　P.122
	055 曲線を描画したい　P.124
	056 円弧を描画したい　P.126
	057 楕円を描画したい　P.128
	058 矩形を描画したい　P.130
	059 円グラフを描画したい　P.134
	061 色を指定してテキストを描画したい　P.138
	062 フォントを指定してテキストを描画したい　P.140
	063 描画範囲を指定してテキストを描画したい　P.142

| 利用例 | 任意のテキストを表示する場合 |

テキストを描画するには

テキストを描画するにはNSStringクラスのdrawAtPoint:withAttributes:メソッドで描画します（図4.1）。

●テキストを描画する

```
- (void)drawTextText {
    // 文字列を生成
    NSString *string = @"あめんぼ赤いなあいうえお";

    // 表示座標
    float x = 10;
    float y = 200;

    // 文字列を描画
    [string drawAtPoint:CGPointMake(x, y) withAttributes:nil];
}
```

図4.1 実行結果

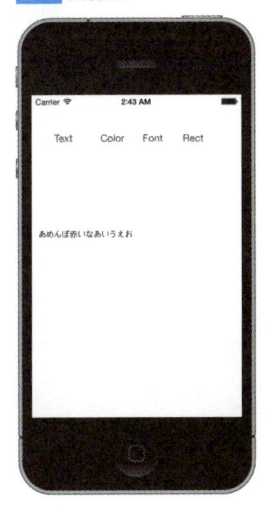

MEMO

061 色を指定して テキストを描画したい

NSStringクラス	drawAtPoint:withAttributes:メソッド	7.X

関連	054 直線を描画したい　P.122
	055 曲線を描画したい　P.124
	056 円弧を描画したい　P.126
	057 楕円を描画したい　P.128
	058 矩形を描画したい　P.130
	059 円グラフを描画したい　P.134
	060 テキストを描画したい　P.136
	062 フォントを指定してテキストを描画したい　P.140
	063 描画範囲を指定してテキストを描画したい　P.142

| 利用例 | テキストの色を指定して描画する場合 |

色を指定してテキストを描画するには

テキスト描画時に色を指定するには、drawAtPoint:withAttributes:メソッドの属性パラメータに文字色を指定して描画します。

属性パラメータは、文字色のほか、背景色やフォントなどを辞書形式で複数してい出来ます。

表4.1 属性パラメータ

属性	説明
NSFontAttributeName	フォント指定
NSForegroundColorAttributeName	文字色
NSBackgroundColorAttributeName	文字の背景色
NSKernAttributeName	文字の間隔
NSUnderlineStyleAttributeName	アンダーラインを引く
NSShadowAttributeName	文字に影をつける

文字色は、NSForegroundColorAttributeNameパラメータを設定します（図4.1）。

●色を指定してテキストを描画する

```
- (void)drawTextColor {
    // 文字列を生成
    NSString *string = @"あめんぼ赤いなあいうえお";

    // 表示座標
    float x = 10;
    float y = 200;
```

```
    // 色データを生成
    UIColor *color = [UIColor colorWithRed:1.0f green:0.0f blue: 0.0f alpha:1.0f];

    // 文字列の属性を生成
    NSDictionary *attrs = [NSDictionary dictionaryWithObjectsAndKeys:
                           color, NSForegroundColorAttributeName, nil];

    // 文字列を描画
    [string drawAtPoint:CGPointMake(x, y)
        withAttributes:attrs];
}
```

図4.1 実行結果

062 フォントを指定して テキストを描画したい

| NSStringクラス | drawAtPoint:withAttributes:メソッド | 7.X |

関連	054 直線を描画したい P.122
	055 曲線を描画したい P.124
	056 円弧を描画したい P.126
	057 楕円を描画したい P.128
	058 矩形を描画したい P.130
	059 円グラフを描画したい P.134
	060 テキストを描画したい P.136
	061 色を指定してテキストを描画したい P.140
	063 描画範囲を指定してテキストを描画したい P.142

| 利用例 | 指定したフォントでテキストを入力する |

フォントを指定してテキストを描画するには

フォントを指定してテキストを描画するには、NSStringクラスにあるdrawAtPoint:withAttributesメソッドの属性パラメータでフォントを指定して描画します。属性パラメータについては、レシピ061 を参照してください。フォントは属性パラメータのNSFontAttributeNameパラメータを設定します（図4.1）。

●フォントを指定してテキストを描画する

```objc
- (void)drawTextFont {
    // 文字列を生成
    NSString *string = @"あめんぼ赤いなあいうえお";
    
    // 表示座標
    float x = 10;
    float y = 200;
    
    // フォントパラメータを生成
    UIFont *font = [UIFont fontWithName:@"HiraKakuProN-W6" size:20];
    
    // 属性を生成
    NSDictionary* attrs=[NSDictionary dictionaryWithObjectsAndKeys:
                    font,NSFontAttributeName, nil];
    
    // 文字列を描画
    [string drawAtPoint:CGPointMake(x, y)
        withAttributes:attrs];
}
```

図4.1 実行結果

MEMO

063 描画範囲を指定して テキストを描画したい

| NSString クラス | drawInRect:withAttributes:メソッド | 7.X |

関連	054 直線を描画したい P.122
	055 曲線を描画したい P.124
	056 円弧を描画したい P.126
	057 楕円を描画したい P.128
	058 矩形を描画したい P.130
	059 円グラフを描画したい P.134
	060 テキストを描画したい P.136
	061 色を指定してテキストを描画したい P.140
	062 フォントを指定してテキストを描画したい P.142

| 利用例 | 特定の範囲にテキストを入力する |

描画範囲を指定してテキストを描画するには

描画範囲を指定してテキストを描画するには、NSStringクラスのdrawInRect:withAttributes:メソッドを用いて描画します(図4.1)。

●描画範囲を指定してテキストを描画する

```
- (void)drawTextRect:(CGRect)rect {
    // 文字列を生成
    NSString *string = @"吾輩わがはいは猫である。名前はまだ無い。どこで生れたかとんと見けんとうがつかぬ。何でも薄暗いじめじめした所でニャーニャー泣いていた事だけは記憶している。";

    // 描画範囲の矩形を設定
    float x = 100;
    float y = 200;
    float width = 100;
    float height = 100;

    // 描画範囲の矩形を生成
    CGRect textrect = CGRectMake(x, y, width, height);

    // 矩形内に文字列を描画
    [string drawInRect:textrect
        withAttributes:nil];

    // 描画範囲を示すため、描画範囲の矩形を表示
    // 文字列を囲む矩形のパスを生成
    UIBezierPath *path = [UIBezierPath bezierPathWithRect:textrect];
```

```
    // 矩形を描画
    [path stroke];
}
```

図4.1 実行結果

MEMO

MEMO

PROGRAMMER'S RECIPE

第 05 章

画像処理

064 画像を指定サイズにトリミングしたい

CoreGraphicsフレームワーク	7.X
関連	—
利用例	画像の一部を切り出す場合

画像をトリミングするには

画像をトリミングする場合は、CoreGraphicsフレームワークの機能を用います。一旦、UIImageオブジェクトをCGImageオブジェクトに変換してから、トリミングの処理を行います。

UIImageオブジェクトからCGImage参照ポインターと、取得したい範囲のCGRect構造体を引数にしてCGImageCreateWithImageInRect関数を呼び出すと、トリミングされたイメージが作成されます(図5.1)。

● 例 画像ファイルの読み込みとCGImage参照の取得

```
UIImage *image = [UIImage imageNamed:@"image.png"];
CGImage imageRef = [image CGImage];
```

● 例 切り出す範囲を指定し、新しい画像参照を生成する

```
CGRect trimRect = CGRectMake(80, 80, 160, 160);
CGImageRef newImageRef = CGImageCreateWithImageInRect(imageRef, trimRect);
```

● 例 CGImage参照からUIImageオブジェクトを作成

```
UIImage *newImage = [UIImage imageWithCGImage:newImageRef];
```

● 例 作成されたCGImage参照の解放

```
CGImageRelease(newImageRef);
```

なおサンプルでは、ch5trimプロジェクトのimagePickerController:didFinishPickingMediaWithInfo:メソッド、およびcropButtonDidPush:メソッドで使用しています。

5.1 加工

図5.1 トリミング前（左）とトリミング後（右）

MEMO

065 画像にフィルターをかけたい

Core Imageクラス　　7.X

関連	066	画像を反転したい P.150
	067	画像を単色化（モノクローム）したい P.152
	068	画像をセピア調にしたい P.154
	069	画像の階調を変えたい P.156
	070	画像のガンマ比を変えたい P.158
	071	画像の彩度、明度、コントラストを変えたい P.160
	072	自然な色合いの画像にしたい P.162
	073	画像の色相を変えたい P.164
	074	画像にぼかしをかけたい P.166
	075	画像を鮮明にしたい P.168
	076	画像に水玉パターンの効果を付けたい P.170
	077	画像にモザイクをかけたい P.172
利用例		画像の色合いを変更したり、特殊効果を適用したりする場合

画像にフィルターをかけるには

画像にフィルターをかける場合は、Core Imageの機能を用います。CIFilterクラスからフィルターを作成し、パラメーターを与えてoutputImageプロパティを参照すると、フィルター適用後の画像を取得できます。レシピ066からレシピ077では、一部のフィルターについて紹介します。

● 例 画像ファイルの読み込みとCGImage参照の取得

```
UIImage *image = [UIImage imageNamed:@"image.png"];
CGImage imageRef = [image CGImage];
```

● 例 CGImageからCIImageを作成

```
CIImage *image = [CIImage imageWithCGImage:imageRef];
```

CIFilterオブジェクトの作成とパラメーターの設定

作成するCIFilterオブジェクトによって効果が変わります。レシピ066からレシピ077を参照してください。

なおサンプルのch5filterプロジェクトでは、imagePickerController:didFinishPickingMediaWithInfo:メソッドおよびpickerView:didSelectRow:inComponent:メソッドで利用しています。

UIImageクラスのimageNamed:メソッドで取得する代わりにimagePickerControll

er:didFinishPickingMediaWithInfo:デリゲートメソッドに渡された引数に含まれる画像を使用しています。

　またフィルターの設定については、レシピ066 から レシピ077 ではsetValue:forKey:メソッドを用いて1つずつ設定していますが、サンプルでは連想配列filterArrayにまとめて書いた物をsetValuesForKeysWithDictionary:メソッドにて一括で設定しています。

フィルターを適用した画像を取得する

レシピ066 から レシピ076 でフィルターをかけたら、フィルターを適用した画像を取得します。

●フィルターを適用した画像の取得

```
CIImage *newImage = filter.outputImage;
CIContext *context = [CIContext contextWithOptions:nil];
CGImageRef newImageRef = [context createCGImage:newImage fromRect:newImage.extent];
```

CGImageを参照してUIImageオブジェクトを作成します。

●例 CGImageを参照してUIImageオブジェクトを作成

```
UIImage *newImage = [UIImage imageWithCGImage:newImageRef];
```

　生成したCGImageは、使用終了後のメモリリークを防ぐために必ずReleaseを行いましょう。

●作成されたCGImage参照の解放

```
CGImageRelease(newImageRef);
```

066 画像を反転したい

CIColorInvert		7.X
関連	065 画像にフィルターをかけたい　P.148 067 画像を単色化（モノクローム）したい　P.152 068 画像をセピア調にしたい　P.154 069 画像の階調を変えたい　P.156 070 画像のガンマ比を変えたい　P.158 071 画像の彩度、明度、コントラストを変えたい　P.160 072 自然な色合いの画像にしたい　P.162 073 画像の色相を変えたい　P.164 074 画像にぼかしをかけたい　P.166 075 画像を鮮明にしたい　P.168 076 画像に水玉パターンの効果を付けたい　P.170 077 画像にモザイクをかけたい　P.172	
利用例	画像を反転処理する場合	

画像を反転するには

画像を反転させます。特にパラメーターは必要ありません（図5.1）。

例　画像の反転

```
// フィルターを得る
CIFilter *filter = [CIFilter filterWithName:@"CIColorInvert"];

// フィルターにデフォルト値を設定
[filter setDefaults];
```

図5.1 反転前（左）と反転後（右）

MEMO

067 画像を単色化（モノクローム）したい

| CIColorMonochrome | inputColor | inputIntensity | | 7.X |

関連	065 画像にフィルターをかけたい　P.148
	066 画像を反転したい　P.150
	068 画像をセピア調にしたい　P.154
	069 画像の階調を変えたい　P.156
	070 画像のガンマ比を変えたい　P.158
	071 画像の彩度、明度、コントラストを変えたい　P.160
	072 自然な色合いの画像にしたい　P.162
	073 画像の色相を変えたい　P.164
	074 画像にぼかしをかけたい　P.166
	075 画像を鮮明にしたい　P.168
	076 画像に水玉パターンの効果を付けたい　P.170
	077 画像にモザイクをかけたい　P.172
利用例	画像を単色化する場合

画像を単色化（モノクローム）にするには

画像を単色化します。inputColorにどの色にするかを、inputIntensityに単色化の強さ（0を基準に、1に近づくほど単色化）を指定します（図5.1）。

なお、パラメーターのキーのうち共通のものはCIFilter.hに定義されているものがありますので、それを利用するようにしましょう。

● 例　画像を単色化（モノクローム）

```
// フィルターを得る
CIFilter *filter = [CIFilter filterWithName:@"CIColorMonochrome"];

// フィルターにデフォルト値を設定
[filter setDefaults];

// CIColorオブジェクトで色を作成（この場合、灰色を指定）。共通キーの定義を利用
[filter setValue:[CIColor colorWithRed:0.5 green:0.5 blue:0.5]
 forKey:kCIInputColorKey];

// 強さを最大に指定。共通キーの定義を利用
[filter setValue:@1.0 forKey:kCIInputIntensityKey];
```

図5.1 単色化する前（左）と単色化した後（右）

> **NOTE**
> **画像について**
> 　本書の都合上、図5.1はモノクロでの表示となります。画像の変化がわかりにくい点、ご容赦ください。

MEMO

068 画像をセピア調にしたい

CISepiaTone	inputIntensity		7.X
関連	065 画像にフィルターをかけたい　P.148 066 画像を反転したい　P.150 067 画像を単色化（モノクローム）したい　P.152 069 画像の階調を変えたい　P.156 070 画像のガンマ比を変えたい　P.158 071 画像の彩度、明度、コントラストを変えたい　P.160 072 自然な色合いの画像にしたい　P.162 073 画像の色相を変えたい　P.164 074 画像にぼかしをかけたい　P.166 075 画像を鮮明にしたい　P.168 076 画像に水玉パターンの効果を付けたい　P.170 077 画像にモザイクをかけたい　P.172		
利用例	画像をセピア調にする場合		

■ 画像をセピア調にするには

画像をセピア調にします。inputIntensityに色褪せの強さ（0を基準に、高いほど色褪せが強い）を指定します（図5.1）。

● 例 画像のセピア調にする

```
// フィルターを得る
CIFilter *filter = [CIFilter filterWithName:@"CISepiaTone"];

// フィルターにデフォルト値を設定
[filter setDefaults];

// 強さを最大に指定。共通キーの定義を利用
[filter setValue:@1.0 forKey:kCIInputIntensityKey];
```

図5.1 セピア調にする前（左）とセピア調にした後（右）

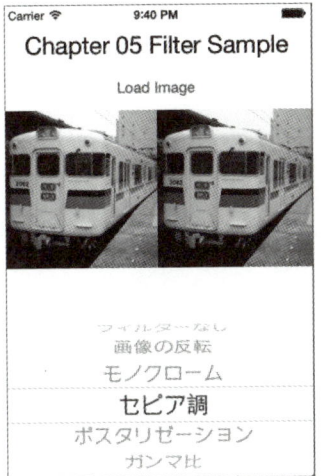

> **NOTE**
> **画像について**
> 　本書の都合上、図5.1はモノクロでの表示となります。画像の変化がわかりにくい点、ご容赦ください。

MEMO

069 画像の階調を変えたい

CIColorPosterize	inputLevels		7.X
関連	065 画像にフィルターをかけたい P.148		
	066 画像を反転したい P.150		
	067 画像を単色化（モノクローム）したい P.152		
	068 画像をセピア調にしたい P.154		
	070 画像のガンマ比を変えたい P.158		
	071 画像の彩度、明度、コントラストを変えたい P.160		
	072 自然な色合いの画像にしたい P.162		
	073 画像の色相を変えたい P.164		
	074 画像にぼかしをかけたい P.166		
	075 画像を鮮明にしたい P.168		
	076 画像に水玉パターンの効果を付けたい P.170		
	077 画像にモザイクをかけたい P.172		
利用例	画像の階調を変える場合		

画像のポスタリゼーションを調整するには

　画像の諧調数を減らします。inputLevelsに階調のレベル（低いほど階調が少なく、高いほど階調が滑らか）を指定します（図5.1）。

● 例　画像のポスタリゼーション

```
// フィルターを得る
CIFilter *filter = [CIFilter filterWithName:@"CIColorPosterize"];

// フィルターにデフォルト値を設定
[filter setDefaults];

// 階調数を指定。InputLeavelsは共通キーがないため、リテラルで記述
[filter setValue:@2.0 forKey:@"inputLevels"];
```

図5.1 画像の階調を変える前（左）と画像の階調を変えた後（右）

MEMO

070 画像のガンマ比を変えたい

CIGammaAdjust	InputPower		7.X

関連	065 画像にフィルターをかけたい　P.148 066 画像を反転したい　P.150 067 画像を単色化（モノクローム）したい　P.152 068 画像をセピア調にしたい　P.154 069 画像の階調を変えたい　P.156 071 画像の彩度、明度、コントラストを変えたい　P.160 072 自然な色合いの画像にしたい　P.162 073 画像の色相を変えたい　P.164 074 画像にぼかしをかけたい　P.166 075 画像を鮮明にしたい　P.168 076 画像に水玉パターンの効果を付けたい　P.170 077 画像にモザイクをかけたい　P.172
利用例	画像のガンマ比を変える場合

画像のガンマ比を変えるには

画像のガンマ比調整を行います。InputPowerにガンマ比の変化度合いを指定します（図5.1）。

● 例 画像のガンマ比を変更

```
// フィルターを得る
CIFilter *filter = [CIFilter filterWithName:@"CIGammaAdjust"];

// ガンマ比を指定。inputPowerは共通キーがないため、リテラルで記述
[filter setValue:@1.2 forKey:@"inputPower"];
```

図 5.1 画像のガンマ比を変える前（左）と画像のガンマ比を変えた後（右）

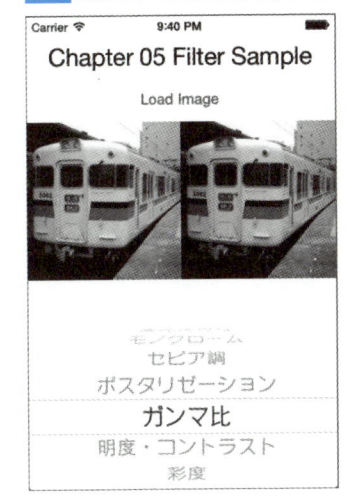

> **NOTE**
> **画像について**
> 　本書の都合上、図 5.1 はモノクロでの表示となります。画像の変化がわかりにくい点、ご容赦ください。

MEMO

071 画像の彩度、明度、コントラストを変えたい

| CIColorControls | inputSaturation | inputBrightness | inputContrast | 7.X |

関連	065 画像にフィルターをかけたい P.148
	066 画像を反転したい P.150
	067 画像を単色化（モノクローム）したい P.152
	068 画像をセピア調にしたい P.154
	069 画像の階調を変えたい P.156
	070 画像のガンマ比を変えたい P.158
	072 自然な色合いの画像にしたい P.162
	073 画像の色相を変えたい P.164
	074 画像にぼかしをかけたい P.166
	075 画像を鮮明にしたい P.168
	076 画像に水玉パターンの効果を付けたい P.170
	077 画像にモザイクをかけたい P.172
利用例	画像の彩度、明度、コントラストを変える場合

画像の彩度、明度、コントラストを変更するには

画像の鮮やかさや明るさを変更します。inputSaturationに彩度（1を基準に、0に近づくほど白黒に近づく。数値を増やすと色味が強調される）、inputBrightnessに明るさ（0を基準に、-1に近づくほど暗く、1に近づくほど明るくなる）、inputContrastにコントラスト（1を基準に、0に近づくほど低く、数値を増やすと高くなる）を指定します（図5.1）。

● 例 像の彩度、明度、コントラストの変更

```
// フィルターを得る
CIFilter *filter = [CIFilter filterWithName:@"CIColorControls"];

// フィルターにデフォルト値を設定
[filter setDefaults];

// 彩度を指定。共通キーの定義を利用
[filter setValue:@1.5 forKey:kCIInputSaturationKey];

// 明度を指定。共通キーの定義を利用
[filter setValue:@0.5 forKey:kCIInputBrightnessKey];

// コントラストを指定。共通キーの定義を利用
[filter setValue:@2.0 forKey:kCIInputContrastKey];
```

図5.1 画像の明度、コントラストを変える前(左)と画像の明度、コントラストを変えた後(右)

図5.2 画像の彩度を変える前(左)と画像の彩度を変えた後(右)

> **NOTE**
> **画像について**
> 　本書の都合上、図5.1、5.2はモノクロでの表示となります。画像の変化がわかりにくい点、ご容赦ください。

072 自然な色合いの画像にしたい

CIVibrance	inputAmount		7.X
関連	065 画像にフィルターをかけたい P.148		
	066 画像を反転したい P.150		
	067 画像を単色化（モノクローム）したい P.152		
	068 画像をセピア調にしたい P.154		
	069 画像の階調を変えたい P.156		
	070 画像のガンマ比を変えたい P.158		
	071 画像の彩度、明度、コントラストを変えたい P.160		
	073 画像の色相を変えたい P.164		
	074 画像にぼかしをかけたい P.166		
	075 画像を鮮明にしたい P.168		
	076 画像に水玉パターンの効果を付けたい P.170		
	077 画像にモザイクをかけたい P.172		
利用例	自然な色合いの画像にする場合		

ビブランスをかけるには

レシピ071 の彩度変化よりも、肌を自然に見せながら変化させます。inputAmountに、鮮やかさ（0を基準に、マイナスだとくすんだ感じに、プラスだと鮮やかな感じになる）を指定します（図5.1）。

● 例 ビブランス

```
// フィルターを得る
CIFilter *filter = [CIFilter filterWithName:@"CIVibrance"];

// 鮮やかさを指定。inputAmountは共通キーがないため、リテラルで記述
[filter setValue:@1.0 forKey:@"inputAmount"];
```

図5.1 自然な色合いの画像に変える前（左）と自然な色合いの画像に変えた後（右）

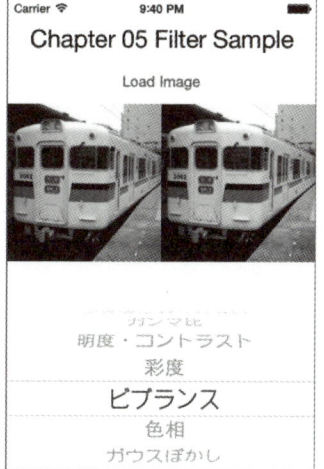

> **NOTE**
> **画像について**
> 　本書の都合上、図5.1はモノクロでの表示となります。画像の変化がわかりにくい点、ご容赦ください。

MEMO

073 画像の色相を変えたい

CIHueAdjust	inputAngle		7.X
関連	065 画像にフィルターをかけたい P.148 066 画像を反転したい P.150 067 画像を単色化（モノクローム）したい P.152 068 画像をセピア調にしたい P.154 069 画像の階調を変えたい P.156 070 画像のガンマ比を変えたい P.158 071 画像の彩度、明度、コントラストを変えたい P.160 072 自然な色合いの画像にしたい P.162 074 画像にぼかしをかけたい P.166 075 画像を鮮明にしたい P.168 076 画像に水玉パターンの効果を付けたい P.170 077 画像にモザイクをかけたい P.172		
利用例	画像の色相を変える場合		

画像の色相を変更するには

画像の色相を変更します。inputAngleでどの程度色相を変化させるかを指定します（図5.1）。角度指定はラジアン（-π〜π）になります。

● 例 画像の色相を変更

```
// フィルターを得る
CIFilter *filter = [CIFilter filterWithName:@"CIHueAdjust"];

// 色相角度を指定。共通キーの定義を利用。M_PI_2はπ/2、すなわち180°を表す
[filter setValue:@M_PI_2 forKey:kCIInputAngleKey];
```

5.2 フィルター

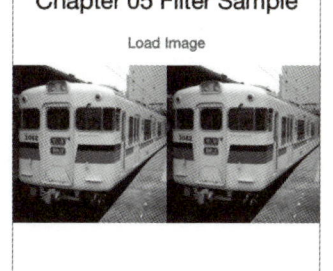

図5.1 画像の色相を変える前(左)と画像の色相を変えた後(右)

> **NOTE**
> **画像について**
> 本書の都合上、図5.1はモノクロでの表示となります。画像の変化がわかりにくい点、ご容赦ください。

MEMO

074 画像にぼかしをかけたい

CIGaussianBlur	inputRadius		7.X
関連	065 画像にフィルターをかけたい　P.148 066 画像を反転したい　P.150 067 画像を単色化（モノクローム）したい　P.152 068 画像をセピア調にしたい　P.154 069 画像の階調を変えたい　P.156 070 画像のガンマ比を変えたい　P.158 071 画像の彩度、明度、コントラストを変えたい　P.160 072 自然な色合いの画像にしたい　P.162 073 画像の色相を変えたい　P.164 075 画像を鮮明にしたい　P.168 076 画像に水玉パターンの効果を付けたい　P.170 077 画像にモザイクをかけたい　P.172		
利用例	画像にぼかしをかける場合		

画像にぼかしをかけるには

画像にぼかしをかけます。inputRadiusにぼかしの強さ（ピクセル単位）を指定します（図5.1）。

● 例 ぼかしをかける

```
// フィルターを得る
CIFilter *filter = [CIFilter filterWithName:@"CIGaussianBlur"];

// ぼかしの半径を指定。共通キーの定義を利用
[filter setValue:@3.0 forKey:kCIInputRadiusKey];
```

図5.1 画像にぼかしをかける前（左）と画像にぼかしをかけた後（右）

CIGaussianBlur | inputRadius

MEMO

075 画像を鮮明にしたい

| CIUnsharpMask | inputRadius | 7.X |

関連	065 画像にフィルターをかけたい　P.148 066 画像を反転したい　P.150 067 画像を単色化（モノクローム）したい　P.152 068 画像をセピア調にしたい　P.154 069 画像の階調を変えたい　P.156 070 画像のガンマ比を変えたい　P.158 071 画像の彩度、明度、コントラストを変えたい　P.160 072 自然な色合いの画像にしたい　P.162 073 画像の色相を変えたい　P.164 074 画像にぼかしをかけたい　P.166 076 画像に水玉パターンの効果を付けたい　P.170 077 画像にモザイクをかけたい　P.172
利用例	画像を鮮明にする場合

画像を鮮明にするには

画像を鮮明（シャープ）化します。inputRadiusに鮮明化の強さ（ピクセル単位）を指定します（図5.1）。

● 例　画像を鮮明にする

```
// フィルターを得る
CIFilter *filter = [CIFilter filterWithName:@"CIUnsharpMask"];

// ぼかしの半径を指定。共通キーの定義を利用。
[filter setValue:@3.0 forKey:kCIInputRadiusKey];
```

図5.1 画像を鮮明にする前（左）と画像を鮮明にした後（右）

MEMO

076 画像に水玉パターンの効果を付けたい

| CIDotScreen | inputCenter | inputAngle | inputWidth | inputSharpness | 7.X |

関連	065 画像にフィルターをかけたい　P.148
	066 画像を反転したい　P.150
	067 画像を単色化（モノクローム）したい　P.152
	068 画像をセピア調にしたい　P.154
	069 画像の階調を変えたい　P.156
	070 画像のガンマ比を変えたい　P.158
	071 画像の彩度、明度、コントラストを変えたい　P.160
	072 自然な色合いの画像にしたい　P.162
	073 画像の色相を変えたい　P.164
	074 画像にぼかしをかけたい　P.166
	075 画像を鮮明にしたい　P.168
	077 画像にモザイクをかけたい　P.172
利用例	画像に水玉パターンで印刷したような効果を付ける場合

水玉状スクリーンの効果をかけるには

　画像を水玉パターンで印刷したように表現します。inputCenterに中央となる点を、inputAngleにスクリーンの角度を、inputWidthにパターンの幅を、inputSharpnessに画像の精細さを指定します（図5.1）。

　似たような効果のものには、渦巻状パターンでの表現になるCICurcularScreen、格子状パターンでの表現になるCIHatchedScreen、直線状パターンでの表現になるCILineScreenがあります。なお、CICurcularScreenにはinputAngleがないので指定しないようにしましょう。

●例　水玉状スクリーンの効果

```
// フィルターを得る
CIFilter *filter = [CIFilter filterWithName:@"CIDotScreen"];

// 効果の中央となる点を指定
[filter setValue:[CIVector vectorWithX:160.0 Y:160.0] forKey:kCIInputCenterKey];

// スクリーンの角度を指定
[filter setValue:@M_PI_4 forKey:kCIInputAngleKey];

// パターンの大きさを指定
[filter setValue:@3.0 forKey:kCIInputWidthKey];

// 精細さを指定
[filter setValue:@2.0 forKey:@"inputSharpness"];
```

5.2 フィルター

図5.1 画像に水玉パターンの効果を付ける前（左）と画像に水玉パターンの効果を付けた後（右）

CIDotScreen | inputCenter | inputAngle | inputWidth | inputSharpness

そのほかの例

この例のほかにも図5.2や5.3、5.4のような特殊効果をかけることができます。

図5.2 画像に渦巻状パターンの効果を付ける前（左）と画像に渦巻状パターンの効果を付けた後（右）

図5.3 画像に格子状パターンの効果を付ける前（左）と画像に格子状パターンの効果を付けた後（右）

図5.4 画像に直線状パターンの効果を付ける前（左）と画像に直線状パターンの効果を付けた後（右）

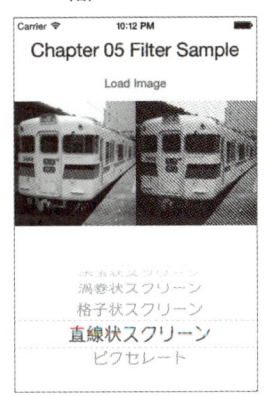

077 画像にモザイクをかけたい

| CIPixellate | inputCenter | inputScale | 7.X |

関連	065	画像にフィルターをかけたい P.148
	066	画像を反転したい P.150
	067	画像を単色化（モノクローム）したい P.152
	068	画像をセピア調にしたい P.154
	069	画像の階調を変えたい P.156
	070	画像のガンマ比を変えたい P.158
	071	画像の彩度、明度、コントラストを変えたい P.160
	072	自然な色合いの画像にしたい P.162
	073	画像の色相を変えたい P.164
	074	画像にぼかしをかけたい P.166
	075	画像を鮮明にしたい P.168
	076	画像に水玉パターンの効果を付けたい P.170
利用例		画像をモザイク状にする場合

ピクセレートを適用してモザイク状にするには

画像をモザイク状に表現します。inputCenterに中央となる点を、inputScaleにモザイクの大きさを指定します（図5.1）。

● 例 モザイク状にする

```
// フィルターを得る
CIFilter *filter = [CIFilter filterWithName:@"CIPixellate"];

// 効果の中央となる点を指定
[filter setValue:[CIVector vectorWithX:160.0 Y:160.0] forKey:kCIInputCenterKey];

// モザイクの大きさを指定
[filter setValue:@6.0 forKey:kCIInputScaleKey];
```

図5.1 画像にモザイクをかける前（左）画像にモザイクをかけた後（右）

> **NOTE**
>
> **フィルター**
>
> iOS 7では全部で115個という多くのフィルターが用意されています（一部、うまく使用できないものもある）。詳しくは、AppleのCore Image Filter Rerefenceを参照すると良いでしょう。
>
> - Core Image Filter Rerefence
>   URL https://developer.apple.com/library/ios/documentation/GraphicsImaging/Reference/CoreImageFilterReference/

078 画像から位置情報を取得したい

Assets Libraryフレームワーク		7.X
関連	—	
利用例	画像の位置情報を取り出す場合	

画像から位置情報を取得するには

画像から位置情報を取得したい場合は、Assets LibraryフレームワークのassetForURL:resultBlockメソッドを用います。

画像のURLを基に、アセット(ALAssetオブジェクト)→実データ(ALAssetRepresentationオブジェクト)→メタデータ(NSDictionaryオブジェクト)を取得し、メタデータからkCGImagePropertyGPSDictionaryをキーとして位置情報の入った連想配列を取得します。

位置情報として主に利用するのは表5.1のものです。サンプルの初期画面はP176の図5.1のようになります。

表5.1 位置情報に使用できるキーとその情報

キー	内容	型
kCGImagePropertyGPSLatitudeRef	緯度方向(N:北緯、S:南緯)	NSString
kCGImagePropertyGPSLatitude	緯度	NSNumber
kCGImagePropertyGPSLongitudeRef	経度方向(E:東経、W:西経)	NSString
kCGImagePropertyGPSLongitude	経度	NSNumber
kCGImagePropertyGPSAltitudeRef	高度基準(0:海抜)	NSNumber
kCGImagePropertyGPSAltitude	高度	NSNumber
kCGImagePropertyGPSTimeStamp	受信時のGPS時刻(HH:MM:SS)	NSString
kCGImagePropertyGPSDateStamp	受信時のGPS日時(YYYY:MM:DD)	NSString

なお、assetForURL:resultBlockメソッドの実行時に写真へのアクセス許可を求められます。

また、この方法ではAppにバンドルされているなど、アセットに含まれない写真へのアクセスができません。この場合は直接ImageI/Oフレームワークを使用します。

プロジェクトへフレームワークを追加するフローは以下のとおりです。

「プロジェクト」→「Linked Frameworks and Libraries」→「+」→「iOS7.0」→「AssetsLibrary.framework」

5.3 位置情報

● 該当ソースでヘッダーファイルをインポート

```
#import <AssetsLibrary/AssetsLibrary.h>
#import <ImageIO/ImageIO.h>
```

● URLからアセットを開き、位置情報を取得する

```
ALAssetsLibrary *assetsLibrary = [[ALAssetsLibrary alloc] init];
[assetsLibrary assetForURL:url
              resultBlock:^(ALAsset *asset)
 {
    // アセットが使用できる場合
    ALAssetRepresentation *assetRepresentation = asset.defaultRepresentation;
    NSDictionary *metadata = assetRepresentation.metadata;
    // 位置情報を取得
    NSDictionary *gpsDic = metadata[(NSString *)kCGImagePropertyGPSDictionary];
    if (gpsDic) {
        // 経度
        NSNumber *longitude = gpsDic[(NSString *)kCGImagePropertyGPSLongitude];
        // 経度方向 Wなら西経、Eなら東経を表す
        NSString *longitudeRef = gpsDic[(NSString *)
kCGImagePropertyGPSLongitudeRef];
        // 緯度
        NSNumber *latitude = gpsDic[(NSString *)kCGImagePropertyGPSLatitude];
        // 緯度方向 Nなら北緯、Eなら南緯を表す
        NSString *latitudeRef = gpsDic[(NSString *)
kCGImagePropertyGPSLatitudeRef];

        // 緯度・経緯を用いる処理
        (中略)
    } else {
        // GPS情報がなかった
        (中略)
    }
 }
        failureBlock:^(NSError *error)
{
        // アセットが使用できなかった場合の処理
(中略)
}];
```

図5.1 実行画面（初期画面）

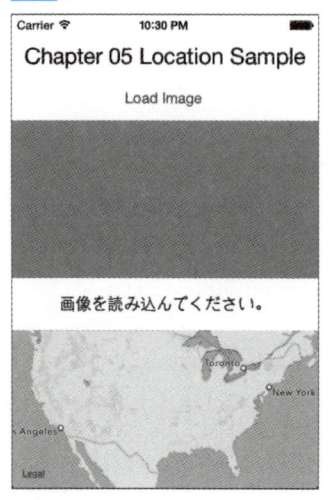

> **NOTE**
>
> **Core Location Frameworkで使用する形式に変換する**
> 　GPS情報をCore Location Frameworkで使用する形式に変換するには、以下のように行います。
>
> **GPS情報をCore Location Frameworkで使用する形式に変換**
>
> ```
> // 緯度・経度をCLLocationCoordinate2Dに変換する
> CLLocationCoordinate2D location = CLLocationCoordinate2DMake(
>     ([latitudeRef isEqualToString:@"N"] ? 1 : -1) * [latitude doubleValue],
>     ([longitudeRef isEqualToString:@"E"] ? 1 : -1) * [longitude doubleValue]
> );
> ```

PROGRAMMER'S RECIPE

第 06 章

マルチメディア処理

079 効果音を鳴らしたい

AudioServicesPlaySystemSound関数	7.X
関連	—
利用例	30秒以内の短い音を効果音として再生する場合

効果音を再生するには

AudioToolbox.frameworkのAudioServicesPlaySystemSound関数を使います。

図6.1 プロジェクトへ「AudioToolbox.framework」を追加する

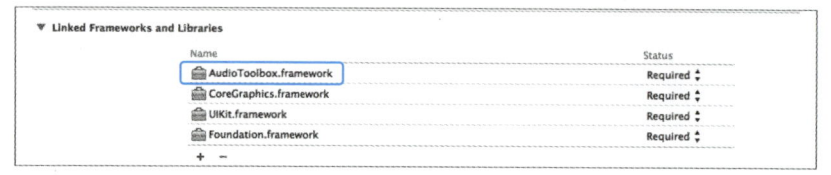

プロジェクトへ音声ファイルを追加する

再生フォーマットはリニアPCMまたはIMA4(IMA/ADPCM)で、ファイルフォーマットはcaf/aif/wavファイルのいずれかです。

注意点として、再生時間が30秒以内のものに限られます。

該当ソース（*.m）でヘッダーファイルをインポートするには以下のように記述します。

● 該当ソースでヘッダーファイルをインポート

```
#import <AudioToolbox/AudioToolbox.h>
```

音声ファイルの読み込みと再生の準備をするには以下のように記述します。

● 音声ファイルの読み込みと再生の準備をする

```
SystemSoundID soundID;
NSURL* path = [NSURL fileURLWithPath:[[NSBundle mainBundle]
(中略)
pathForResource:@"hihat" ofType:@"caf"]];
    // 効果音を登録する
AudioServicesCreateSystemSoundID((__bridge CFURLRef)path, &soundID);
```

効果音を再生するには以下のように記述します。

● **例** 効果音を再生する

```
AudioServicesPlaySystemSound(soundID);
```

> **NOTE**
>
> **AudioServicesPlaySystemSound関数**
> 　AudioServicesPlaySystemSound関数の引数へ1000番からの値を与えることにより、あらかじめシステムで用意されたSEを再生することが可能です。
> 　また、kSystemSoundID_Vibrate（4095番）を与えることにより、バイブレーションを行います。ただしこれらは、端末のマナーモードの状態に依存します。

> **NOTE**
>
> **オーディオフォーマット変換**
> 　オーディオデータのフォーマットには「ファイルフォーマット」と「データフォーマット」の2つの意味があり、組み合わせて表します。
> 　ここではAppleの汎用オーディオコンテナ形式であるCAF（Core Audio File）フォーマットと、iOSの効果音再生に適している「16ビットリニアPCM」データフォーマットへの変換方法を示します。
> 　フォーマット変換にはOS標準コマンドである「afconvert」をターミナルで用います。元のファイルを「input.wav」、変換後のファイルを「output.caf」とするには以下のコマンドを実行します。
>
> ```
> /usr/bin/afconvert -f caff -d LEI16 -c 1 input.wav output.caf
> ```
>
> 「-c 1」はモノラル音声を指定しており、ステレオ音声の場合は不要です。
> 　なお、「afconvert -h」で使い方、「afconvert -hf」でサポートされているフォーマット一覧を確認できます。

> **NOTE**
>
> **参考資料**
>
> 以下のサイトなどを参考にしてください。
>
> ● **Second Flush**
>   URL http://secondflush2.blog.fc2.com/blog-entry-114.html
>
> ・Core Audio
>   1. AudioToolbox.framework
>   2. AudioUnit.framework
>   3. CoreAudio.framework
>   4. AVFoundation.framework
>
> ・OpenAL
>   System Sound Services / Audio Queue / Audio Unit / AVFoundation / Open AL.framework
>
> ●オーディオフォーマットの公式資料
>   PDFのP.97「Mac OS Xでサポートされているオーディオファイルフォーマットとオーディオデータフォーマット」を参照しています。
>   URL https://developer.apple.com/jp/devcenter/ios/library/documentation/CoreAudioOverview.pdf

080 BGMを鳴らしたい

AVAudioPlayerクラス		7.X
関 連	109 バックグラウンドで音楽を再生させ続けたい	P.266
利用例	30秒以上の長い音をBGMとして再生する場合	

BGMを鳴らすには

AVFoundation.frameworkのAVAudioPlayerクラスを使います。まずプロジェクトへ「AVFoundation.framework」を追加します（図6.1）。

図6.1「AVFoundation.framework」を追加する

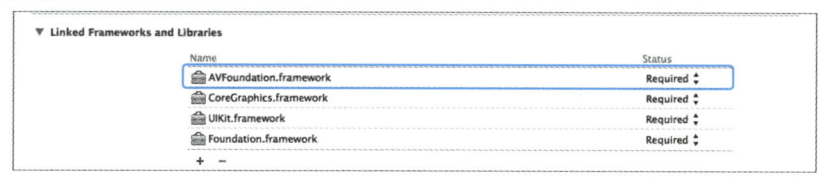

▼ Linked Frameworks and Libraries
Name	Status
AVFoundation.framework	Required
CoreGraphics.framework	Required
UIKit.framework	Required
Foundation.framework	Required

プロジェクトへ対応するフォーマットの音声ファイル（表6.1）を追加します。

表6.1 音声ファイルのフォーマットと拡張子

フォーマット名	フォーマットファイルの拡張子
AIFF	.aif, .aiff
CAF	.caf
MPEG-1 Layer 3	.mp3
MPEG-2またはMPEG-4 ADTS	.aac
MPEG-4	.m4a, .mp4
WAV	.wav

該当ソース（*.m）でヘッダーファイルをインポートするには以下のように記述します。

●該当ソースでヘッダーファイルをインポート

```
#import <AVFoundation/AVAudioPlayer.h>
```

音声ファイルの読み込みと再生準備をするには以下のように記述します。

● **例** 音声ファイルの読み込みと再生準備

```
// ファイル指定
    NSURL* url = [NSURL fileURLWithPath:[[NSBundle mainBundle]
pathForResource:@"WindyCityShort" ofType:@"mp3"]];
    // インスタンス生成
    AVAudioPlayer* player = [[AVAudioPlayer alloc] initWithContentsOfURL:url
error:NULL];
```

再生するには以下のように記述します。

● **例** 再生

```
[player play];
```

主なメソッド

AVAudioPlayerクラスの主なメソッドは表6.2のとおりです。

表6.2 主なメソッド

メソッド	説明	備考
play	再生	-
playAtTime:	遅延時間（秒）を指定して再生	deviceCurrentTime + 遅延時間を指定
stop	停止	-
pause	一時停止	-
prepareToPlay	再生準備（バッファ読み込み）	-

主なプロパティ

AVAudioPlayerクラスの主なプロパティは表6.3のとおりです。

表6.3 主なプロパティ

プロパティ	説明	備考
playing	再生状態を確認	BOOL型：YES＝再生中
duration	総再生時間	秒数
currentTime	再生位置取得と設定（停止時）	秒数
volume	ボリューム	0.0 – 1.0
pan	パン	-1.0（左）：0.0（中央）：1.0（右）
rate	再生速度	0.5（スロー）：1.0（等速）：2.0（倍速）
enableRate	再生速度許可	BOOL型、prepareToPlay前に設定

NOTE

表6.1について

表6.1の引用元は以下のとおりです。

- **Core Audioの概要**

  PDFのP.39にある表2.1のiPhone OSのオーディオフォーマットファイルより引用しています。

  URL https://developer.apple.com/jp/devcenter/ios/library/documentation/CoreAudioOverview.pdf

MEMO

081 ビデオを再生したい

MPMoviePlayerControllerクラス	7.X
関連	ー
利用例	動画ファイルをアプリ内で再生する場合

ビデオ再生の準備

MediaPlayer.frameworkのMPMoviePlayerControllerクラスを使います。
また、インスタンスのviewを表示先のviewへaddSubViewする必要があります。
まずプロジェクトへ「MediaPlayer.framework」を追加します（図6.1）。

図6.1 プロジェクトへ「MediaPlayer.framework」を追加

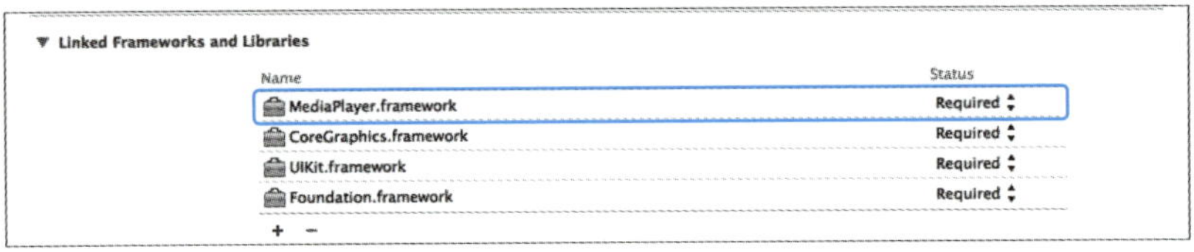

該当ソース（*.m）でヘッダーファイルをインポートするには以下のように記述します。

● ヘッダーファイルをインポート

```
#import <MediaPlayer/MediaPlayer.h>
```

プロジェクトへ音声ファイルを追加

メディアは .m4v .mp4 .mov のいずれかのファイル形式で、圧縮形式はH.264、MPEG-4、またはMotion JPEGとし、オーディオはAAC-LC（最高160Kbps、48kHz、ステレオ）をサポートします。また、H.264の画面解像度やフレームレートなど規定するプロファイルとレベルは各世代のハードウェアに依存します。

メディアの読み込みと再生準備をするには以下のように記述します。

● 例 メディアの読み込みと再生準備

```
    // メディア指定
    NSURL* url = [NSURL fileURLWithPath:[[NSBundle mainBundle]
pathForResource:@"sample_iPod" ofType:@"m4v"]];
    // インスタンス生成
```

```
    MPMoviePlayerController* player = [[MPMoviePlayerController alloc] ⏎
initWithContentURL:url];
    (中略)
    player.movieSourceType          = MPMovieSourceTypeFile;
```

再生画面サイズ設定とビューへ登録するには以下のように記述します。

● **例** 再生画面サイズ設定とビューへ登録

```
    // 再生画面サイズをビューのサイズに設定
    player.view.frame = subview.bounds;
    // 再生画面をビューへ登録
    [self.view addSubview:player.view];
```

再生するには以下のように記述します。

● **再生**

```
    [player play];
```

主なメソッド

MPMoviePlayerControllerクラスの主なメソッドは**表6.1**のとおりです。

表6.1 主なメソッド

メソッド	説明	備考
play	再生	-
stop	停止	-
pause	一時停止	-
prepareToPlay	再生準備（バッファ読み込み）	-

主なプロパティ

MPMoviePlayerControllerクラスの主なプロパティは**表6.2**のとおりです。

表6.2 主なプロパティ

プロパティ	説明	備考
playbackState	再生状態を確認	MPMoviePlaybackState型
repeatMode	繰り返し再生	MPMovieRepeatMode型
shouldAutoplay	読み込み後の自動再生	BOOL型：YES＝自動再生
controlStyle	コントロールスタイル	MPMovieControlStyle型

(続き)

プロパティ	説明	備考
movieSourceType	ムービーの種類	MPMovieSourceType型
duration	総再生時間(秒)	NSTimeInterval型
playableDuration	ダウンロード済み再生可能時間(秒)	NSTimeInterval型

MPMoviePlaybackState型

MPMoviePlaybackState型の主な値は表6.3のとおりです。

表6.3 主な値

値	説明
MPMoviePlaybackStateStopped	停止
MPMoviePlaybackStatePlaying	再生中
MPMoviePlaybackStatePaused	一時停止
MPMoviePlaybackStateInterrupted	バッファリング中
MPMoviePlaybackStateSeekingForward	早送り
MPMoviePlaybackStateSeekingBackward	巻き戻し

MPMovieRepeatMode型

MPMovieRepeatMode型の主な値は表6.4のとおりです。

表6.4 主な値

値	説明
MPMovieRepeatModeNone	リピートなし
MPMovieRepeatModeOne	リピートあり

MPMovieControlStyle型

MPMovieControlStyle型の主な値は表6.5のとおりです。

表6.5 主な値

値	説明
MPMovieControlStyleNone	コントロール表示なし
MPMovieControlStyleEmbedded	コントロール表示あり
MPMovieControlStyleFullscreen	フルスクリーン

MPMovieSourceType型

MPMovieSourceType型の主な値は表6.6のとおりです。

表6.6 主な値

値	説明
MPMovieSourceTypeUnknown	ソースタイプ不明
MPMovieSourceTypeFile	ファイル or プログレッシブダウンロード
MPMovieSourceTypeStreaming	ライブ or ストリーミング

> **NOTE**
>
> **参考になるサイト**
>
> 以下のサイトなどを参考にしてください。
>
> URL https://developer.apple.com/library/ios/documentation/Miscellaneous/Conceptual/iPhoneOSTechOverview/MediaLayer/MediaLayer.html
> URL http://support.apple.com/kb/ht1425
> URL http://ja.wikipedia.org/wiki/H.264
> URL http://yaplog.jp/rakyon/archive/435

MEMO

082 アプリ内でYouTubeを再生したい

UIWebViewクラス		7.X
関　連	083　Webサイトをビューに表示したい　P.190	
利用例	YouTubeをアプリ内で再生する場合	

アプリ内でYouTubeを再生するには

UIWebViewクラスを使います。引数となるNSURLRequestには、YouTubeの「共有」→「埋め込みコード」で表示されるアドレスを指定します。

YouTubeから埋め込み用のアドレスを取得します（図6.1）。

図6.1 埋め込み用のアドレスを取得

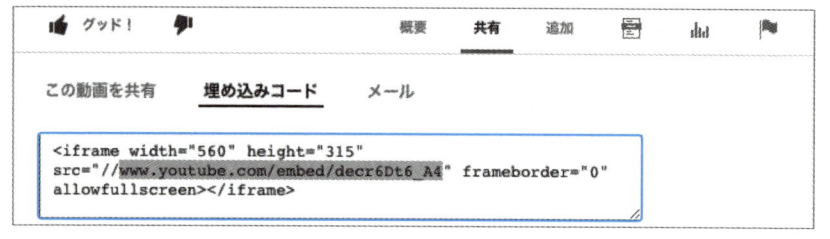

アプリ内でYouTubeを再生するには以下のように記述します。

●アプリ内でYouTubeを再生する

```
    NSURLRequest* request = [NSURLRequest requestWithURL:[NSURL
URLWithString:@"http://www.youtube.com/embed/decr6Dt6_A4"]];
    [webView loadRequest:request];
```

> **NOTE**
> 自動再生について
> 　自動再生は禁止されています。

PROGRAMMER'S RECIPE

第 07 章

インターネット利用

083 Webサイトをビューに表示したい

UIWebViewオブジェクト		7.X
関　連	—	
利用例	任意のメディアファイル、HTML、あるいは特定のWebサイトを表示する場合	

Webサイトをビューに表示するには

UIWebViewオブジェクトを用いることで、任意のメディアファイルやHTML、特定のWebサイトを表示することができます。

UIWebViewオブジェクトはStoryboard上で「Web View」を貼り付けるか、プログラムでUIWebViewオブジェクトを作成し、親のビューにaddSubView:メソッドで追加します。

● 例 UIWebViewを作成し、親のビューにaddSubViewする

```
UIWebView *webView = [UIWebView new];

[self.view addSubView:webView];
```

WebViewでWebサイトを表示する

URLRequestオブジェクトをUIWebViewオブジェクトのrequestWithURL:メソッドに渡すことで、読み込みや表示を行わせることができます。

● 例 WebViewでWebサイトを表示

```
// URL文字列からURLオブジェクトを作成する
NSURL *targetURL = [NSURL URLWithString:@"http://www.shoeisha.co.jp"];
// URLからURLリクエストを作成する
NSURLRequest *urlRequest = [NSURLRequest requestWithURL:targetURL];
// WebViewに開きたいURLを設定する
[self.webView loadRequest:urlRequest];
```

UIWebViewオブジェクトにデリゲートを設定しておいた場合は、読み込み時に以下のメソッドが呼ばれます。

● UIWebViewのデリゲートの実装

```
// UIWebViewが読み込みを開始
- (void)webViewDidStartLoad:(UIWebView *)webView
{
    // 読み込みを開始した時の処理  (省略)
}
// UIWebViewが読み込みを終了
- (void)webViewDidFinishLoad:(UIWebView *)webView
{
    // 読み込みを完了した時の処理  (省略)
}

// UIWebViewで読み込みが失敗
- (void)webView:(UIWebView *)webView didFailLoadWithError:(NSError *)error
{
    // 読み込みが失敗した時の処理  (省略)
}
```

BASIC認証に対応する

UIWebView自身はBASIC認証に対応していないため、あらかじめ認証情報を登録しておくか、UIWebViewで接続する前にNSURLRequestクラスなどを用いて認証が必要かどうかを確認するようにします。ここでは、あらかじめ認証を登録しておく方法を紹介します。

● 資格情報を共有資格情報ストレージに保存する

```
    // あらかじめ認証に使用する資格情報を作成
    NSURLCredential *credential = [NSURLCredential credentialWithUser:@"ユーザー名"
password:@"パスワード" persistence:NSURLCredentialPersistenceForSession];
    // 認証の必要な場所の情報を作成
    NSURLProtectionSpace *protectionSpace = [[NSURLProtectionSpace alloc]
initWithHost:@"ホスト名" port:80 protocol:NSURLProtectionSpaceHTTP
realm:@"AuthNameに指定されている名称"
-authenticationMethod:NSURLAuthenticationMethodHTTPBasic];
    // 共有資格情報ストレージに資格情報と場所の情報を格納
    [[NSURLCredentialStorage sharedCredentialStorage]
setCredential:credential forProtectionSpace:protectionSpace];
```

UIWebViewに読み込んだ内容を制御したり、データの出し入れをするには

UIWebViewの制御やデータ交換には、stringByEvaluatingJavaScriptFromString:メソッドを利用します。

このメソッドにJavaScript文字列を渡すと実行させることができ、戻り値を受け取ることもできます。

● **例** Webサイトのタイトルを取得する

```
NSString *title = [webView stringByEvaluatingJavaScriptFromString:@"document.title"];
```

● **例** WebサイトのURLを取得する

```
NSString *urlString = [webView stringByEvaluatingJavaScriptFromString:@"document.URL"];
```

● **例** 100ピクセル下へスクロールさせる

```
[webView stringByEvaluatingJavaScriptFromString:@"window.scrollTo(0, window.scrollY + 100);"];
```

関連するサンプルの実行画面は**図**7.1のとおりです。

図7.1 サンプルの実行画面

084 インターネットからデータを取得したい

NSURLSessionオブジェクト	7.X
関連	—
利用例	任意のテキスト、HTML、メディアファイルを取得する場合

インターネット上のデータを取得するには

NSURLSessionオブジェクトを用い、指定したURLからデータを取得することができます。ここでは、デリゲートベースでNSURLSessionオブジェクトを利用する一例を説明します。

まず、NSURLSessionDataDelegateプロトコルを実装したクラスを用意します。サンプルではViewControllerクラスに実装していますが、独自のクラスに実装しても構いません。

● 例 ヘッダーの@interfaceでNSURLSessionDataDelegateの実装を宣言

```
@interface YourObject : NSObject <NSURLSessionDataDelegate>
```

NSURLSessionオブジェクトの接続設定として、NSURLSessionConfigurationオブジェクトを作成します。

● 例 接続の設定を行う

```
// 標準的な設定を取得する
NSURLSessionConfiguration *configuration = [NSURLSessionConfiguration
defaultSessionConfiguration];
// 3G/LTEを利用したアクセスを行わない
configuration.allowsCellularAccess = NO;
// ローカルのキャッシュデータを無視し、最新のデータを取得する
configuration.requestCachePolicy = NSURLRequestReturnCacheDataElseLoad;
// データ取得元URLの作成
NSURL *url = [NSURL URLWithString:@"http://www.shoeisha.co.jp/"];
```

実際の処理を開始するには、NSURLSessionオブジェクトからNSURLSessionTaskオブジェクトを作成し、resumeメソッドを呼び出します。

●取得処理の開始

```
// セッションの作成
NSURLSession *session = [NSURLSession sessionWithConfiguration:sessionConfig
delegate:self delegateQueue:[NSOperationQueue mainQueue]];
(中略)
// タスクの作成
currentTask = [session dataTaskWithURL:url];
// タスクを開始
[currentTask resume];
```

認証が必要になった場合、デリゲートオブジェクトのURLSession:task:didReceiveChallenge:completionHandler:メソッドが呼び出されます。completionHandlerを呼び出す際の第1引数により今後の処理を変更します（表7.1）。

表7.1 認証

デリゲート	説明
NSURLSessionAuthChallengeUseCredential	第2引数の資格情報を用いて認証を行う
NSURLSessionAuthChallengeCancelAuthenticationChallenge	取得処理自体を中止する
NSURLSessionAuthChallengeRejectProtectionSpace	認証を拒否する。ブラウザにおけるキャンセルボタンに相当する

●例 認証が必要な時の処理

```
- (void)URLSession:(NSURLSession *)session task:(NSURLSessionTask *)task
didReceiveChallenge:(NSURLAuthenticationChallenge *)challenge completionHandler:(void (^)
(NSURLSessionAuthChallengeDisposition, NSURLCredential *))completionHandler
{
    if (![challenge proposedCredential]) {
        // 認証をまだ一度も行っていない
        // 認証に使用する資格情報を作成
        NSURLCredential *credential = [NSURLCredential credentialWithUser:@"user"
password:@"password" persistence:NSURLCredentialPersistenceForSession];

        // 資格情報を使用して認証を試みる
        completionHandler(NSURLSessionAuthChallengeUseCredential, credential);
```

```
    } else {
        // 前回の認証に失敗
        // 取得をキャンセルする
        completionHandler(NSURLSessionAuthChallengeCancelAuthenticationChallenge,
NULL);
    }
}
```

　レスポンスを受信すると、デリゲートオブジェクトのURLSession:dataTask:didReceive
Response:completionHandler:メソッドが呼び出されます。ここでは、HTTPステー
タスコードやヘッダーの内容に応じて処理を行い、**表7.2**の引数を与えてcompletion
Handlerを呼び出し、今後の処理を決定します。

表7.2 取得処理の継続・中止

デリゲート	説明
NSURLSessionResponseAllow	引き続き取得処理を行う
NSURLSessionResponseCancel	取得処理を中止する
NSURLSessionResponseBecomeDownload	タスクをダウンロードタスクに変換する。次ページの NOTE を参照

● **例** レスポンスを受信した時の処理

```
- (void)URLSession:(NSURLSession *)session dataTask:(NSURLSessionDataTask *)
dataTask didReceiveResponse:(NSURLResponse *)response completionHandler:(void (^)
(NSURLSessionResponseDisposition))completionHandler
{
    NSHTTPURLResponse *httpResponse = (NSHTTPURLResponse *)response;
    // ステータスコードを取得する
    int status = [httpResponse statusCode];
    if (status == 200) {
        // 格納用のオブジェクトを初期化
        receivedData = [NSMutableData data];
        // HTTPステータスが200であればタスクを続ける
        completionHandler(NSURLSessionResponseAllow);
    } else {
        // それ以外の場合は中止する
        completionHandler(NSURLSessionResponseCancel);
    }
}
```

> **NOTE**
>
> **ダウンロードタスク**
>
> ダウンロードタスクではファイルの保存先を指定して、自動的にダウンロードを行わせることができます。詳しくは Apple のドキュメントを参照してください。
>
> 🔗 URL https://developer.apple.com/library/ios/documentation/Foundation/Reference/NSURLSession_class/Introduction/Introduction.html

データが取得される度にURLSession:dataTask:didReceiveData:メソッドが呼び出されるので、メモリに格納するなどの処理を行います。

●データを取得した時の処理

```
- (void)URLSession:(NSURLSession *)session dataTask:(NSURLSessionDataTask *)
dataTask didReceiveData:(NSData *)data
{
    // データを取得した時の処理
    [receivedData appendData:data];
}
```

処理が完了またはキャンセルされた場合、URLSession:task:didCompleteWithError:メソッドが呼び出されます。エラーが発生したかどうかは、errorの内容で判断できます。

●errorの内容で判断

```
- (void)URLSession:(NSURLSession *)session task:(NSURLSessionTask *)task
didCompleteWithError:(NSError *)error
{
        (中略)
        if (!error) {
            // 処理完了
        } else {
            // エラー時の処理
        }
        (中略)
}
```

PROGRAMMER'S RECIPE

第 **08** 章

Webサービス利用

085 Facebookの開発環境を準備したい

Facebook SDK		7.X
関連	086 Facebookのユーザー認証を行いたい　P.203 087 FacebookのWallに投稿したい　P.205	
利用例	アプリにFacebookへの投稿機能を実装する場合	

Facebookを利用するには

iOSアプリでFacebookへの投稿などを実装するには、Facebook社が用意しているSDKを利用します。

Facebook SDKをダウンロードする

Facebookの開発者向けのページ（URL https://developers.facebook.com/docs/ios）からFacebook SDKをダウンロードします。なお、2014/3/17現在、バージョン3.13で、ファイル名はfacebook-ios-sdk-3.13.pkgです（図8.1）。

図8.1 SDKのダウンロード

Facebook SDKをインストールする

Facebook SDKのインストール（図8.2）はダウンロードしたパッケージファイルで簡単に行うことができます。デフォルトのインストール先は~/Documents/Facebook

SDKです。

FacebookSDK.frameworkがSDKの本体(framework)です（図8.3）。

図8.2 Facebook SDK のインストール

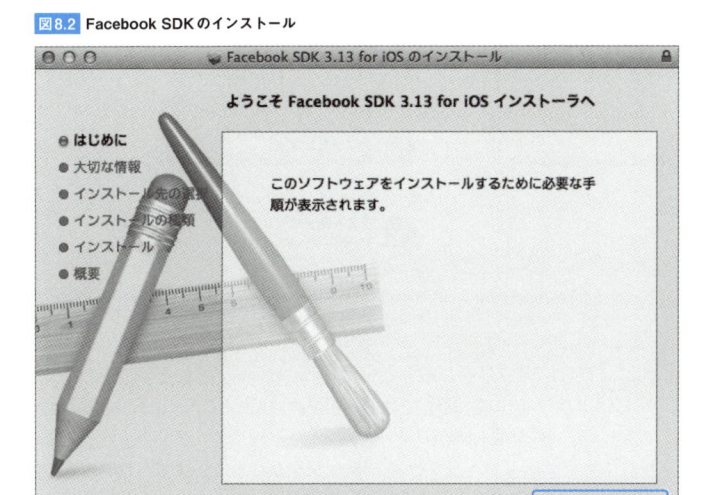

図8.3 インストールされたFacebook SDK

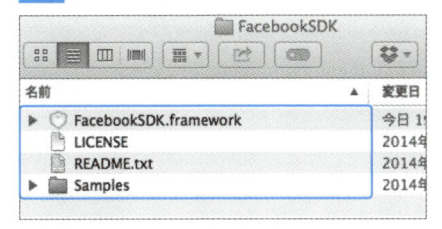

アプリでFacebook SDKを使う準備を行う

　iOSアプリでFacebook SDKを利用するにはFacebookAppIDとFacebook DisplayNameを取得する必要があります。Facebookノノリダッシュボード（URL https://developers.facebook.com/apps/）で新規アプリを作成して、アプリの基本情報を入力します。

初めての場合は開発者登録から始まります（図8.4）。

図8.4 Facebookの開発者登録

開発者登録が終われば「新しいアプリを作成」というボタンが表示されるのでクリックします（図8.5上）。「新しいアプリを作成」画面ではDisplayNameとカテゴリが必須項目です。ここではサンプルとして「SampleApp」と入力し、カテゴリで「ゲーム」を選択します。設定が終わったら［アプリケーションを作成］ボタンをクリックします（図8.5下）。

図8.5 アプリの登録

アプリを作成するとダッシュボードに追加されます。ここで表示されるアプリIDがあとで必要になります（図8.6）。

図8.6 アプリの情報

次のダッシュボードからアプリのバンドルIDを設定します。[＋ Add Platform] ボタンをクリックして「iOS」を選択します（図8.7上）。そしてバンドルIDを入力します（図8.7下）。

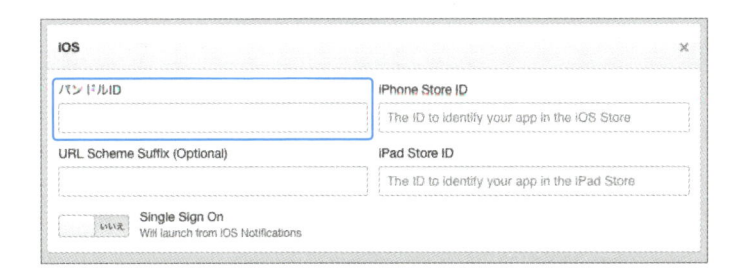

図8.7 BundleIDの設定

プロジェクトを用意する

Facebookアプリダッシュボードでアプリの情報を入力したら、Xcodeでプロジェクトを作成します。

次にFacebookのFrameworkをインポートします。前述のとおり、デフォルトのインストール先は~/Documents/FacebookSDKになっており、Framework（FacebookSDK.framework）もここにあります（図8.8）。

図8.8 Frameworkのインポート

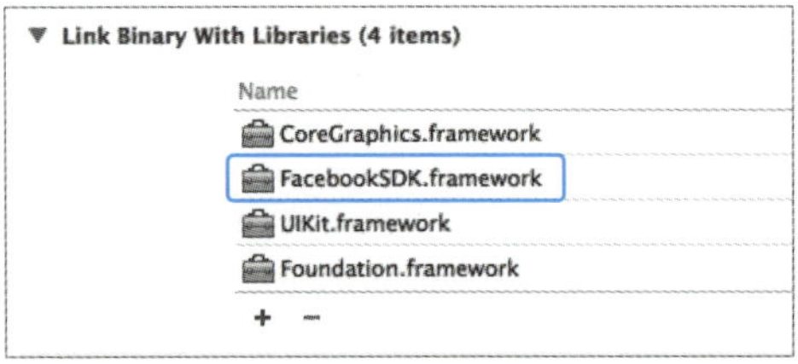

▼ Link Binary With Libraries (4 items)
Name
CoreGraphics.framework
FacebookSDK.framework
UIKit.framework
Foundation.framework
+ −

plistにFacebookAppID、FacebookDisplayName、URL Schemesを記述します。FacebookAppID、FacebookDisplayNameはFacebookアプリダッシュボードで入力した情報になります。URL Schemesはfbの後ろにFacebookAppIDを続けたものになります（図8.9）。

図8.9 FacebookAppID、FacebookDisplayName、URL Schemesを記述

▼ URL types	Array	(1 item)
▼ Item 0 (Editor)	Dictionary	(2 items)
Document Role	String	Editor
▼ URL Schemes	Array	(1 item)
Item 0	String	fb216540061867747
Bundle version	String	1.0
FacebookAppID	String	216540061867747
FacebookDisplayName	String	SampleApp

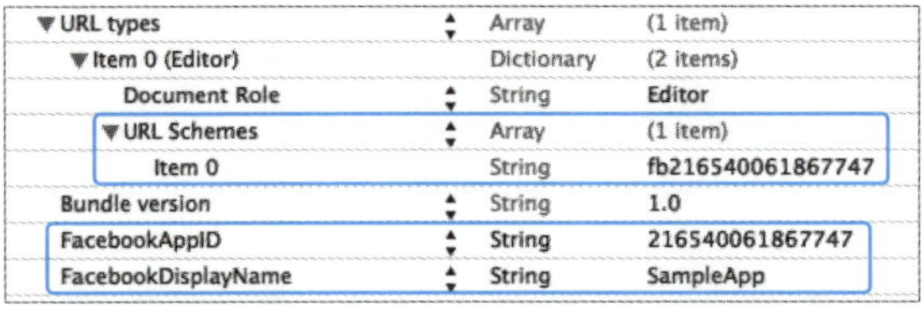

以上で準備が整いました。

086 Facebookのユーザー認証を行いたい

Facebook SDK		7.X
関連	085 Facebookの開発環境を準備したい　P.198 087 FacebookのWallに投稿したい　P.205	
利用例	アプリにFacebookへの投稿機能を実装する場合	

Facebookのユーザー認証を行うには

Facebook SDKには簡単に認証を行う仕組みが用意されています。しかもシングルサインオンに対応しているため、アプリケーションはシングルサインオンを経由してFacebookアプリの認証を行うことができます。

ログインボタン

認証の処理はFacebook SDKに任せるため、アプリケーションにはログインボタンと、認証成功／失敗時の処理を記述するだけになります。FBLoginViewクラスのインスタンスを生成して、Viewに追加します。重要点はdelegateで、FBLoginViewDelegateプロトコルを実装したクラスを設定することです（図8.1）。

● ログインボタンを生成する

```
// ログインボタンを生成する
FBLoginView *loginview = [[FBLoginView alloc] init];
loginview.frame = CGRectOffset(loginview.frame, 5, 30);
loginview.delegate = self;
[self.view addSubview:loginview];
```

図8.1 ログインボタン

認証後の処理

認証が完了したらURL Schemesでアプリケーションが呼び出されるので、App Delegateのapplication:openURL:sourceApplication:annotation:メソッドで処理を記述します。FBAppCallクラスのhandleOpenURL:sourceApplication:fallbackHandler:メソッドを使います。

● URL Schemesで受け取る

```
- (BOOL)application:(UIApplication *)application
        openURL:(NSURL *)url
  sourceApplication:(NSString *)sourceApplication
       annotation:(id)annotation {
    return [FBAppCall handleOpenURL:url
                sourceApplication:sourceApplication
                   fallbackHandler:^(FBAppCall *call) {
                       NSLog(@"In fallback handler");
                   }];
}
```

FBLoginViewDelegateプロトコルで認証結果を受け取る

認証の結果を受け取ります（表8.1）。

表8.1 FBLoginViewDelegate プロトコルのメソッド

メソッド	説明
loginViewShowingLoggedInUser	ログイン成功時
loginViewShowingLoggedOutUser	ログアウト成功時
loginView:handleError	認証失敗時

図8.2 ログアウトボタン

loginViewShowingLoggedInUser:メソッドが呼び出されたらアプリケーション内でFacebookの機能を使う部分を有効にします。

サンプルでは投稿のボタンをenableに設定します。また、認証が正常に終了し、ログインするとログインボタンは自動でログアウトボタンに変わります（図8.2）。

087 FacebookのWallに投稿したい

Facebook SDK 7.X

関連	085 Facebookの開発環境を準備したい P.198 086 Facebookのユーザー認証を行いたい P.203
利用例	アプリにFacebookへの投稿機能を実装する場合

FacebookのWallへ投稿を行うには

認証と同様にFacebook SDKを使うことでFacebookのWallへの投稿も簡単に実装できます。

Facebookアプリを使って投稿する

Facebookアプリが端末にインストールされている場合は、アプリを起動して投稿できます。FBDialogsクラスのpresentShareDialogWithLink:name:caption:description:picture:clientState:handler:メソッドを利用します。

URLや画像など投稿することができます。不要なものはnilを設定します。投稿の成功／失敗はBlocksを指定して、その中でハンドリングすることができます。

もし、端末にFacebookアプリがインストールされていない場合は戻り値がnilになります。その場合は後述するOSのダイアログを使う方法で投稿すると良いでしょう（図8.1）。

●Facebookアプリを起動する

```
// Facebookアプリを起動する
FBAppCall *appCall = [FBDialogs presentShareDialogWithLink:url
                                        name:@"投稿テスト"
                                        caption:@"caption"
                                        description:@"description"
                                        picture:nil
                                        clientState:nil
                                        handler:^(FBAppCall *call,
NSDictionary *results, NSError *error) {
                                            if (error) {
                                                NSLog(@"エラー %@",
error.description);
                                            } else {
                                                NSLog(@"成功");
                                            }
                                        }];
```

図8.1 Facebookアプリを使った投稿

　Facebook SDKには、Wallの投稿以外にもいろいろなことができるAPIが用意されています。例えば、ユーザーが周りの物事に対して持つコネクションを示すソーシャルグラフを取得するGraph APIや、ユーザーの友人や写真、ウォールに投稿されたメッセージなどを取得できるGraph APIなどがあります。
　Facebookの開発者向けページにはサンプルも用意されているため、興味がある人はサンプルをダウンロードしていろいろと試してみてください。

- Sample Apps for the Facebook SDK for iOS
  URL https://developers.facebook.com/docs/ios/sample-apps

OSの[投稿]ダイアログを使って投稿する

　OSの[投稿]ダイアログを使って投稿するにはFBDialogsクラスのpresentOSIntegratedShareDialogModallyFrom:initialText:image:url:handelr:メソッドを使います。この場合もURL、画像を投稿できます（図8.2）。

●Facebookアプリを起動する

```
// Facebookアプリがインストールされていなければ iOSのFacebookへの投稿ダイアログを
// 表示する
        [FBDialogs presentOSIntegratedShareDialogModallyFrom:self
                                            initialText:@"投稿テスト"
                                                  image:nil
                                                    url:url
                                                handler:nil];
```

図8.2 OSの[投稿]ダイアログを使った投稿

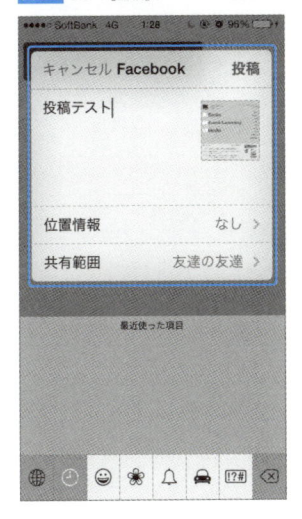

MEMO

PROGRAMMER'S RECIPE

第 **09** 章

地図

088 地図を表示したい

| Map Kit Framework | 7.X |

関連	089 地図にピンを打ちたい　P.212
	090 アノテーションを表示したい　P.214
	091 経路を表示したい　P.216

| 利用例 | 地図を画面上に表示する場合 |

地図を表示するには

プロジェクトにMapKit.frameworkを追加します（図9.1）。

図9.1 MapKit.framework を追加

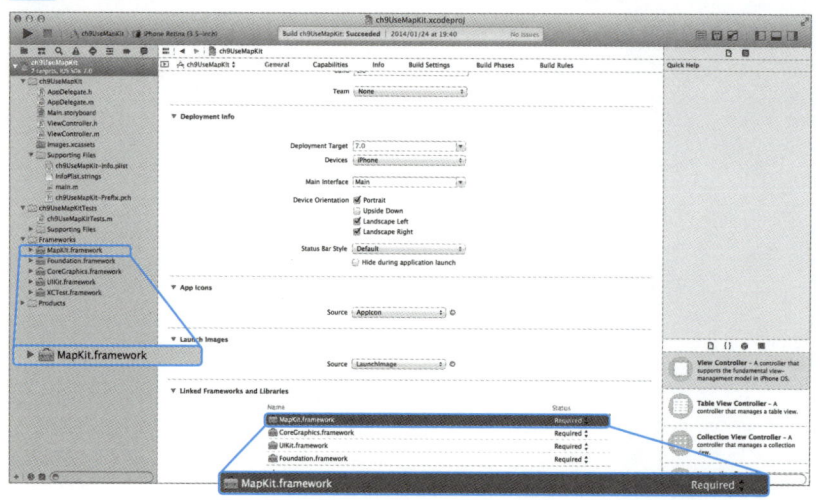

9.1 Maps

　StoryboardでシーンにMap Viewを貼り付けます（図9.2）。実行すると図9.3のように地図が表示されます。

図9.2 Map View

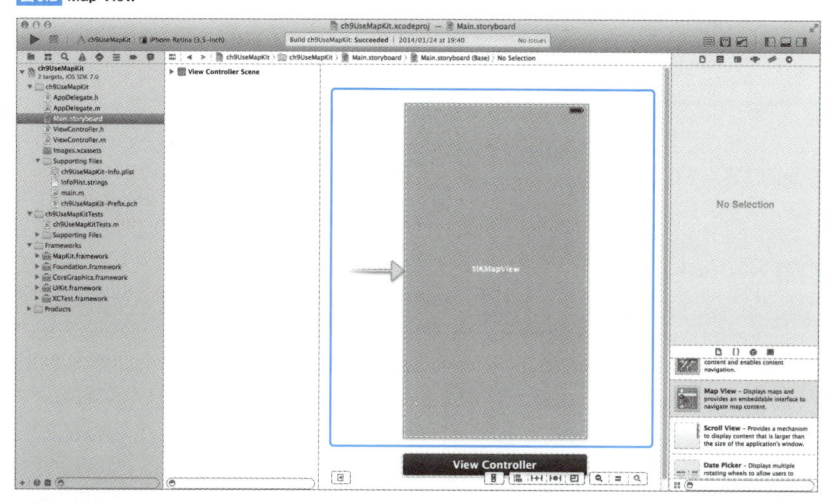

図9.3 実行画面

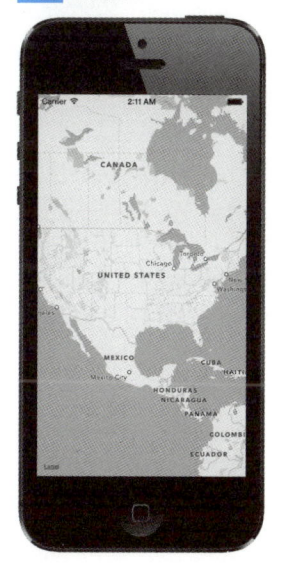

089 地図にピンを打ちたい

Map Kit Framework　　　　　　　　　　　　　　　　　　　　　　　　7.X

関連	088 地図を表示したい　P.210
	090 アノテーションを表示したい　P.214
	091 経路を表示したい　P.216

利用例	ピンを地図上に打っておきたい場合

地図にピンを打つには

アシスタントエディタでMap ViewをViewController.mに接続します（図9.1）。

図9.1 ViewController.m に接続

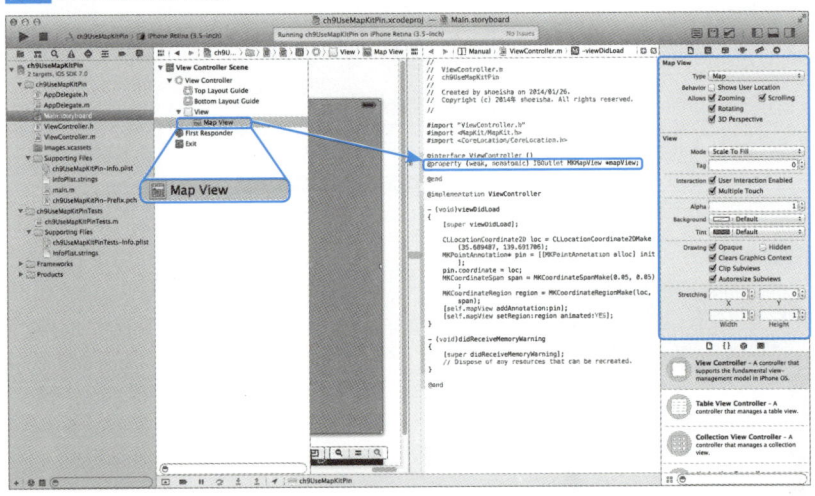

ピン情報としてMKPointAnnotationのインスタンスを生成し、表示座標をセットします。MKMapViewのaddAnnotationメソッドでピン情報をセットします。
実行すると図9.2のようになります。

●地図にピンを打つ

```
- (void)viewDidLoad
{
    [super viewDidLoad];

    // 表示座標
    CLLocationCoordinate2D loc = CLLocationCoordinate2DMake(35.689487, 139.691706);

    // ピン用アノテーションを生成
    MKPointAnnotation* pin = [[MKPointAnnotation alloc] init];
    pin.coordinate = loc;    // ピンの座標

    // ピンを設定
    [self.mapView addAnnotation:pin];

    // 表示位置とサイズを設定
    MKCoordinateSpan span = MKCoordinateSpanMake(0.05, 0.05);
    MKCoordinateRegion region = MKCoordinateRegionMake(loc, span);
    [self.mapView setRegion:region animated:YES];
}
```

図9.2 実行画面

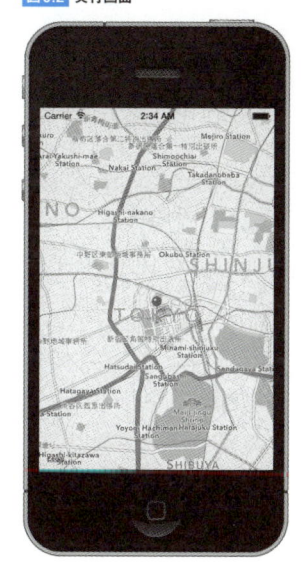

090 アノテーションを表示したい

Map Kit Framework	7.X

関連	088 地図を表示したい　P.210 089 地図にピンを打ちたい　P.212 091 経路を表示したい　P.216
利用例	地図上にアノテーションを表示する場合

▍アノテーションを表示するには

プロジェクトを レシピ089 「地図にピンを打ちたい」と同様の状態にします。

ピン情報のプロパティのtitle とsubtitleにアノテーションとして表示したい文言をセットします。

●地図にピンを打つ

```objc
- (void)viewDidLoad
{
    [super viewDidLoad];
    
    // 表示座標
    CLLocationCoordinate2D loc = CLLocationCoordinate2DMake(35.689487, 139.691706);
    
    // ピン用アノテーションを生成
    MKPointAnnotation* pin = [[MKPointAnnotation alloc] init];
    pin.coordinate = loc;      // ピンの座標
    
    // アノテーション文言をセット
    pin.title = @"この場所は";
    pin.subtitle = @"東京都庁です";
    
    // ピンを設定
    [self.mapView addAnnotation:pin];
    
    // 表示位置とサイズを設定
    MKCoordinateSpan span = MKCoordinateSpanMake(0.05, 0.05);
    MKCoordinateRegion region = MKCoordinateRegionMake(loc, span);
    [self.mapView setRegion:region animated:YES];
}
```

アプリを起動したあと、ピンをタッチするとアノテーションが表示されます（図9.1）。

図9.1 実行画面

091 経路を表示したい

Map Kit Framework		7.X
関連	088 地図を表示したい　P.210 089 地図にピンを打ちたい　P.212 090 アノテーションを表示したい　P.214	
利用例	地図上に経路を表示する場合	

経路を表示するには

MKDirectionsクラスのcalculateDirectionsWithCompletionHandler:メソッドで経路を算出します。

プロジェクトを レシピ089 「地図にピンを打ちたい」と同様の状態にします。

MapViewのデリゲートとOutletを設定する

StoryboardでMap Viewを選択し、Connections Inspectorを表示します。
「New Referencing Outlets」の右にある○をクリックし、「View Controller」までドラッグします（図9.1）。

図9.1 「View Controller」までドラッグ

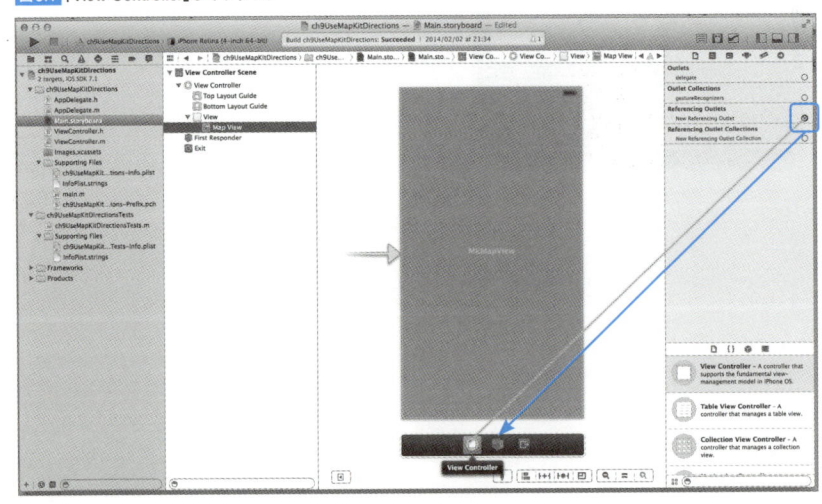

9.1 Maps

ポップアップが表示されるので、「mapView」を選択します（図9.2）。

図9.2 「mapView」を選択

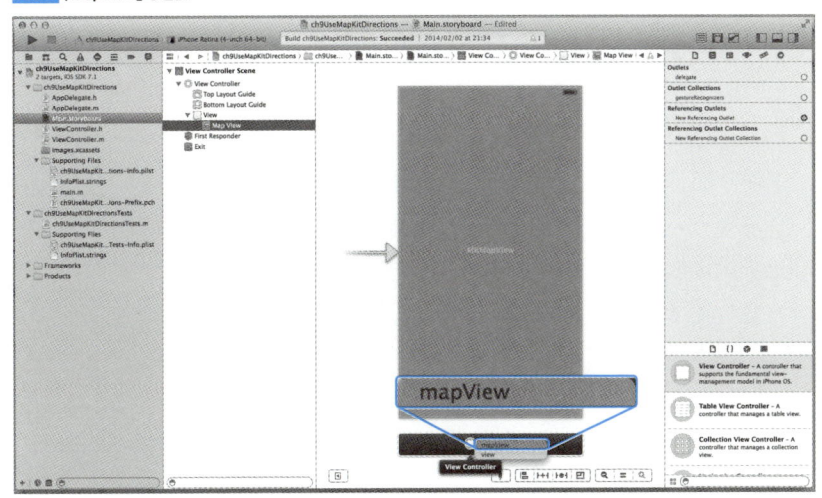

「delegate」の右にある○をクリックし、「View Controller」までドラッグします（図9.3）。

図9.3 「View Controller」までドラッグ

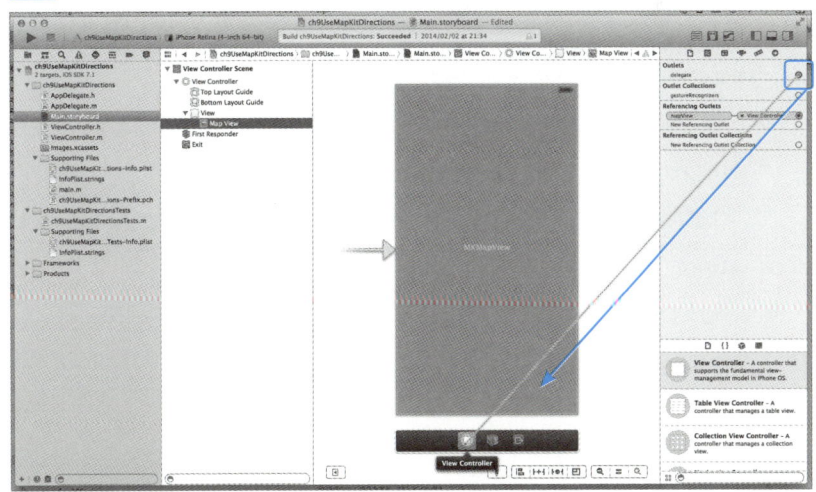

デリゲートとOutletがView Controllerに接続された状態になります（図9.4）。

図9.4 デリゲートとOutletがView Controllerに接続された状態

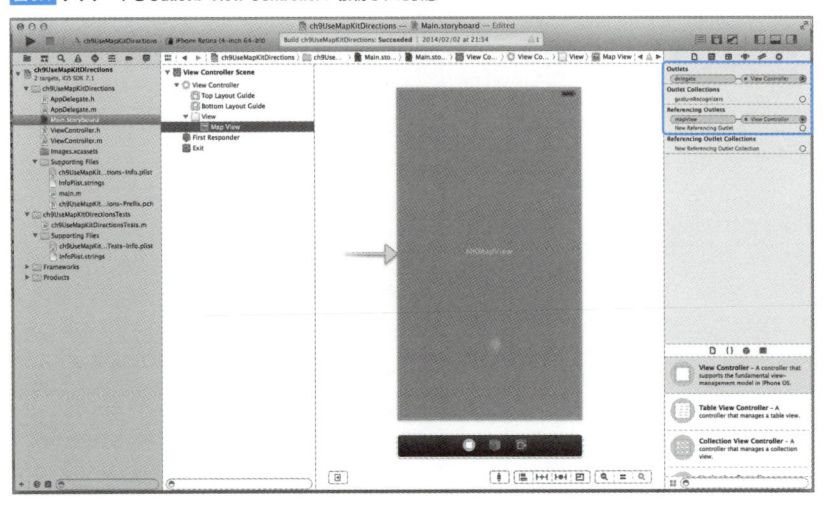

●経路を算出する

```
- (void)viewDidAppear:(BOOL)animated {
    [super viewDidAppear:animated];

    // 表示位置を指定
    CLLocationCoordinate2D loc = CLLocationCoordinate2DMake(35.689487, 139.691706);
    MKCoordinateSpan span = MKCoordinateSpanMake(0.02, 0.02);
    self.mapView.region = MKCoordinateRegionMake(loc, span);

    // 東京都庁の座標
    CLLocationCoordinate2D loc1 = CLLocationCoordinate2DMake(35.689487, 139.691706);

    // 新宿警察署の座標
    CLLocationCoordinate2D loc2 = CLLocationCoordinate2DMake(35.693468, 139.694456);

    // ピンを表示
    MKPointAnnotation *pin1 = [[MKPointAnnotation alloc] init];
    pin1.coordinate = loc1;
    [self.mapView addAnnotation:pin1];
```

```objc
    MKPointAnnotation *pin2 = [[MKPointAnnotation alloc] init];
    pin2.coordinate = loc2;
    [self.mapView addAnnotation:pin2];


    // 座標 から MKPlacemark を生成
    MKPlacemark *mark1 = [[MKPlacemark alloc] initWithCoordinate:loc1
addressDictionary:nil];
    MKPlacemark *mark2  = [[MKPlacemark alloc] initWithCoordinate:loc2
addressDictionary:nil];

    // MKPlacemark から MKMapItem を生成
    MKMapItem *item1 = [[MKMapItem alloc] initWithPlacemark:mark1];
    MKMapItem *item2  = [[MKMapItem alloc] initWithPlacemark:mark2];

    // MKMapItem をセットして MKDirectionsRequest を生成
    MKDirectionsRequest *request = [[MKDirectionsRequest alloc] init];
    request.source = item1;
    request.destination = item2;
    request.transportType = MKDirectionsTransportTypeWalking;   // 徒歩を指定
    request.requestsAlternateRoutes = NO;

    // MKDirectionsRequest から MKDirections を生成
    MKDirections *directions = [[MKDirections alloc] initWithRequest:request];

    // 経路検索を実行
    [directions calculateDirectionsWithCompletionHandler:^(MKDirectionsResponse
*response, NSError *error) {
        if (error) {
            return;
        }

        if ([response.routes count] > 0) {
            MKRoute *route = [response.routes objectAtIndex:0];
            // ルートを描画
            [self.mapView addOverlay:route.polyline];
        }
    }];
}
```

リスト「経路を算出する」のtransportTypeには、移動手段のタイプ（表9.1）を指定します。

表9.1 transportType の移動手段のタイプ

移動手段のタイプ	説明
MKDirectionsTransportTypeAutomobile	自動車
MKDirectionsTransportTypeWalking	徒歩
MKDirectionsTransportTypeAny	その他

viewDidAppear:メソッドを上書きして、経路算出処理を実装します。
　Map Viewからデリゲートで呼び出されるmapView:rendererForOverlay:メソッドを実装して経路を描画します。実行すると図9.5のようになります。

●経路を表示する

```
- (MKOverlayRenderer *)mapView:(MKMapView *)mapView rendererForOverlay:
(id<MKOverlay>)overlay
{
    if ([overlay isKindOfClass:[MKPolyline class]]) {
        MKPolyline *route = overlay;
        MKPolylineRenderer *routeRenderer = [[MKPolylineRenderer alloc]
initWithPolyline:route];
        // 経路を表す線の太さ
        routeRenderer.lineWidth = 3.0;
        // 経路を表す線の色指定
        routeRenderer.strokeColor = [UIColor blueColor];
        return routeRenderer;
    } else {
        return nil;
    }
}
```

9.1 Maps

図9.5 実行画面

Map Kit Framework

092 Google Mapsを利用したい

Google Maps SDK	7.X

関連	093 Google Mapsを表示したい　P.226 094 Google Mapsをカスタマイズしたい　P.228

利用例	Google Maps SDKを利用する場合

▌Google Maps API Keyを入手する

　Google Maps API Keyを入手します。
　🔗 https://console.developers.google.com/projectへ接続し、「CREATE PROJECT」からプロジェクトを作成します（本書執筆時のGoogle Maps SDKのバージョンは1.7.0）。
　Project IDはプロジェクトを識別するためのIDで一意なものでないといけません。Googleから自動で割り振られるIDを利用しても問題ありませんが、あとから変更することはできません（図9.1）。

図9.1 Google Developers ConsoleからGoogle Maps APIを利用するプロジェクトを作成する

　「APIs & auth」タブ内にあるAPIsの項目からGoogle Maps SDK for iOSのSTATUSをOFFからONに変更します（図9.2）。

図9.2 Google Maps SDK for iOSを利用できるようにする

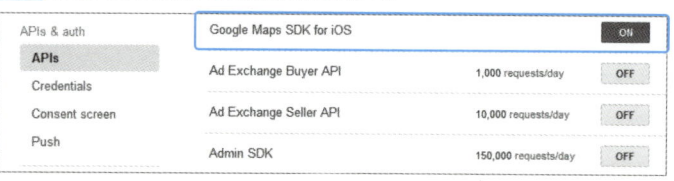

「APIs & auth」タブ内にあるCredentialsの項目にあるCREATE NEW KEYから API Keyを作成します。

「iOS key」を選択し（図9.3）、「Accept requests from an iOS application with one of the bundle identifiers listed below」の項目にiOSアプリで利用するBundle Identiferを入力し、[CREATE] ボタンをクリックします。

図9.3 iOS用のAPI keyを発行する

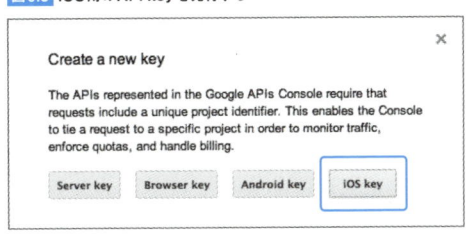

Google Maps SDKを入手してプロジェクトに追加する

GoogleMapsSDKを入手してプロジェクトに追加します。

URL https://developers.google.com/maps/documentation/ios/start#getting_the_google_maps_sdk_for_iosから最新のGoogle Maps SDK for iOSを入手します。

ダウンロードしたSDKを解凍し（図9.4）、GoogleMaps.frameworkをFrameworksグループにドラッグし追加します（図9.5）。

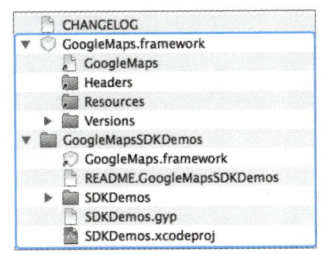

図9.4 Google Maps SDKを入手

図9.5 GoogleMaps.framework を Frameworks グループに追加する

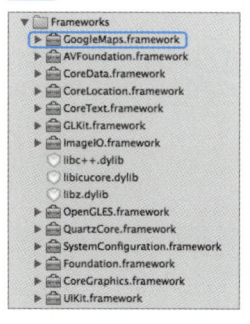

追加時に「Copy items into destination group's folder. (if needed)」にチェックを入れます（図9.6）。

図9.6「Copy items into destination group's folder (if needed)」にチェックを入れる

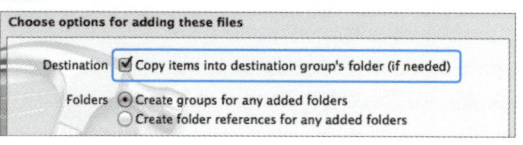

追加したGoogleMaps.frameworkを右クリックし、Show in Finderからframeworkのディレクトリを開きます。
Resourcesディレクトリ内にあるGoogleMaps.bundleをプロジェクトへドラッグし、追加します（図9.7）。

図9.7 GoogleMaps.bundle を追加する

この時、「Copy items into destination group's folder (if needed)」のチェックは外しておきます。

NOTE

SDKを最新バージョンにアップグレードするには

SDKを最新バージョンにアップグレードするには以下の方法があります。

- プロジェクトナビゲーターのGoogleMaps.frameworkを最新のものに置き換える
- 必要であれば最新のソースの合わせてソースコードを修正する
- プロジェクトをクリーンビルドします：Product>Cleanを実行してからProduct>Buildを実行する

プロジェクト設定の「Build Phases」タブ内にあるLink Binary With Librariesから必要なフレームワークを追加します（表9.1）。

プロジェクト設定の「Build Settings」タブ内にある「Linking」→「Other Linker Flags」に-ObjCを追加します。

もし項目が見つからない場合は、「Build Settings」タブ上部にあるフィルター設定をBasicからAllに切り替えてください。

プロジェクトのAppDelegateクラスへAPIkeyを追加します。

表9.1 ビルド設定

AVFoundation.framework
CoreData.framework
CoreLocation.framework
CoreText.framework
GLKit.framework
ImageIO.framework
libc++.dylib
libicucore.dylib
libz.dylib
OpenGLES.framework
QuartzCore.framework
SystemConfiguration.framework

● **API Keyを設定する**

```
#import "AppDelegate.h"
#import <GoogleMaps/GoogleMaps.h>

@implementation AppDelegate

- (BOOL)application:(UIApplication *)application didFinishLaunchingWithOptions:
(NSDictionary *)launchOptions
{
    [GMSServices provideAPIKey:@"API_KEY"];
    return YES;
}
```

NOTE

エラーでビルドできない場合

たくさんのエラーが表示されてビルドできない場合は、フレームワーク・ライブラリの追加のし忘れがないか確認しましょう。

093 Google Mapsを表示したい

| Google Maps SDK | 7.X |

| 関連 | 092 Google Mapsを利用したい　P.222 |
| | 094 Google Mapsをカスタマイズしたい　P.228 |

| 利用例 | Google Maps SDKを利用してGoogle Mapsを表示する場合 |

Google Mapsを表示するには

コントローラーにGoogleMapViewクラスを作成して地図を表示します（図9.1）。

● サンプル地図を表示する

```
#import <GoogleMaps/GoogleMaps.h>
（中略）
@implementation ViewController{
    GMSMapView *mapView_;
}

- (void)viewDidLoad
{
    [super viewDidLoad];
    // 通常はビューをロードした時に設定を追加する
    // GMSCameraPositionクラスを作成
    GMSCameraPosition *camera = [GMSCameraPosition cameraWithLatitude:-33.86
                                                            longitude:151.20
                                                                 zoom:6];
    mapView_ = [GMSMapView mapWithFrame:CGRectZero camera:camera];
    mapView_.myLocationEnabled = YES;
    （中略）
    self.view = mapView_;

    // 地図の中心にマーカーを作成する
    GMSMarker *marker = [[GMSMarker alloc] init];
    marker.position = CLLocationCoordinate2DMake(-33.86, 151.20);
    marker.title = @"Sydney";
    marker.snippet = @"Australia";
    marker.map = mapView_;
}
```

9.2 Google Maps

> **NOTE**
>
> 「Your key may be invalid for your bundle ID」とコンソールに表示される場合は、以下を確認しましょう。
>
> - APIkeyが間違っていないか？
> - APIkeyがiOS用に発行されているか？
> - 登録したBundleIdentiferが間違っていないか？

図9.1 実行画面

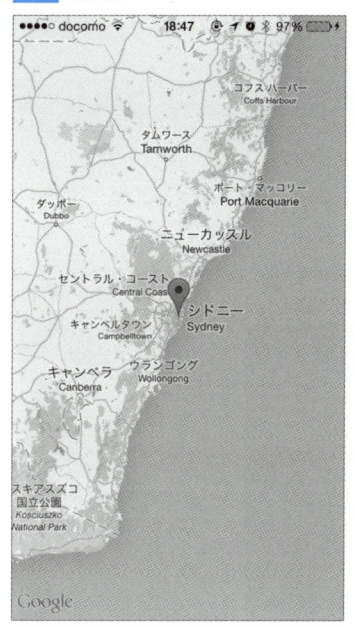

Google Maps SDK

227

094 Google Mapsを カスタマイズしたい

Google Maps SDK 7.X

関連	092 Google Mapsを利用したい P.222
	093 Google Mapsを表示したい P.226

利用例	Google Maps SDKを利用してGoogle Mapsをカスタマイズする場合

Google Mapsをカスタマイズするには

Google Mapsを目的に応じてカスタマイズする例を紹介します。マップタイプは表9.1のものを指定できます。

● **例** GoogleMapの地図タイプを変更する

```
// 地図タイプを変更する
mapView_.mapType = kGMSTypeSatellite;
```

表9.1 マップタイプと表示内容

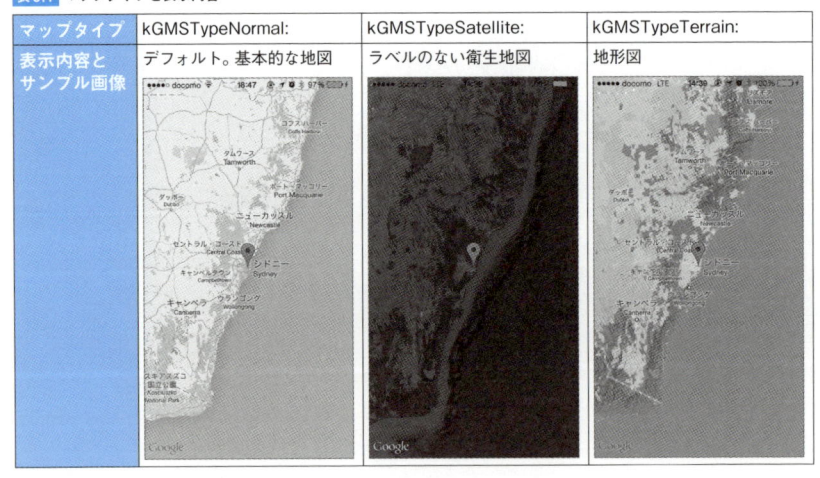

マップタイプ	kGMSTypeNormal:	kGMSTypeSatellite:	kGMSTypeTerrain:
表示内容とサンプル画像	デフォルト。基本的な地図	ラベルのない衛生地図	地形図

(続き)

マップタイプ	kGMSTypeHybrid:	kGMSTypeNone:
表示内容と サンプル画像	ラベル付きの衛星地図	ラベルも地図もないビュー

● 例 マーカーを変更する

```
// 表示するマーカーを作成する
GMSCameraPosition *camera = [GMSCameraPosition cameraWithLatitude:41.887
                                                        longitude:-87.622
                                                             zoom:15];
GMSMapView *mapView = [GMSMapView mapWithFrame:CGRectZero camera:camera];

GMSMarker *marker = [[GMSMarker alloc] init];
marker.position = CLLocationCoordinate2DMake(41.887, -87.622);
marker.appearAnimation = kGMSMarkerAnimationPop;
marker.icon = [UIImage imageNamed:@"flag_icon"];
marker.map = mapView;
```

NOTE

marker.animatedプロパティ

　古いサンプルなどにあるmarker.animatedプロパティは現在は廃止されており、marker.appearAnimationでGMSMarkerAnimationを指定することで実現できます。

　現在は、kGMSMarkerAnimationNone（アニメーションなし）とkGMSMarkerAnimationPop（ポップアップアニメーション）の2種類があります。

ストリートビューはストリートビュー用のビューを作成することで表示できます。

● **例** ストリートビューを表示する

```
CLLocationCoordinate2D panoramaNear = {50.059139,-122.958391};
// ストリートビュー用のビューを作成する
GMSPanoramaView *panoView =
    [GMSPanoramaView panoramaWithFrame:CGRectZero
                        nearCoordinate:panoramaNear];
```

GMSMutablePathクラスで線を引くパスを作成して、GMSPolylineクラスを作成することで地図上に線を引くことができます。

● **例** 地図上に線を引く

```
GMSCameraPosition *camera = [GMSCameraPosition cameraWithLatitude:0
                                                        longitude:-165
                                                             zoom:2];
GMSMapView *mapView = [GMSMapView mapWithFrame:CGRectZero camera:camera];

GMSMutablePath *path = [GMSMutablePath path];
[path addLatitude:-33.866 longitude:151.195];  // Sydney
[path addLatitude:-18.142 longitude:178.431];  // Fiji
[path addLatitude:21.291 longitude:-157.821];  // Hawaii
[path addLatitude:37.423 longitude:-122.091];  // Mountain View

GMSPolyline *polyline = [GMSPolyline polylineWithPath:path];
polyline.strokeColor = [UIColor blueColor];
polyline.strokeWidth = 5.f;
polyline.map = mapView;
```

GMSCameraPositionクラスの作成時、bearing（方向）とviewingAngle（角度）を指定することでカメラアングルを切り替えることができます（図9.1）。

● **例** カメラアングルを切り替える

```
GMSCameraPosition *camera =
    [GMSCameraPosition cameraWithLatitude:-37.809487
                                longitude:144.965699
                                     zoom:17.5
                                  bearing:30
                             viewingAngle:40];

GMSMapView *mapView = [GMSMapView mapWithFrame:CGRectZero camera:camera];
```

図9.1 実行画面

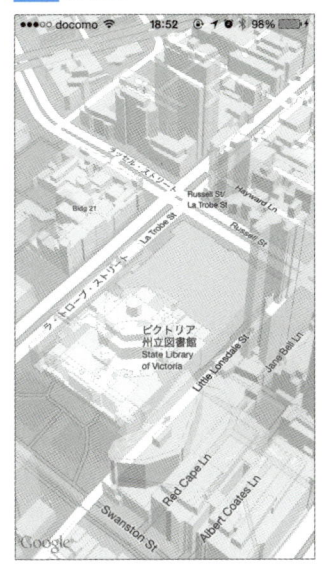

GMSCameraPositionクラスのzoomに18以上を指定することで建物内部が表示されます（図9.2）。

● 例 建物内部の情報を表示する

```
GMSCameraPosition *camera = [GMSCameraPosition cameraWithLatitude:37.78318
                                                        longitude:-122.40374
                                                             zoom:18];

GMSMapView *mapView = [GMSMapView mapWithFrame:CGRectZero camera:camera];
```

図9.2 実行画面

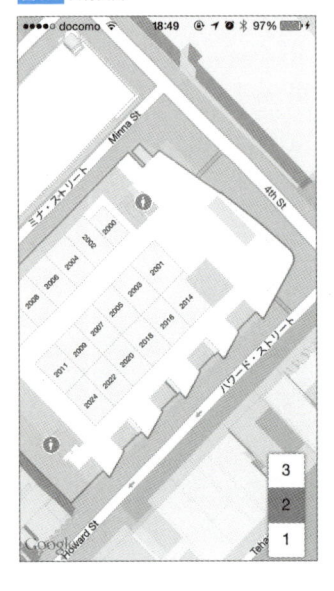

> **NOTE**
> **zoomの値**
> 　zoomの値の最小値はゼロで、ゼロ以下の値は設定することはできません。
> 　zoomの値の最大値は決まっておらず、詳細な地図が今後追加されるとzoomの最大値も大きくなります。

095 MapionMapsを利用したい

MapionMaps.framework	7.X
関　連	096　MapionMapを表示したい　P.236
利用例	MapionMaps.frameworkを利用する場合

▌Mapion Maps API Keyを入手する

🔗 http://mapion.github.io/MapionMaps-for-iOS-Sample/apikey.htmlへ接続し、「APIキー」タブからAPIキーを発行します（図9.1）。

●Mapion Maps API Keyの例

```
410d196140ce3d8884bf9c4ff926c20b
```

図9.1 Mapion Maps API Keyの取得

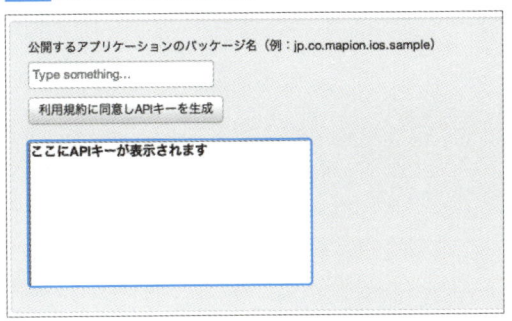

▌MapionMaps.frameworkを入手してプロジェクトに追加する

🔗 http://mapion.github.io/MapionMaps-for-iOS-Sample/download.htmlから最新のMapionMapsSDKを入手します（本書執筆時のMapionMaps.frameworkのバージョンは1.11.2）。

解凍するとMapionMaps.frameworkが入っています（図9.2）。

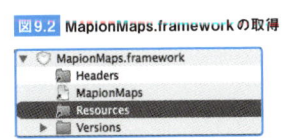

図9.2 MapionMaps.frameworkの取得

MapionMaps.frameworkをFrameworksグループにドラッグし追加します（図9.3）。

追加時に「Copy items into destination group's folder (if needed)」にチェックを入れます（図9.4）。

図9.3 MapionMaps.frameworkの追加

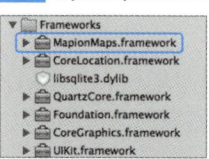

図9.4「Copy items into destination group's folder (if needed)」にチェックを入れる

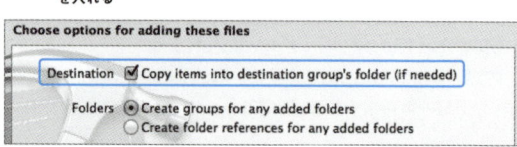

追加したMapionMaps.frameworkを右クリックし、Show in Finderからframeworkのディレクトリを開きます。

Resourceディレクトリ内にあるpin@2x.pngをプロジェクトへドラッグし、追加します（図9.5）。

図9.5 pin@2x.pngをプロジェクトへ追加

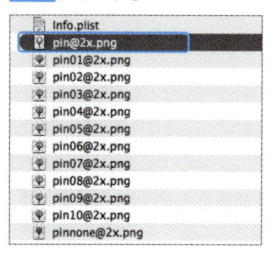

この時、「Copy items into destination group's folder (if needed)」のチェックは外しておきます。

そのほか、いくつかのピン画像が入っているのでどれを利用しても大丈夫です。

プロジェクト設定の「Build Phases」タブ内にあるLink Binary With Librariesから必要なフレームワークを追加します。

- CoreLocation.framework
- QuartzCore.framework
- libsqlite3.dylib

プロジェクト設定の「Build Settings」タブ内にあるArchitecturesをarmv7に設定します（図9.6）。

図9.6 アーキテクチャを設定する

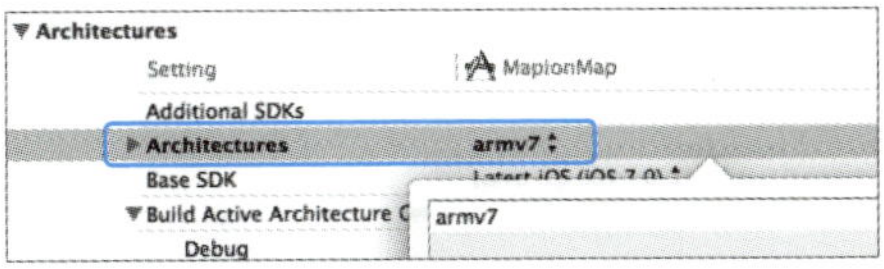

MEMO

096 MapionMapsを表示したい

MapionMaps.framework		7.X
関　連	095　MapionMapsを利用したい　P.233	
利用例	MapionMapViewを利用してMapionMapsを表示する場合	

MapionMapsを表示するには

コントローラーにMapionMaps用のViewを作成して地図を表示します（図9.1）。

●サンプル地図を表示する

```
#import <MapionMaps/MapionMaps.h>

- (void)viewDidLoad
{
    [super viewDidLoad];
    MMMapView *mapView = [[MMMapView alloc] ↵
initWithFrame : [[self view] bounds]
               key : @"APIキー"];
(中略)
    [self.view addSubview:mapView];
}
```

● MapionMaps.framework

URL http://mapion.github.io/MapionMaps-for-iOS-Sample/document.html

図9.1　実行画面

PROGRAMMER'S RECIPE

第 10 章

デバイス

097 デバイスにかかる加速度を検出したい

CMMotionManagerクラス		7.X

関　連	099　センサーの検出精度を調節したい　P.244
利用例	デバイスへの速度変化を検出することで、歩数計やユーザーアクションを判断する場合

加速度の検出方向は（3軸：x,y,z）は図10.1のようになります。

図10.1 加速度の検出方向（3軸:x,y,z）

加速度センサーでx、y、z軸に沿った速度の変化を測定する様子

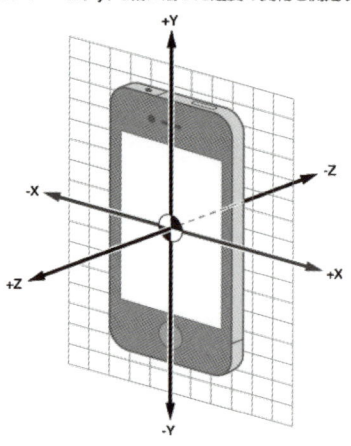

デバイスにかかる加速度を検出するには

CoreMotion.frameworkのCMMotionManagerクラスを使います。
まずプロジェクトへ「CoreMotion.framework」を追加します（図10.2）。

図10.2 プロジェクトへ「CoreMotion.framework」を追加する

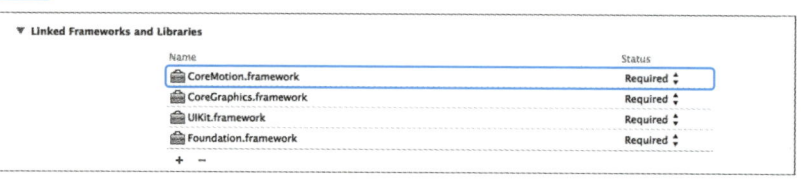

プロジェクトの設定「Custom iOS Target Properties」の項目「Required device capabilities」へ「accelerometer」を追加します（図10.3）。

図10.3「accelerometer」を追加する

▼ Required device capabilities	Array	(2 items)
Item 0	String	armv7
Item 1	String	accelerometer

該当ソース（*.m）でヘッダーファイルをインポートするには以下のように記述します。

● 該当ソースでヘッダーファイルをインポートする

```
#import <CoreMotion/CoreMotion.h>
```

CMMotionManagerの生成と設定をするには以下のように記述します。

● CMMotionManagerの生成と設定をする

```
// MotionManagerを生成
manager = [[CMMotionManager alloc] init];

// 取得間隔を設定(上限はハードウェア依存 < 100Hz)
manager.deviceMotionUpdateInterval = 0.1; // 10Hz
```

加速度を検出するには以下のように記述します。

● 加速度を検出する

```
// センサー取得の可否を確認
if (manager.deviceMotionAvailable) {
    (中略)
    // PUSH型 : 以後、指定したユーザー処理が定期実行される
    [manager startDeviceMotionUpdatesToQueue:[NSOperationQueue mainQueue]
                                 withHandler:^(CMDeviceMotion* motion,
    NSError* error) {
                                    // 加速度データの取得[G : 1.0 = 9.8m/s]
                                    CMAcceleration g = motion.userAcceleration;

                                    x.text = [NSString stringWithFormat:@"%.
    2f", g.x];
                                    y.text = [NSString stringWithFormat:@"%.
    2f", g.y];
                                    z.text = [NSString stringWithFormat:@"%.
    2f", g.z];
```

CMMotionManagerクラス

```
            }];
    }
```

検出できる加速度の種類は**表10.1**のとおりです。

表10.1 加速度の種類

プロパティ	説明	備考
gravity	重力ベクトル	重力加速度ベクトルを得る
userAcceleration	ユーザー加速度	ユーザーによる加速度を得る

センサー値の取得を停止するには以下のように記述します。

●センサー値の取得を停止する

```
        [manager stopDeviceMotionUpdates];
```

MEMO

098 デバイスの姿勢を検出したい

CMMotionManagerクラス	7.X

関 連	099 センサーの検出精度を調節したい P.244
利用例	デバイスの姿勢や回転を検出する場合

回転の検出方向（3軸:x,y,z）は図10.1のようになります。

図10.1 回転方向の検出（3軸:x,y,z）

ジャイロスコープでx、y、z軸の周りの回転速度を測定する様子

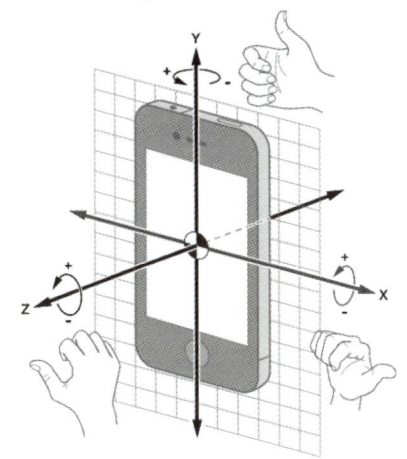

デバイスの姿勢を検出するには

CoreMotion.frameworkのCMMotionManagerクラスを使います。
プロジェクトへ「CoreMotion.framework」を追加します（図10.2）。

図10.2 プロジェクトへ「CoreMotion.framework」を追加する

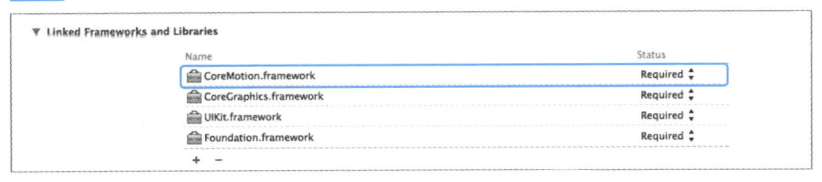

プロジェクトの設定「Custom iOS Target Properties」の項目「Required device capabilities」へ「gyroscope」を追加します（図10.3）。

●図10.3 「gyroscope」を追加

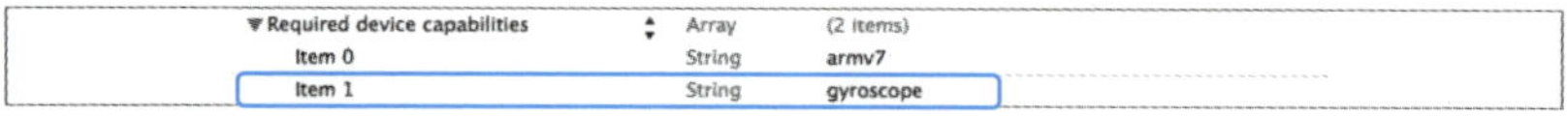

▼ Required device capabilities	◇	Array	(2 items)
Item 0		String	armv7
Item 1		String	gyroscope

該当ソース（*.m）でヘッダーファイルをインポートするには以下のように記述します。

●該当ソースでヘッダーファイルをインポートする

```
#import <CoreMotion/CoreMotion.h>
```

CMMotionManagerの生成と設定をするには以下のように記述します。

●CMMotionManagerの生成と設定をする

```
// MotionManagerを生成
manager = [[CMMotionManager alloc] init];

// 取得間隔を設定(上限はハードウェア依存 < 100Hz)
manager.deviceMotionUpdateInterval = 0.1; // 10Hz
```

磁気情報の取得と方位の算出をするには以下のように記述します。

●磁気情報の取得と方位の算出をする

```
// センサー取得の可否を確認
if (manager.deviceMotionAvailable) {
    (中略)
    // PUSH型 : 以後、指定したユーザー処理が定期実行される
    [manager startDeviceMotionUpdatesToQueue:[NSOperationQueue mainQueue]
                                 withHandler:^(CMDeviceMotion* motion,
NSError* error) {
                                // ジャイロスコープデータの取得[rad/s :
                                // πrad = 180°]
                                CMRotationRate rot = motion.rotationRate;
                                x.text = [NSString stringWithFormat:@"%.
2f", rot.x];
                                y.text = [NSString stringWithFormat:@"%.
2f", rot.y];
                                z.text = [NSString stringWithFormat:@"%.
2f", rot.z];
```

```
                                    // 姿勢(yaw / pitch / roll)[rad]
                                    CMAttitude* att = motion.attitude;
                                    yaw.text   = [NSString ↵
        stringWithFormat:@"%.2f", att.yaw];
                                    pitch.text = [NSString ↵
        stringWithFormat:@"%.2f", att.pitch];
                                    roll.text  = [NSString ↵
        stringWithFormat:@"%.2f", att.roll];
                                }];
        }
```

センサー値の取得を停止するには以下のように記述します。

●**センサー値の取得を停止する**

```
[manager stopDeviceMotionUpdates];
```

MEMO

099 センサーの検出精度を調節したい

CMMotionManagerクラス	7.X
関連	―
利用例	必要に応じて各センサーの検出精度を調節する場合

センサーの検出精度を調節するには

「加速度センサー」、「ジャイロスコープ」、「磁力センサー」はCMMotionManagerクラスにより統合されており、プロジェクトへ「CoreMotion.framework」を追加することで利用できます。

各検出値はCMDeviceMotionを通して取得でき、その検出精度（更新頻度）の調節はCMMotionManagerのdeviceMotionUpdateIntervalプロパティへ事前に設定します。

まずプロジェクトへ「CoreMotion.framework」を追加します（図10.1）。

図10.1 プロジェクトへ「CoreMotion.framework」を追加

該当ソース（*.m）でヘッダーファイルをインポートするには以下のように記述します。

● 例 該当ソースでヘッダーファイルをインポートする

```
#import <CoreMotion/CoreMotion.h>
```

CMMotionManagerの生成と設定をするには以下のように記述します。

● 例 CMMotionManagerの生成と設定をする

```
// MotionManagerを生成
manager = [[CMMotionManager alloc] init];

// 検出精度を調整(上限はハードウェア依存 < 100Hz)
manager.deviceMotionUpdateInterval = 0.1; // 10Hz
```

deviceMotionUpdateIntervalの設定目安は表10.1のとおりです。

表10.1 deviceMotionUpdateInterval の設定目安

設定値	頻度(Hz)	用途
1/10 〜 1/20	10 〜 20	デバイスの向きベクトルを調べる目的
1/30 〜 1/60	30 〜 60	ゲームのほか、実時間のユーザーの入力用に加速度センサーを用いるアプリケーション
1/70 〜 1/100	70 〜 100	高い頻度でモーションを検出する必要があるアプリケーション。デバイスを叩く、激しく振る、などの操作を検出する使い方が考えられる

センサー値の取得方法を指定する

　センサー値の取得方法には「プル型」と「プッシュ型」があり、いずれか1つを指定して開始します。

　どちらも指定した更新頻度でCMMotionManagerのCMDeviceMotionが自動的に書き変わりますが、「プッシュ型」では更新タイミングと同時に、開始時に指定した任意の処理が呼び出されます。

　「プル型」で取得を開始するには以下のように記述します。

● 例　「プル型」で取得を開始

```
// プル型 : 以後、各パラメーターが自動更新される
[manager startDeviceMotionUpdates];
```

　「プッシュ型」での取得開始するには以下のように記述します。

● 例　「プッシュ型」での取得開始

```
// センサー取得の可否を確認
if (manager.deviceMotionAvailable) {
    // プッシュ型 : 以後、各パラメーターが自動更新され、そのタイミングでユーザー
    // 処理が呼び出される
    [manager startDeviceMotionUpdatesToQueue:[NSOperationQueue mainQueue]
                        withHandler:^(CMDeviceMotion* motion, NSError* error) {
                                        // ユーザー処理
                                    }];
}
```

　各センサー値の取得を停止するには以下のように記述します。

● 例　各センサー値の取得停止する

```
[manager stopDeviceMotionUpdates];
```

　このレシピに関連するサンプルは「ch10Accelerometer」「ch10Gyroscope」「ch10Magnetomater」をそれぞれ参照してください。

100 デバイスの現在位置を知りたい

CLLocationManagerクラス	7.X
関 連	ー
利 用 例	GPSを利用して位置情報を取得したい場合

▍デバイスの姿勢を検出するには

CoreLocation.frameworkのCLLocationManagerクラスを使います。まずプロジェクトへ「CoreMotion.framework」を追加します（図10.1）。

図10.1 「CoreMotion.framework」を追加

次にプロジェクトの設定「Custom iOS Target Properties」の項目「Required device capabilities」へ「location-services」と「gps」を追加します（図10.2）。

図10.2 「location-services」と「gps」を追加

該当ソース（*.m）でヘッダーファイルをインポートするには以下のように記述します。

●該当ソースでヘッダーファイルをインポートする

```
#import <CoreLocation/CoreLocation.h>
```

プロトコル準拠の宣言を行うには以下のように記述します。

●プロトコル準拠の宣言をする

```
@interface ViewController () <CLLocationManagerDelegate>
```

プロトコル準拠の実装を行うには以下のように記述します。

●プロトコル準拠の実装をする

```
- (void)locationManager:(CLLocationManager *)manager
    didUpdateToLocation:(CLLocation *)newLocation
           fromLocation:(CLLocation *)oldLocation
{
    latitude.text  = [NSString stringWithFormat:@"%.6f", newLocation.coordinate.latitude];
    longitude.text = [NSString stringWithFormat:@"%.6f", newLocation.coordinate.longitude];
    altitude.text  = [NSString stringWithFormat:@"%.6f", newLocation.altitude];

    speed.text     = [NSString stringWithFormat:@"%.2f m/s", newLocation.speed];
}
```

CLLocationManagerの生成と設定をするには以下のように記述します。

●例 CLLocationManagerの生成と設定をする

```
// 位置情報サービスの利用確認
if ([CLLocationManager locationServicesEnabled]) {
    CLLocationManager* manager = [[CLLocationManager alloc] init];

    // 通知イベントをこのクラスで受ける
    manager.delegate = self;

    // 最高精度を設定
    manager.desiredAccuracy = kCLLocationAccuracyBestForNavigation;

    // 移動距離が変化した際にイベントを起こす値(メートル)を指定、
kCLDistanceFilterNoneで逐次
    manager.distanceFilter = kCLDistanceFilterNone;
}
```

位置情報の取得を開始するには以下のように記述します。

●位置情報の取得を開始する

```
    [manager startUpdatingLocation];
```

desiredAccuracyの設定値は**表10.1**のとおりです。

表10.1 desiredAccuracyの設定

設定値	説明
kCLLocationAccuracyBestForNavigation	GPS以外にそのほかのセンサー情報も加味した最高レベルの精度。主にナビゲーション目的で、電力消費量も高く給電状態での利用を想定している
kCLLocationAccuracyBest	高精度のGPS情報。電力消費量は高い
kCLLocationAccuracyNearestTenMeters	10m間隔程度の精度
kCLLocationAccuracyHundredMeters	100m間隔程度の精度
kCLLocationAccuracyKilometer	1000m間隔程度の精度
kCLLocationAccuracyThreeKilometers	3000m間隔程度の精度

位置情報の取得を停止するには以下のように記述します。

●位置情報の取得を停止する

```
[manager stopUpdatingLocation];
```

MEMO

101 デバイスの方位を知りたい

CMMotionManagerクラス	7.X

関　連	099　センサーの検出精度を調節したい　P.244
利用例	デバイスの方位を取得したい場合

デバイスの方位を取得するには

CoreMotion.frameworkのCMMotionManagerクラスを使います。
まずプロジェクトへ「CoreMotion.framework」を追加します（図10.1）。

●図10.1　プロジェクトへ「CoreMotion.framework」を追加する

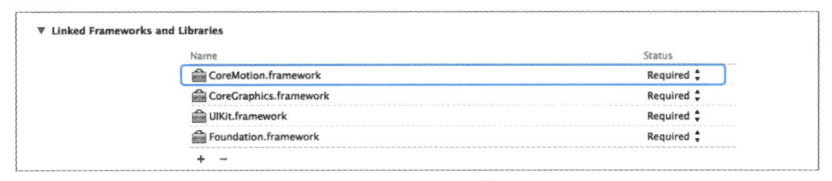

プロジェクトの設定「Custom iOS Target Properties」の項目「Required device capabilities」へ「magnetometer」を追加します（図10.2）。

●図10.2　「magnetometer」を追加する

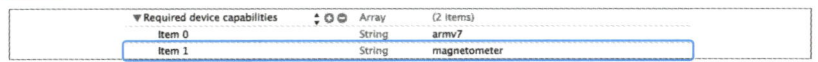

該当ソース（＊.m）でヘッダーファイルをインポートするには以下のように記述します。

●該当ソースでヘッダーファイルをインポートする

```
#import <CoreMotion/CoreMotion.h>
```

CMMotionManagerの生成と設定をするには以下のように記述します。

●CMMotionManagerの生成と設定をする

```
// MotionManagerを生成
manager = [[CMMotionManager alloc] init];
```

```
// 取得間隔を設定(上限はハードウェア依存 < 100Hz)
manager.deviceMotionUpdateInterval = 0.1; // 10Hz
```

磁気情報の取得と方位の算出をするには以下のように記述します。

● 磁気情報の取得と方位の算出をする

```
// センサー取得の可否を確認
if (manager.deviceMotionAvailable) {
(中略)
    // PUSH型 : 以後、指定したユーザ処理が定期実行される
    [manager startDeviceMotionUpdatesUsingReferenceFrame:
CMAttitudeReferenceFrameXTrueNorthZVertical
                                       toQueue:[NSOperationQueue
mainQueue]
                                       withHandler:^(CMDeviceMotion*
 motion, NSError* error) {
            // 磁力データの処理[μT]
            CMMagneticField mf = motion.
magneticField.field;
            x.text = [NSString
stringWithFormat:@"%.2f", mf.x];
            y.text = [NSString
stringWithFormat:@"%.2f", mf.y];
            z.text = [NSString
stringWithFormat:@"%.2f", mf.z];

            // Z軸を鉛直方向に「真北」を0、
            // 東を90、南を180、西を270度と
            // 計算
            double heading = fmod(270 +
atan2(mf.y, mf.x) * 180 / M_PI, 360);
            h.text = [NSString
stringWithFormat:@"%.2f", heading];
    }];
}
```

CMAttitudeReferenceFrameの種類は**表10.1**のとおりです。

表10.1 CMAttitudeReferenceFrameの種類

設定値	説明
CMAttitudeReferenceFrameXArbitraryZVertical	Z軸を鉛直方向、X軸を水平方向とする。このモードでは磁力センサーは使えない
CMAttitudeReferenceFrameXArbitraryCorrectedZVertical	Z軸を鉛直方向とし、キャリブレーションされていれば、ヨー方向（回転）の累積誤差を補正する
CMAttitudeReferenceFrameXMagneticNorthZVertical	Z軸を鉛直方向とし、X軸は「磁北」を指す。デバイスを動かしキャリブレーションを行う必要がある
CMAttitudeReferenceFrameXTrueNorthZVertical	Z軸を鉛直方向とし、X軸は「真北」を指す。デバイスを動かしキャリブレーションを行う必要がある

センサー値の取得を停止するには以下のように記述します。

● センサー値の取得を停止する

```
[manager stopDeviceMotionUpdates];
```

MEMO

102 近接センサーの状態を知りたい

| UIDeviceクラス | NSNotificationCenterクラス | 7.X |

| 関　連 | 106　バッテリー残量を取得したい　P.260 |
| 利用例 | 近接センサーの状態をアプリで取得する場合 |

▎近接センサーの状態を取得するには

UIDeviceクラスで近接センサー監視設定を有効にした上で、NSNotificationCenterクラスによりセンサーの状態が変化するタイミングでの通知（UIDeviceProximityStateDidChangeNotification）を登録します。

近接センサーの監視設定を有効にするには以下のように記述します。

● 近接センサーの監視設定を有効にする

```
[UIDevice currentDevice].proximityMonitoringEnabled = YES;
```

近接センサーの状態変化の通知を設定するには以下のように記述します。

● 近接センサーの状態変化の通知を設定する

```
[[NSNotificationCenter defaultCenter] addObserver:self
                                         selector:
@selector(proximityStateDidChange:)
                                             name:
UIDeviceProximityStateDidChangeNotification
                                           object:nil];
```

ここでは通知を受け取るメソッドは、自身のオブジェクト「self」の「proximityStateDidChange:」とします。

▎近接センサーの状態取得を解除する

登録と同じ要領でUIDeviceクラス、NSNotificationCenterクラスを用い設定を解除します。

近接センサーの監視設定を無効にするには以下のように記述します。

● 近接センサーの監視設定を無効にする

```
[UIDevice currentDevice].proximityMonitoringEnabled = NO;
```

近接センサーの状態変化の通知を解除するには以下のように記述します。

●近接センサーの状態変化の通知を解除する

```
[[NSNotificationCenter defaultCenter] removeObserver:self
                                        name:
UIDeviceProximityStateDidChangeNotification
                                        object:nil];
```

MEMO

103 カメラを呼び出したい

UINavigationControllerDelegate プロトコル	UIImagePickerControllerDelegate プロトコル	7.X
関　連	—	
利用例	アプリ内でカメラを呼び出す場合	

カメラを呼び出すには

　カメラを利用する該当クラスをUINavigationControllerDelegateとUIImagePickerControllerDelegateプロトコルに準拠させ、メソッドを実装した上で、呼び出し処理を記述します。
　まずプロトコル準拠の宣言を行うには以下のように記述します。

●プロトコル準拠の宣言を行う

```
@interface ViewController () <UINavigationControllerDelegate,↵
UIImagePickerControllerDelegate>
```

プロトコル準拠の実装を行うには以下のように記述します。

●プロトコル準拠の実装を行う

```
// 撮影完了時に呼び出されるメソッド
- (void)imagePickerController:(UIImagePickerController *)picker↵
didFinishPickingMediaWithInfo:(NSDictionary *)info
{
    // 撮影した画像をImageViewへ渡し表示する
    imageView.image = (UIImage*)[info objectForKey:↵
UIImagePickerControllerOriginalImage];

    (中略)
    // カメラを閉じる
    [self dismissViewControllerAnimated:YES completion:nil];
}

// 撮影キャンセル時に呼び出されるメソッド
- (void)imagePickerControllerDidCancel:(UIImagePickerController *)picker
{
    (中略)
    // 撮影がキャンセルされた場合もカメラを閉じる
    [self dismissViewControllerAnimated:YES completion:nil];
}
```

カメラ撮影機能を呼び出すには以下のように記述します。

●カメラ撮影機能を呼び出す

```
// カメラが利用できるか確認
if ([UIImagePickerController isSourceTypeAvailable:
UIImagePickerControllerSourceTypeCamera]) {

    // インスタンス生成
    UIImagePickerController* imagePickerController = [[UIImagePickerController alloc] init];

    // イメージソースにカメラを指定
    imagePickerController.sourceType = UIImagePickerControllerSourceTypeCamera;

    // 撮影後の編集不可
    imagePickerController.allowsEditing = NO;

    // デリゲートをこのクラスに指定
    imagePickerController.delegate = self;

    // 起動
    [self presentViewController:imagePickerController animated:YES completion:nil];
}
```

このレシピに関連するサンプルは「ch10CameraCapture」を参照してください。

104 写真をアルバムに保存したい

UIImageWriteToSavedPhotosAlbum 関数		7.X
関　連	103　カメラを呼び出したい　P.254	
利用例	カメラで撮影した画像をフォトアルバムへ保存する場合	

写真をアルバムに保存するには

アルバムへの保存は、UIImageWriteToSavedPhotosAlbum関数へUIImageを渡します。

撮影した画像をフォトアルバムへ保存するには以下のように記述します。このレシピに関連するサンプルは「ch10CameraCapture」を参照してください。

● 例 撮影した画像をフォトアルバムへ保存する

```
- (void)imagePickerController:(UIImagePickerController *)picker
didFinishPickingMediaWithInfo:(NSDictionary *)info
{
    // 撮影した画像をImageViewへ渡す
    UIImage* image = (UIImage*)[info objectForKey:
UIImagePickerControllerOriginalImage];

    // 保存する画像と完了時に呼び出されるメソッドを渡す
    UIImageWriteToSavedPhotosAlbum(image, self,
@selector(image:didFinishSavingWithError:contextInfo:), NULL);

    // カメラを閉じる
    [self dismissViewControllerAnimated:YES completion:nil];
}

//保存完了時に呼び出されるメソッド
- (void)image:(UIImage *)image didFinishSavingWithError:(NSError *)error
contextInfo:(void *)contextInfo
{
    if (error) {
        // 保存失敗のユーザー処理
    } else {
        // 保存成功のユーザー処理
    }
}
```

105 顔検出を実現したい

CIDetectorクラス		7.X
関 連	—	
利用例	画像中の顔の位置と数を把握する	

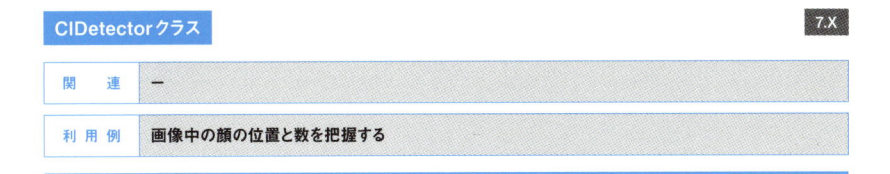

顔検出するには

CoreImage.frameworkのCIDetectorクラスを使います。
まずプロジェクトへ「CoreImage.framework」を追加します（図10.1）。

図10.1 プロジェクトへ「CoreImage.framework」を追加する

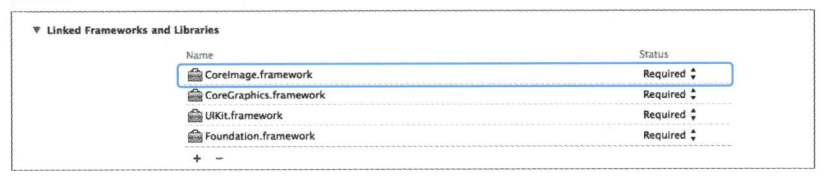

該当ソース（＊.m）でヘッダーファイルをインポートするには以下のように記述します。

● **該当ソースでヘッダーファイルをインポートする**

```
#import <CoreImage/CoreImage.h>
```

顔検出オブジェクトを準備するには以下のように記述します。

● **顔検出オブジェクトを準備する**

```
CIDetector* detector = [CIDetector detectorOfType:CIDetectorTypeFace
                                          context:nil
                                          options:@{CIDetectorAccuracy :
    CIDetectorAccuracyHigh}];
```

顔検出オプション（options）では認識精度「CIDetectorAccuracyHigh」のほか、「CIDetectorAccuracyLow」が指定できます。認識率は劣りますが、認識速度が向上します。

対象画像を指定して顔検出を実行するようにしています。

● 対象画像を指定して顔検出を実行

```
// 画像
CIImage* targetImage = [[CIImage alloc] initWithCGImage:imageView.image.
CGImage];
// 検出
NSArray* results = [detector featuresInImage:targetImage
                                     options:@{
                                        CIDetectorSmile         :
[NSNumber numberWithBool:YES],
                                        CIDetectorEyeBlink      :
[NSNumber numberWithBool:YES],
                                     }];
```

　ここでの検出オプション（options）は省略可能で、指定することにより、笑顔や、左右の目が閉じていることを判定できます。

検出結果から認識した数だけfor文で取り出す

　for文を用いて検出結果をもとに認識した数だけ取り出すには以下のように記述します。

● for文で認識した数だけ抽出

```
// CoreImageは左下原点なので、UIKitと同じ左上原点に変換
CGAffineTransform transform = CGAffineTransformTranslate
(CGAffineTransformMakeScale(1, -1), 0, -imageView.bounds.size.height);

（中略）
for (CIFaceFeature* result in results) {
    // 検出位置を座標変換
    CGRect rect = CGRectApplyAffineTransform(result.bounds, transform);
    （中略）
}
```

　CIFaceFeatureの主なプロパティは表10.1のとおりです。

表10.1 CIFaceFeatureの主なプロパティ

プロパティ	説明	備考
bounds	顔検出範囲	CGRect型
hasLeftEyePosition	左目位置検出	BOOL型：YES = 認識成功
leftEyePosition	左目位置	CGPoint型
hasRightEyePosition	右目位置検出	BOOL型：YES = 認識成功
rightEyePosition	右目位置	CGPoint型

(続き)

プロパティ	説明	備考
hasMouthPosition	口位置検出	BOOL型：YES = 認識成功
mouthPosition	口位置検出	CGPoint型
hasFaceAngle	顔の傾き検出	BOOL型：YES = 認識成功
faceAngle	顔の傾き	float型：ラジアン(0 = 水平)
hasSmile	笑顔検出	BOOL型：YES = 認識成功※
leftEyeClosed	左目閉じ検出	BOOL型：YES = 認識成功※
rightEyeClosed	右目閉じ検出	BOOL型：YES = 認識成功※

※検出時(featuresInImageメソッド)に「CIDetectorSmile」、「CIDetectorEyeBlink」を指定する必要あり

MEMO

106 バッテリー残量を取得したい

UIDeviceクラス		7.X
関　連	102　近接センサーの状態を知りたい　P.252	
利 用 例	バッテリー残量をアプリで取得する場合	

▎バッテリー残量を取得するには

　UIDeviceクラスでバッテリー監視設定を有効にした上で、NSNotificationCenterクラスにより残量が変化するタイミングでの通知（UIDeviceBatteryLevelDidChangeNotification）を登録します。
　バッテリーの監視設定を有効にするには以下のように記述します。

●バッテリーの監視設定を有効にする

```
[UIDevice currentDevice].batteryMonitoringEnabled = YES;
```

●バッテリー残量変化の通知を設定する

```
[[NSNotificationCenter defaultCenter] addObserver:self
                                         selector:
   @selector(batteryLevelDidChange:)
                                             name:
   UIDeviceBatteryLevelDidChangeNotification
                                           object:nil];
```

　ここでは通知を受け取るメソッドは、自オブジェクト「self」の「batteryLevelDidChange:」とします。

▎バッテリー残量の取得を解除する

　登録と同じ要領でUIDeviceクラス、NSNotificationCenterクラスを用い設定を解除します。
　バッテリー監視設定を無効にするには以下のように記述します。

●バッテリー監視設定を無効にする

```
[UIDevice currentDevice].batteryMonitoringEnabled = NO;
```

10.3 バッテリー

● バッテリー残量変化の通知を解除する

```
[[NSNotificationCenter defaultCenter] removeObserver:self
                                                name:↵
UIDeviceBatteryLevelDidChangeNotification
                                          object:nil];
```

MEMO

107 ネットワークの接続状態を知りたい

Reachability クラス		7.X
関連	―	
利用例	ネットワークの接続状態をアプリで判定する場合	

■ ネットワークの接続状態を取得するには

Appleの公式サンプル「Reachability」を利用します。

公式サンプル「Reachability」
　URL https://developer.apple.com/Library/ios/samplecode/Reachability/

　上記のサイトにアクセスして［Download Sample Code］ボタンをクリックして、サンプルコードを取得します。その中から「Reachability.m」と「Reachability.h」を自プロジェクトへ取り込みます。
　該当ソース（＊.m）でヘッダーファイルをインポートします。

●ヘッダーファイルをインポートする
```
#import "Reachability.h"
```

■ 接続状態を取得する

接続状態を取得するには以下のように記述します。

●接続状態を取得する
```
Reachability* reachability = [Reachability reachabilityForInternetConnection];
NetworkStatus status = [reachability currentReachabilityStatus];
if (status == NotReachable) {
    label.text = @"NotReachable";
} else {
    label.text = @"Reachable";
}
```

> **NOTE**
> **Appleの公式サンプルのコードの再配布について**
> 　コード中の権利標記を含め、一切改変していないことのみが条件となっているケースがあるようです。

PROGRAMMER'S RECIPE

第 **11** 章

バックグラウンド動作

108 アプリの終了後に一定時間処理を続けたい

applicationDidEnterBackground:メソッド		7.X
関　連	―	
利用例	バックグラウンドでも一定時間内の処理を行いたい場合	

▍バックグラウンドで処理を行うには

アプリがバックグラウンドに入る際、AppDelegate.mのapplicationDidEnterBackground:メソッドが呼び出され、その際に一定時間処理を延長できます。

AppDelegate.mへバックグラウンド処理変数を追加するには以下のように記述します。

●バックグラウンド処理変数を追加する

```
@interface AppDelegate ()
{
    UIBackgroundTaskIdentifier bgTask;
    (中略)
}
@end
```

アプリがバックグラウンドに入った際に、継続処理を行うには以下のように記述します。

●アプリがバックグラウンドに入った際に、継続処理を行う

```
- (void)applicationDidEnterBackground:(UIApplication *)application
{
    (中略)
    UIApplication* app = [UIApplication sharedApplication];

    // バックグラウンド処理がタイムアウトした場合
    bgTask = [app beginBackgroundTaskWithExpirationHandler:^{

        [self notificate:@"バックグラウンド処理タイムアウト"];

        // バックグラウンド停止
        if (bgTask != UIBackgroundTaskInvalid) {
            [app endBackgroundTask:bgTask];
            bgTask = UIBackgroundTaskInvalid;
        }
    }];
```

```
    // バックグラウンド処理
    dispatch_async(dispatch_get_global_queue(DISPATCH_QUEUE_PRIORITY_DEFAULT, 0),
^{

        (中略：バックグラウンド処理を記述)

        // 処理完了後のバックグラウンド停止
        if (bgTask != UIBackgroundTaskInvalid) {
            [app endBackgroundTask:bgTask];
            bgTask = UIBackgroundTaskInvalid;
        }
    });
}
```

アプリがフォアグラウンドに戻る際、バックグラウンド処理を停止するには以下のように記述します。

●アプリがフォアグラウンドに戻る際、バックグラウンド処理を停止

```
- (void)applicationWillEnterForeground:(UIApplication *)application
{
(中略)
    // バックグラウンド停止
    if (bgTask != UIBackgroundTaskInvalid) {
        [[UIApplication sharedApplication] endBackgroundTask:bgTask];
        bgTask = UIBackgroundTaskInvalid;
    }
}
```

NOTE

参照先

以下のサイトを参照しています。

URL https://developer.apple.com/library/ios/documentation/iPhone/Conceptual/
iPhoneOSProgrammingGuide/ManagingYourApplicationsFlow/
ManagingYourApplicationsFlow.html

109 バックグラウンドで音楽を再生させ続けたい

AVFoundation.framework | AVAudioSessionクラス | NSNotificationCenterクラス　7.X

関　連	080	BGMを鳴らしたい	P.181

利用例	バックグラウンドで音楽を鳴らしたい場合

バックグラウンドで音楽を再生するには

通常の音楽再生に加え、事前にAVAudioSessionクラスとNSNotificationCenterクラスへ設定を行います。

まずプロジェクトへ「AVFoundation.framework」を追加します。

プロジェクトへ対応するフォーマットの音声ファイルを追加します。

プロジェクトの設定「Custom iOS Target Properties」に「Required background modes」を追加し、「App plays audio or streams audio/video using AirPlay」を設定します（図11.1）。

図11.1 「App plays audio or streams audio/video using Air Play」を設定

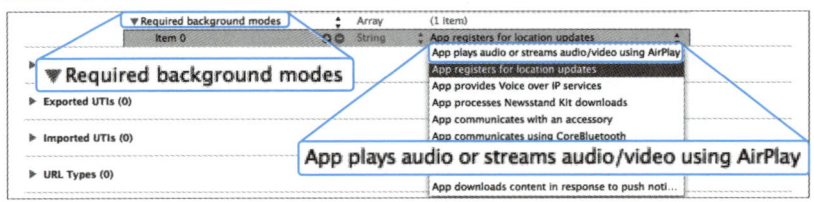

該当ソースでヘッダーファイルをインポートするには以下のように記述します。

●該当ソースでヘッダーファイルをインポート

```
#import <AVFoundation/AVAudioPlayer.h>
#import <AVFoundation/AVAudioSession.h>
```

バックグラウンド再生を登録するには以下のように記述します。

●バックグラウンド再生を登録する

```
    // オーディオセッション設定
    AVAudioSession* session = [AVAudioSession sharedInstance];
    [session setCategory:AVAudioSessionCategoryPlayback error:nil];
```

```
[session setMode:AVAudioSessionModeDefault error:nil];
[session setActive:YES error:nil];

// リモートコントロールイベント開始
[[UIApplication sharedApplication] beginReceivingRemoteControlEvents];

// 通知センター登録
NSNotificationCenter* center = [NSNotificationCenter defaultCenter];
[center addObserver:self
           selector:@selector(sessionDidInterrupt:)
               name:AVAudioSessionInterruptionNotification
             object:session];
```

バックグラウンド再生中のイベント処理を記述するには以下のように記述します。

● 例 バックグラウンド再生中のイベント処理を記述

```
- (void)sessionDidInterrupt:(NSNotification*)notification
{
    // 割り込み情報
    NSNumber* interruptionType   = [[notification userInfo] 
objectForKey:AVAudioSessionInterruptionTypeKey];
    NSNumber* interruptionOption = [[notification userInfo] 
objectForKey:AVAudioSessionInterruptionOptionKey];

    switch (interruptionType.unsignedIntegerValue) {
        // 着信音などの割り込み発生
        case AVAudioSessionInterruptionTypeBegan:
            // 再生中の曲を一時停止する
            break;

        // 着信音などの割り込み終了
        case AVAudioSessionInterruptionTypeEnded:
            switch (interruptionOption.unsignedIntegerValue) {
                case AVAudioSessionInterruptionOptionShouldResume:
                    // 一時停止中の曲を再開
                    break;
                default:
                    break;
            }
            break;

        default:
            break;
    }
}
```

バックグラウンド再生を解除するには以下のように記述します。

● 例 バックグラウンド再生を解除する

```
// 通知センター解除
[[NSNotificationCenter defaultCenter] removeObserver:self name:
AVAudioSessionInterruptionNotification object:[AVAudioSession sharedInstance]];

// リモートコントロールイベント解除
[[UIApplication sharedApplication] endReceivingRemoteControlEvents];
```

MEMO

110 バックグラウンドで位置情報を取得し続けたい

CLLocationManagerクラス　7.X

関　連	100　デバイスの現在位置を知りたい　P.246
利用例	バックグラウンドで位置情報を蓄積したい場合

バックグラウンドで位置情報を取得するには

レシピ100「デバイスの現在位置を知りたい」に加え、プロジェクトに「Required background modes」を設定します。

プロジェクトの設定「Custom iOS Target Properties」に「Required background modes」を追加し、「App registers for location updates」を設定します（図11.1）。

図11.1「App registers for location updates」を設定

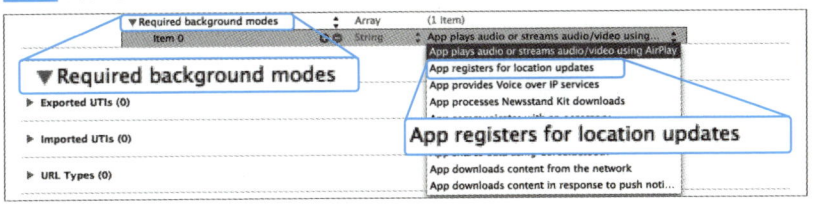

CLLocationManagerクラスの自動停止プロパティを無効にするには以下のように記述します。

● CLLocationManagerクラスの自動停止プロパティを無効にする

```
// 位置情報取得自動停止無効
manager.pausesLocationUpdatesAutomatically = NO;
```

NOTE

「バックグラウンド更新」について

iOS 7では、各アプリのバックグラウンドでの実行をユーザーが「設定」→「一般」→「Appのバックグラウンド更新」により制限できます（表11.1）。

アプリ側ではUIApplicationクラスのプロパティ「backgroundRefreshStatus」により、状態を確認できます。

表11.1 バックグラウンド更新

設定値	説明
UIBackgroundRefreshStatusRestricted	デバイス設定により、このシステムではユーザーが設定を変更できない
UIBackgroundRefreshStatusDenied	ユーザーの設定により利用が禁止されている
UIBackgroundRefreshStatusAvailable	利用可能

● 例 バックグラウンド更新

```objc
switch ([UIApplication sharedApplication].backgroundRefreshStatus) {
    // システムにより利用不可
    case UIBackgroundRefreshStatusRestricted:
        break;

    // ユーザーにより利用制限
    case UIBackgroundRefreshStatusDenied:
        break;

    // 利用可能
    case UIBackgroundRefreshStatusAvailable:
        break;
}
```

PROGRAMMER'S RECIPE

第 12 章

通知

111 Appのアイコンに バッジを表示したい

UIApplicationクラス	7.X
関　連	―
利用例	未読の情報があることを、ユーザーに伝える場合

Appのアイコンにバッジを表示するには

アイコンにバッジを表示するには、sharedApplicationオブジェクトのapplicationIconBadgeNumberプロパティに1以上の数値を指定します。1未満の数値を指定すると、アイコンバッジを消去することができます。

なお、Appをフォルダに格納すると、フォルダには内部のAppのバッジの合計が表示されます。また、アイコンバッジはユーザーが「設定」→「通知センター」→「(App名)」→「Appアイコンバッジ表示」によって非表示／表示を切り替えることができます。

● バッジに数字を表示する

```
[UIApplication sharedApplication].applicationIconBadgeNumber = 1234;
```

● バッジを消去する

```
[UIApplication sharedApplication].applicationIconBadgeNumber = 0;
```

NOTE

バッジの数

バッジの数は「1,234」のようにカンマ区切りで表示されます。applicationIconBadgeNumberは32ビット長の符号付き整数（-2147483648 ～ 2147483647）を保持できますが、バッジに表示できる文字列の幅に制限があるため、現実的に表示できるのは9999までとなります。10000を超えると、「1...0」のように表示が省略されます。

ユーザーがバッジを表示しないよう設定する場合もあるので、バッジの表示に依存しないようにしましょう。

112 Appがフォアグラウンドでない時に通知バナーやアラートを表示したい

UIApplicationクラス　7.X

関　連	―
利用例	イベントの発生やタイマーの終了、バックグラウンド処理の完了などの具体的な事象をユーザーに通知してAppへ誘導する場合

Appがフォアグラウンドでない時に、通知バナーまたはアラートを表示するには

ローカル通知によりバナーやアラートを表示するためには、UILocalNotificationオブジェクトを作成してAppに登録します。

UILocalNotificationオブジェクトでは、以下のプロパティが使用可能です（表12.1）。

表12.1 UILocalNotificationオブジェクトのプロパティ

プロパティ	説明
timeZone	タイムゾーンを指定する。デフォルトはnil
fireDate	通知が発生する時刻を指定する
alertBody	通知で表示されるメッセージを指定する。省略した場合、バナーやアラートが表示されない
applicationIconBadgeNumber	通知が発生した際にバッジを変更する。1以上の数値を指定すると、指定した数値がAppのアイコンバッジとして表示される。-1以下の数値を指定すると、バッジは消去される。0を指定するとバッジの変更は行われない。デフォルトは0
soundName	Appのメインバンドルに含まれるサウンドファイルを、「sounds/123.caf」のようにAppのディレクトリからの相対パスで指定する。UILocalNotificationDefaultSoundNameを指定すると、デフォルトの通知音が再生される。nilを指定すると、サウンドは再生されない。デフォルトはnil
userInfo	NSDictionaryオブジェクトを保持できる。App内で通知発生時に必要な情報を渡すのに使用できる
hasAction	アプリケーションの起動用のボタンを表示するかどうかを指定する。YESにすると表示され、NOにすると表示されない。NOにする場合は、alertBodyに値を設定しておく必要がある。iOS 7ではNOにした場合でも［起動］ボタンが表示される
alertAction	通知がアラートで表示された時、起動ボタンの文字列を指定する。hasActionがNOの場合は無視される

● **例** ローカル通知を作成して登録する

```
UILocalNotification *notification = [UILocalNotification new];
notification.timeZone = [NSTimeZone defaultTimeZone];
notification.fireDate = [NSDate dateWithTimeIntervalSinceNow:10];
notification.repeatInterval = 0;
```

```
notification.repeatCalendar = nil;
notification.alertBody = @"10秒経過しました！";
notification.soundName = UILocalNotificationDefaultSoundName;
notification.applicationIconBadgeNumber = 1;

// Appに通知を登録
[[UIApplication sharedApplication] scheduleLocalNotification:notification];
```

登録されている通知は、scheduledLocalNotificationsによって調べることができます。すでに実行された通知はリストに含まれません。

● **例** 登録されている通知のリストを受け取る

```
[UIApplication sharedApplication].scheduledLocalNotifications
```

ローカル通知のキャンセルや、通知センターに残った通知の履歴を削除するには、cancelLocalNotificationにキャンセルしたいUILocalNotificationオブジェクトを渡します。すべての通知をまとめてキャンセルすることもできます。

● 特定のローカル通知をキャンセルする

```
[[UIApplication sharedApplication] cancelLocalNotification:notification];
```

● **例** すべてのローカル通知をキャンセルする

```
[[UIApplication sharedApplication] cancelAllLocalNotifications];
```

> **NOTE**
> ローカル通知の内容を変更する
> 　作成したローカル通知の内容を変更するには、一旦該当するローカル通知をキャンセルしてから、再度通知を登録します。

発生したローカル通知を処理する

　Appが起動していない状態でローカル通知が発生します。ローカル通知を選択して起動した場合は、application:didFinishLaunchingWithOptions:メソッドが呼び出された際にlaunchOptionsディクショナリのUIApplicationLaunchOptionsLocalNotificationKeyキーの値に通知が入っていますので、それを用いて通知の内容を処理します。

● **例** 発生したローカル通知の内容を処理する

```
- (BOOL)application:(UIApplication *)application didFinishLaunchingWithOptions:↵
(NSDictionary *)launchOptions
{
    // 起動処理など...
    UILocalNotification *notification = launchOptions↵
[UIApplicationLaunchOptionsLocalNotificationKey];
    if (notification) {
        // ローカル通知がある場合、発生した通知をここで処理する
    }
    // その他処理など...
}
```

フォアグラウンドの状態でローカル通知が発生したり、Appが動作していない時に通知センターから通知を選択してアクティブ化した場合は、application:didReceiveLocalNotification:メソッドが呼び出されます。ここで通知の内容を処理します。

● **例** 発生した通知の内容を処理する

```
- (void)application:(UIApplication *)application didReceiveLocalNotification:↵
(UILocalNotification *)notification
{
    // 発生したローカル通知をここで処理する
}
```

> **NOTE**
>
> **ローカル通知**
>
> Appが起動していない時やバックグラウンドの時に受信したローカル通知は、通知センターから通知を選択しない限りシステムからAppに発生を通知されることはありません。App内でも通知の詳細を保持するなど、必要に応じて自分でローカル通知を処理する必要があるでしょう。

113 リモート通知を使いたい

UIApplicationクラス		7.X
関　連	―	
利用例	サーバーへの新しい情報の着信をユーザーに通知する場合	

▍App側でのリモート通知の受信設定

　リモート設定を受け取るには、作成しておいたPush Notificationに対応するProvisioning Profileをデバイスに登録している必要があります。

　プロジェクトの設定で「PROJECT」→「（プロジェクト名）」→「Build Settings」タブを開き、「Code Signing Identity」のProvisioning Profileを変更しておきます。

　また、iOSデバイスをAPNsに登録して、デバイストークンを取得する必要があります。リモート登録の結果を受け取るためのメソッドを実装しておきます。

　なおリモート通知を許可しない設定になっている場合は、どちらのメソッドも呼び出されないことに注意が必要です。

●リモート通知の登録結果を受け取るためのメソッドを実装する

```
- (void)application:(UIApplication *)application
didRegisterForRemoteNotificationsWithDeviceToken:(NSData *)deviceToken {
    // リモート通知の登録が成功した時の処理
    // deviceTokenに格納されたデバイストークンをリモート通知の送信側に知らせる
}

- (void)application:(UIApplication *)application
didFailToRegisterForRemoteNotificationsWithError:(NSError *)error
{
    // リモート通知の登録が失敗した時の処理
    // errorを確認して適切に処理を行う
    // ※エラーコード3000(Appの有効な"aps-environment"エンタイトルメント文字列が
    // 見つかりません)というエラーが発生する場合は、
    // プロジェクトで使用しているProvisioning Profileが
    // Push Notificationに対応したものかどうかを確認する
}
```

　application:registerForRemoteNotificationTypesを用いて、iOSデバイスをAPNsに登録します。registerForRemoteNotificationTypesに渡すビットマスクにより、使用する通知のタイプを指定できます（表12.1）。

表12.1 通知のタイプ

通知のタイプ	説明
UIRemoteNotificationTypeNone	何も通知しない
UIRemoteNotificationTypeBadge	バッジで通知する
UIRemoteNotificationTypeSound	サウンドで通知する
UIRemoteNotificationTypeAlert	アラートメッセージで通知する
UIRemoteNotificationTypeNewsstandContentAvailability	Newsstand Appにおいてダウンロードの開始を通知する

●リモート通知を登録する

```
[[UIApplication sharedApplication] registerForRemoteNotificationTypes:
UIRemoteNotificationTypeBadge |
    UIRemoteNotificationTypeAlert | UIRemoteNotificationTypeSound];
```

　Appをインストール後初めてapplication:registerForRemoteNotificationTypes:メソッドが実行された場合のみ、「"アプリケーション名"はあなたにプッシュ通知を送信します。よろしいですか？」と登録する旨のアラートが表示されます。

発生したリモート通知を処理する

　Appが起動していない状態でリモート通知が発生し、リモート通知を選択して起動した場合、application:didFinishLaunchingWithOptions:メソッドが呼び出された際にlaunchOptionsディクショナリのUIApplicationLaunchOptionsRemoteNotificationKeyキーの値として格納されているリモート通知のディクショナリを用いて、通知の内容を処理します。内容は、送信されたJSONが展開されたものとなります。

●例 application:didFinishLaunchingWithOptions:メソッドの実装

```
- (BOOL)application:(UIApplication *)application didFinishLaunchingWithOptions:
(NSDictionary *)launchOptions
{
    // 起動処理など（中略）
    UILocalNotification *notification = launchOptions
[UIApplicationLaunchOptionsRemoteNotificationKey];
    if (notification) {
        // リモート通知がある場合、発生した通知をここで処理する
    }
    // その他処理など（中略）
}
```

フォアグラウンドの状態でリモート通知が発生したり、Appが動作していない時に通知センターから通知を選択してアクティブ化した場合は、application:didReceiveRemoteNotification:メソッドが呼び出されます。ここで通知の内容を処理します。

●application:didReceiveRemoteNotification:メソッドの実装

```
- (void)application:(UIApplication *)application didReceiveRemoteNotification:
(UILocalNotification *)notification
{
    // 発生したリモート通知をここで処理する
}
```

> **NOTE**
>
> リモート通知
>
> 　Appが起動していない時やバックグラウンドの時に受信したリモート通知は、通知センターから通知を選択しない限りシステムから発生を通知されることはありません。App内からサーバーに確認を行うなど、必要に応じて自分でリモート通知を処理する必要があるでしょう。

通知センターに残ったリモート通知を消す

　通知センターに残ったリモート通知を消すには、バッジを0に設定し、cancelAllLocalNotificationsを実行します。ローカル通知と併用している場合やバッジを表示している場合は、そのあとで再度登録を行う必要があります。

●通知センターに残ったリモート通知を消す

```
// UIApplication *application = [UIApplication sharedApplication];
// バッジを削除する
application.applicationIconBadgeNumber = 0;
// 通知センターからすべての通知を削除する
[application cancelAllLocalNotifications];
```

特定の通知のみを削除する方法はないようです。

リモート通知を送信する

　プロバイダー（通知送信者）はApple Push Notification Service（APNs）に対してSSL/TLSセッションを確立し、ペイロード（通知情報）を送信することにより行います。開発中と公開後でゲートウェイが異なります。

- 開発中は、gateway.sandbox.push.apple.com:2195
- 公開後は、gateway.push.apple.com:2195

　セッションの確立には、あらかじめ作成したSSL証明書が必要です。SSL証明書はiOS Dev Centerで発行することができます。発行手順は、 レシピ151 「実機でデバッグしたい」の 手順8 「Provisioning Profileを作成する」、 手順9 「Provisioning Profileをインストールする」をご覧ください。

> **NOTE**
>
> **通知の送信が多い場合の対応**
>
> 　ゲートウェイとのセッションで短時間に接続・切断を繰り返すとDoS攻撃とみなされ接続が制限される可能性がありますので、通知の送信が多い場合はセッションを維持するようにしましょう（例えば、5分以内に通知が行われれば接続を維持するなど）。また通知のデータは小さいため、いくつかの通知をまとめて送るようにすると良いでしょう。

通知データの形式

　通知データは、1バイトのコマンドフィールド、4バイトのフレーム長フィールド、可変長のフレームデータから構成されています。コマンドフィールドは「2」で固定され、フレーム長はフレームデータ部分の長さを32ビットで格納します。フレームデータは、複数のアイテムから構成されています。

　アイテムは、1バイトのアイテム番号フィールド、2バイトのアイテム長フィールド、可変長のアイテムデータから構成されています。アイテムにはデバイストークン（32バイト）・ペイロード（256バイト以下）、通知の識別番号（4バイト）、有効期限（4バイト）、優先度（1バイト）があり、必要に応じて組み合わせて送信します。

　ペイロードはJSON形式の連想配列になります。連想配列内にはリモート通知に使用されるapsのほかに必要な情報を含めることができますが、リモート通知は確実に発生するものではないことに注意が必要です。

- **例** ペイロードの内容

```
{
  "aps" : {
    // 通知に表示する内容。ローカライズが必要なければ、「"alert" :
    // "新しいお知らせがあります"」のように直接文字列を記載する
    "alert" : {
      // 通知に表示する内容のローカライズされた書式文字列のキー
      "loc-key" : "RN_AVAILABLE",
```

```
      // ローカライズされた書式文字列に渡したい値。必要が無ければ省略可能
      "loc-args" : [
        "Yamada",  // 例えば書式文字列が「%@からレポートが届きました」だった場合、
                   // 「Yamadaからレポートが届きました」と表示される
      ],
      // 通知がダイアログとして表示される際、右側のボタンに表示されるローカライズ
      // 文字列のキーを指定する
      // "action-loc-key"キーがなければ「起動」になる
      "action-loc-key" : "RN_VIEW",
    },
    // 表示するバッジを指定する。0を指定するとバッジを消去する。"badge"キーがなけ
    // れば、バッジを変更しない
    "badge" : 1,
    // 通知時に鳴らすサウンドを指定する。"sound"キーがなければ、サウンドは鳴らない
    "sound" : "default",
    // この通知からAppを起動する時の画像。"launch-image"キーがなければ、通常の起動
    // 画像が使用される
    "launch-image" : "report"
  },
  // この下は通知では使用されない。Appが使用する情報
  "next" : "report",
  "docid" : "A0001"
}
```

実際に送信する時は、インデントや改行を行わず詰めてセットします。

●ペイロードの例

```
{"aps":{"alert":{"loc-key":"RN_AVAILABLE","loc-args":["Yamada"],"action-loc-key":"RN_VIEW"},"badge":1,"sound":"default","launch-image":"report"},"next":"report","docid":"A0001"}
```

エラーレスポンスパケット

　セッション中、正常に通知を送信している限りは何もレスポンスはありませんが、問題があった場合にはエラーレスポンスパケットがAPNsより送信されたあとセッションが切断されます。

　エラーレスポンスパケットは、1バイトのコマンドフィールド、1バイトのステータスコードフィールド、4バイトの識別フィールドから構成されています。ステータスコードには表12.2のようなものがあります。

表12.2 ステータスコード

ステータスコード	説明
0	エラーなし
1	処理エラー
2	デバイストークンがない
3	トピックがない
4	ペイロードがない
5	トークンサイズが無効
6	トピックサイズが無効
7	ペイロードサイズが無効
8	トークンが無効
10	APNs側がシャットダウンする
255	不明

　識別フィールドにはエラーの起きた通知の識別番号が入ります（ステータスコード10のシャットダウンの場合は、最後に送信できた通知番号が入る）。エラーとなった、または送信できていない通知は、あとで別のセッションを開き再送するようにします。

フィードバックサービス

　通知が正常に送信できなかったデバイスのリストを取得できます。
　プロバイダー（通知送信者）はフィードバックサービスに対してSSL/TLSセッションを確立し、ペイロード（通知情報）を送信することにより行います。開発中と公開後でゲートウェイが異なります。

- 開発中は、feedback.sandbox.push.apple.com:2196
- 公開後は、feedback.push.apple.com:2196

　フィードバックサービスへのセッションの確立には、ゲートウェイへの接続に使用するものと同じSSL証明書を使用します。
　セッション確立後は自動的に、4バイトのタイムスタンプ、2バイトのトークン長、32バイトのデバイストークンから構成されるデバイスリストが転送されます。
　タイムスタンプの値は「デバイスが受信しなくなった」とAPNsが判断したUNIX時刻になっています。受信完了後はリストがクリアされます。
　定期的にフィードバックサービスからリストを取得し、そのデバイスに対する送信を行わないようにします。

> **NOTE**
>
> **通知データの詳細な仕様**
>
> 　通知データの詳細な仕様については、Appleの「LocalおよびPush Notificationプログラミングガイド」のドキュメントも合わせて参照してください。
>
> - **LocalおよびPush Notification プログラミングガイド**
>   URL https://developer.apple.com/jp/devcenter/ios/library/documentation/RemoteNotificationsPG.pdf

PROGRAMMER'S RECIPE

第 **13** 章

連携処理

114 写真付きメールを送信したい

MessageUIフレームワーク	MFMailComposeViewController	7.X

関　連	115　CSVファイルを添付したメールを作成したい　P.286
利用例	アプリ内で写真付きメールの作成や送信を行う場合

写真付きメールを送信するには

MessageUIフレームワークのMFMailComposeViewControllerを利用します。addAttachmentData:mimeType:fileName:メソッドで写真を添付ファイルに設定し、MIMETypeを適切な画像のMIMEタイプに指定する必要があります。

プロジェクトへ「MessageUI.framework」を追加する

MFMailComposeViewControllerを利用するために、プロジェクトにMessageUIフレームワークを追加します。

● 該当ソースでヘッダーファイルをインポートする

```
#import <MessageUI/MessageUI.h>
#import <MessageUI/MFMailComposeViewController.h>
```

メールアカウントが設定されているか・メール送信可能かを確認する

メールアカウントが設定されていないとメール送信できないため、MFMailComposeViewControllerを利用する前にcanSendMail関数を利用して、メール送信可能かを確認します。canSendMail関数の結果がNOだった場合は、メールアカウントの設定が必要であることをユーザーに通知すると良いでしょう。

● メール送信可能かを確認する

```
if ([MFMailComposeViewController canSendMail])
{
    // 結果がYESだった場合はメール作成・送信画面の表示処理を行う
    [self displayMailComposer];
}
else
{
    // 結果がNOだった場合はメールアカウントの設定が必要であることをユーザに通知する
    self.feedbackMsg.hidden = NO;
    self.feedbackMsg.text = @"メールアカウントの設定を行ってください。";
}
```

MFMailComposeViewControllerインスタンスを生成して写真を添付に設定する

写真付きのメールを送信する際、MFMailComposeViewControllerインスタンスを生成し、宛先や本文などを設定したあと、写真を添付ファイルに設定します。

● 写真を添付に設定する

```
MFMailComposeViewController *picker = [[MFMailComposeViewController alloc] init];
picker.mailComposeDelegate = self;

// 宛先や本文などを設定する

(中略)

// 写真を保持するUIImageを添付に設定する
// _imageのnilチェック
if (_image){
    // 圧縮率
    CGFloat compressionQuality = 0.8;
    // UIImageJPEGRepresentationでJPEG圧縮
    NSData *attachData = UIImageJPEGRepresentation(_image, compressionQuality);
    // 圧縮した画像を添付
    [picker addAttachmentData:attachData mimeType:@"image/jpeg"
fileName:@"image.jpg"];
}

// リソース画像を添付に設定する
NSString *path = [[NSBundle mainBundle] pathForResource:@"shoeisha_logo"
ofType:@"gif"];
NSData *myData = [NSData dataWithContentsOfFile:path];
[picker addAttachmentData:myData mimeType:@"image/gif" fileName:@"shoeisha_logo"];
```

モーダルでメール作成して送信画面を表示する

親ビューコントローラのpresentViewController関数を利用して、モーダルでメール作成・送信画面を表示します。

● メールを作成して送信画面を表示する

```
[self presentViewController:picker animated:YES completion:NULL];
```

115 CSVファイルを添付したメールを作成したい

| MessageUIフレームワーク | MFMailComposeViewController | 7.X |

| 関 連 | 114 写真付きメールを送信したい P.284 |

| 利用例 | CSVファイル形式でアプリデータのメール送信を行う場合 |

CSVファイルを添付したメールを作成するには

MessageUIフレームワークのMFMailComposeViewControllerを利用します。addAttachmentData:mimeType:fileName:メソッドでCSVデータを添付ファイルに設定し、MIMETypeをtext/csvに指定する必要があります。

プロジェクトへ「MessageUI.framework」を追加する

MFMailComposeViewControllerを利用するために、プロジェクトにMessageUIフレームワークを追加します。

●該当ソースでヘッダーファイルをインポートする

```
#import <MessageUI/MessageUI.h>
#import <MessageUI/MFMailComposeViewController.h>
```

MFMailComposeViewControllerインスタンスを生成し、写真を添付に設定する

CSVファイルを添付したメールを送信する際、MFMailComposeViewControllerインスタンスを生成し、宛先や本文などを設定した後、CSVデータを添付ファイルに設定します。

●CSVデータを添付に設定する

```
MFMailComposeViewController *picker = [[MFMailComposeViewController alloc] init];
picker.mailComposeDelegate = self;

// 宛先や本文などを設定する

（中略）

// NSStringをNSdataに変換
NSString *csv = @"foo,bar,blah,hello";
NSData *csvData = [csv dataUsingEncoding:NSUTF8StringEncoding];

// mimeTypeはtext/csv
[picker addAttachmentData:csvData mimeType:@"text/csv" fileName:@"export.csv"];
```

モーダルでメールを作成して送信画面を表示する

親ビューコントローラのpresentViewController関数を利用して、モーダルでメール作成・送信画面を表示します。

● メールを作成して送信画面を表示する

```
[self presentViewController:picker animated:YES completion:NULL];
```

MEMO

116 ツイート機能を実現したい

UIActivityViewController		7.X
関　連	117　Facebookに投稿できるようにしたい　P.290	
利用例	Twitterにテキストや画像を投稿する場合	

ツイート機能を加えるには

テキストや画像などをシェアすることができるUIActivityViewControllerを利用します。

Twitter、Facebook、微博（Weibo）、メッセージ、メール、カメラロールなどに標準で対応しています。シェアするものをUIActivityViewControllerにして、各シェア先は自動的に表示されます。ユーザーが表示したシェア先を選択します。

UIActivityViewControllerを利用すると、ツイートの投稿機能は簡単に実現できます。

●ツイート機能を追加する処理を実装する

```
// POST対象のitemをArrayに入れる
NSArray *activityItems;
// テキスト
NSString* postText = @"test string";
// 画像
UIImage* postImage = [UIImage imageNamed:@"shoeisha_logo.gif"];
// URL
NSURL* postUrl = [NSURL URLWithString:@"http://www.shoeisha.co.jp"];
activityItems = @[postText, postImage, postUrl];

// UIActivityViewControllerを作成
UIActivityViewController *activityController =
    [[UIActivityViewController alloc]
    initWithActivityItems:activityItems
    applicationActivities:nil];

// 除外したいShare先を該当する定数を配列にして、excludedActivityTypesに代入
activityController.excludedActivityTypes =
    @[UIActivityTypePrint,
    UIActivityTypePostToFacebook,
    UIActivityTypeSaveToCameraRoll,
    UIActivityTypeMail
    ];

// completionHandler完了時の動作
[activityController setCompletionHandler:^(NSString *activityType, BOOL completed)
{
```

```
// 動作が完了した時に呼ばれる
// activityType:Twitterの場合はcom.apple.UIKit.activity.PostToTwitter
// completed: Postされた場合は1、Cancleされた場合は0
    NSLog(@"completed dialog - activity: %@ - finished flag: %d", activityType, ↲
completed);
}];

// モーダルで表示
[self presentViewController:activityController animated:YES completion:^{
    // UIActivityViewControllerが表示された時に呼ばれる
    NSLog(@"presentViewController completion");
}];
```

> **NOTE**
>
> **UIActivityViewControllerの標準対応シェア種類**
>
> UIActivityViewControllerの標準対応シェア種類は表13.1のとおりです。
>
> 表13.1 UIActivityViewControllerの標準対応シェア種類
>
> | シェア種類 | 説明 |
> | --- | --- |
> | UIActivityTypePostToFacebook | Facebookへの投稿 |
> | UIActivityTypePostToTwitter | Twitterへの投稿 |
> | UIActivityTypePostToWeibo | Weiboへの投稿 |
> | UIActivityTypeMessage | メッセージでの送信 |
> | UIActivityTypeMail | メールでの送信 |
> | UIActivityTypeCopyToPasteboard | クリップボードへのコピー |
> | UIActivityTypeAssignToContact | 連絡先への選択した人のアバター登録 |
> | UIActivityTypeSaveToCameraRoll | カメラロールへの保存 |
> | UIActivityTypeAddToReadingList | Safariのリーディングリストへの追加 |
> | UIActivityTypePostToFlickr | Frickrへの投稿 |
> | UIActivityTypePostToVimeo | Vimeoへの投稿 |
> | UIActivityTypePostToTencentWeibo | Tencent Weiboへの投稿 |
> | UIActivityTypeAirDrop | AirDropでの共有 |

117 Facebookに投稿できるようにしたい

Socialフレームワーク	SLComposeViewController	7.X

関連	116 ツイート機能を実現したい　P.288
利用例	Facebookにテキストや画像を投稿する場合

Facebookに投稿するには

SocialフレームワークのSLComposeViewControllerを利用して、Facebook、Twitterや微博(Weibo)などのSNS標準投稿画面を呼び出すことができます。AOuth認証などの認証処理はすべてiOS側で行っているので、投稿だけであれば、数行のコードで実装が可能です。

プロジェクトへ「Social.framework」を追加する

SLComposeViewControllerを利用するために、プロジェクトにSocialフレームワークを追加します。

●該当ソースでヘッダファイルをインポートするヘッダファイルをインポート

```
#import <Social/Social.h>
```

ライブラリのインポートで、SNS機能を利用することができるようになります。

Facebookへ投稿する機能を実装

SLComposeViewControllerを利用したFacebookへの投稿機能は以下のように実装します。

●Facebookへ投稿する機能を実装する

```
// Facebookが利用可能な端末か(端末のFacebookアカウントを設定しているか)を検証する
if ([SLComposeViewController isAvailableForServiceType:SLServiceTypeFacebook])
{
    // SLComposeViewControllerをSLServiceTypeFacebookを指定して作成します。
    SLComposeViewController *controller = [SLComposeViewController
            composeViewControllerForServiceType:SLServiceTypeFacebook];

    // テキスト
    [controller setInitialText:@"Facebookへ投稿"];
    // 画像
    [controller addImage:[UIImage imageNamed:@"shoeisha_logo.gif"]];
```

```objc
    // URL
    [controller addURL:[NSURL URLWithString:@"http://www.shoeisha.co.jp"]];

    // 処理終了後に呼び出されるコールバックを指定する
    SLComposeViewControllerCompletionHandler myBlock = 
^(SLComposeViewControllerResult result){

        if (result == SLComposeViewControllerResultCancelled) {
            // Cancelされた
            NSLog(@"Cancelled");

        } else {
            // Postされた
            NSLog(@"Post");
        }

        [controller dismissViewControllerAnimated:YES completion:Nil];
    };
    controller.completionHandler =myBlock;

    // モーダルで表示
    [self presentViewController:controller animated:YES completion:^{
        // SLComposeViewControllerが表示された時に呼ばれる
        NSLog(@"presentViewController completion");
    }];
} else {
    // 端末にFacebookアカウントを設定していない場合
    NSLog(@"Facebook is not Available");
}
```

118 [LINEで送る]ボタンを実装したい

URLスキーム	LINE	7.X
関連	—	
利用例	LINEアプリへテキストや画像を投稿する場合	

[LINEで送る]ボタンを実装するには

URLスキームを使って実装します。[LINEで送る]ボタンの設置方法の公式サイトを参考に設置してください。

表13.1 URLスキームの使い方

データ形式	URLスキーム	説明
テキスト	line://msg/text/{テキスト内容}	パーセントエンコーディング(utf-8)したテキスト内容を指定
画像	line://msg/image/{画像データ}	PasteBoardを使って画像データを指定

LINEにテキスト情報を投稿する方法

テキスト情報をLINEに投稿するには以下のように記述します。

●テキスト情報を投稿する

```
// 投稿内容
NSString *plainString = @"LINEで送る　投稿内容 http://www.shoeisha.co.jp";

// パーセントエンコーディング(utf-8)したテキスト情報の値を指定
NSString *contentKey = (__bridge NSString *)CFURLCreateStringByAddingPercentEscapes(
    NULL,
    (CFStringRef)plainString,
    NULL,
    (CFStringRef)@"!*'();:@&=+$,/?%#[]",
    kCFStringEncodingUTF8 );

// テキスト情報を送る時に指定
NSString *contentType = @"text";

NSString *urlString = [NSString stringWithFormat:@"line://msg/%@/%@",
    contentType, contentKey];
NSURL *url = [NSURL URLWithString:urlString];

// LINE に直接遷移
if ([[UIApplication sharedApplication] canOpenURL:url]) {
```

```
        [[UIApplication sharedApplication] openURL:url];
} else {
    // LINEがインストールされていない場合
    NSLog(@"the LINE app is not installed.");
}
```

LINEに画像を投稿する方法

画像をLINEに投稿するには以下のように記述します。

●LINEに画像を投稿する

```
// 必ずpasteboardをgeneralにすること
// iOS 7からgeneralでないとLINEへ画像を投稿できなくなっている
UIPasteboard * pasteboard = [UIPasteboard generalPasteboard];

NSString *imagePath = [[NSBundle mainBundle] pathForResource:@"shoeisha_logo"
ofType:@"jpg"];
UIImage *image = [[UIImage alloc]initWithContentsOfFile:imagePath];[pasteboard
setData:UIImageJPEGRepresentation(image, 0.5) forPasteboardType:@"public.jpeg"];

// 画像を送る時に指定
NSString *contentType = @"image";

NSString *urlString = [NSString stringWithFormat:@"line://msg/%@/%@",
contentType, pasteboard.name];
NSURL *url = [NSURL URLWithString:urlString];

// LINEに直接遷移
if ([[UIApplication sharedApplication] canOpenURL:url]) {
    [[UIApplication sharedApplication] openURL:url];
} else {
    // LINEがインストールされていない場合
    NSLog(@"the LINE app is not installed.");
}
```

> **NOTE**
>
> **プログラミングを始める前の注意点**
>
> プログラミングを始める前に必ず［LINEで送る］ボタンの利用ガイドを確認してください。
>
> ボタンを設置した時点でガイドラインに同意したとみなされます。ガイドラインにある通り、LINE側が用意した5種類の専用ボタン画像以外の使用は認められていないためです。
>
> ただし、専用アイコンの代わりに「LINEで送る」または「LINE」というテキスト文字を使用することができます。

MEMO

119 カレンダーのイベント情報を読み取りたい

| EventKitフレームワーク | EKEventStoreクラス | 7.X |

| 関　連 | 124　カレンダーへアクセスしたい　P.311 |
| 利用例 | 手帳アプリなど独自アプリを標準カレンダーと連携させる場合 |

カレンダーのイベント情報を読み取るには

EventKitフレームワークのEKEventStoreクラスのオブジェクトを利用します。カレンダーのイベント情報を読み取る前に、カレンダーへのアクセス許可状況を確認する必要があります。詳しくは レシピ124 「カレンダーへアクセスしたい」を参考にしてください。

プロジェクトへ「EventKit.framework」を追加する

EKEventStoreクラスを利用するために、プロジェクトにEventKitフレームワークを追加します。

●該当ソースでヘッダーファイルをインポートする

```
#import <EventKit/EventKit.h>
```

EKEventStoreオブジェクトを生成する

以下のようにEKEventStoreオブジェクトを生成します。

●EKEventStoreオブジェクトを生成する

```
// EKEventStoreを初期化する
self.eventStore = [[EKEventStore alloc] init];
```

読み取る対象カレンダーを指定する

イベント情報を取得する際、読み取る対象カレンダーを指定する必要があります。以下はデフォルトのカレンダーを指定する例です。

●読み取る対象カレンダーを指定する

```
// iPhone標準の設定アプリで指定した「デフォルトカレンダー」を指す
self.calendar = self.eventStore.defaultCalendarForNewEvents;
```

イベントを検索するためにNSPredicateオブジェクトを作成する

イベントを検索するためにNSPredicateオブジェクトを作成して、検索条件を設定します。

●NSPredicateオブジェクトを作成する

```
// 1日前から2日後までのイベントを検索するNSPredicateオブジェクトを作成する
NSCalendar *calendar = [NSCalendar currentCalendar];

// 1日前
NSDateComponents *oneDayAgoComponents = [[NSDateComponents alloc] init];
oneDayAgoComponents.day = -1;
NSDate *oneDayAgo = [calendar dateByAddingComponents:oneDayAgoComponents
                                              toDate:[NSDate date]
                                             options:0];
// 2日後
NSDateComponents *oneDayAfterComponents = [[NSDateComponents alloc] init];
oneDayAfterComponents.day = 2;
NSDate *oneDayAfter = [calendar dateByAddingComponents:oneDayAfterComponents
                                                toDate:[NSDate date]
                                               options:0];

// 読み取る対象カレンダーに設定されているイベントの検索を指定する
NSArray *calendarArray = [NSArray arrayWithObject:self.calendar];

//イベントを検索するためのNSPredicateオブジェクトを作成する
NSPredicate *predicate = [self.eventStore predicateForEventsWithStartDate:oneDayAgo
                                            endDate:oneDayAfter
                                          calendars:calendarArray];
```

イベントを検索する

EKEventStoreのeventsMatchingPredicate:メソッドにNSPredicateオブジェクトを渡して、イベントを検索します。

●イベントを検索する

```
NSMutableArray *events = [NSMutableArray arrayWithArray:[self.eventStore
eventsMatchingPredicate:predicate]];
```

イベント情報を取得

以下のようにイベントのプロパティを利用し、イベント情報を取得します。

● イベントのプロパティを取得する

```
for ( EKEvent * event in events ) {
    NSLog(@"EKEvent");
    NSLog(@"Title: %@, Start Date: %@, End Date: %@, Location: %@", event.title, ↵
event.startDate, event.endDate, event.location);
    NSLog(@"EKCalendarItem");
    NSLog(@"Calendar Title: %@, Calendar Source Type: %u", event.calendar.title, ↵
event.calendar.source.sourceType);
}
```

MEMO

120 イベントをカレンダーに登録したい

| EventKit.framework | EventKitUI.framework | EKEventEditViewController | 7.X |

関連	119 カレンダーのイベント情報を読み取りたい P.295
	124 カレンダーへアクセスしたい P.311

利用例	手帳アプリなど独自アプリを標準カレンダーと連携させる場合

イベントをカレンダーに登録するには

EKEventEditViewControllerを使います。カレンダーにアクセスする前に、カレンダーへのアクセス許可状況を確認する必要があります。詳しくは レシピ124 「カレンダーへアクセスしたい」を参考にしてください。

プロジェクトへ「EventKit.framework」および「EventKitUI.framework」を追加する

EKEventStoreとEKEventEditViewControllerを利用するために、プロジェクトにEventKitとEventKitUIフレームワークを追加します。

●該当ソースでヘッダーファイルをインポートする

```
#import <EventKit/EventKit.h>
#import <EventKitUI/EventKitUI.h>
```

EKEventStoreオブジェクトを生成する

EKEventStoreオブジェクトを生成するには以下のように記述します。

●EKEventStoreオブジェクトを生成する

```
// EKEventStoreを初期化する
self.eventStore = [[EKEventStore alloc] init];
```

登録対象カレンダーを指定する

イベントの登録は対象カレンダーを指定する必要があります。以下はデフォルトカレンダーを指定する例です。

●登録対象カレンダーを指定する

```
// iPhone標準の設定アプリで指定した「デフォルトカレンダー」を指す
self.calendar = self.eventStore.defaultCalendarForNewEvents;
```

新規に追加するEKEventオブジェクトを作成する

新規に追加するEKEventオブジェクトを作成し、イベントの詳細情報を設定します。

● EKEventオブジェクトを作成する

```
EKEvent *event = [EKEvent eventWithEventStore:_eventStore];
// タイトル
event.title = @"iOS開発勉強会";
// 場所
event.location = @"翔泳社";
// 開始時間
event.startDate = [NSDate date];
// 終了時間  86400秒のプレゼント
event.endDate = [NSDate dateWithTimeIntervalSinceNow:86400];
// メモ
event.notes = @"Mac持参";
```

イベント追加画面を表示する

EKEventEditViewControllerを作成し、イベント追加画面を表示します。

● イベント追加画面を表示する

```
// イベント追加画面を作成
EKEventEditViewController *addController = [[EKEventEditViewController alloc] 
init];

// イベントオブジェクトをイベント追加画面に渡す
addController.event = event;

// イベントストアをイベント追加画面に渡す
addController.eventStore = self.eventStore;

// 追加の通知を受け取るためのデリゲートを設定
addController.editViewDelegate = self;

// イベント追加画面をモーダル画面として表示
[self presentViewController:addController animated:YES completion:nil];
```

EKEventEditViewControllerの処理対象を設定

EKEventEditViewControllerの処理対象を指定した「デフォルトカレンダー」にします。

●「デフォルトカレンダー」にする

```
- (EKCalendar *)eventEditViewControllerDefaultCalendarForNewEvents:
(EKEventEditViewController *)controller
{
    // iPhone標準の設定アプリで指定した、「デフォルトカレンダー」を指す
    self.calendar = self.eventStore.defaultCalendarForNewEvents;

    return self.calendar;
}
```

通知を受け取るためのデリゲート

ユーザーがイベント追加画面を終了した時の通知を受け取るためのデリゲートを以下のように実装します。

●通知を受け取るためのデリゲートを実装する

```
// モーダルモードのView Controller を閉じるeventEditViewController:
// didCompleteWithAction:メソッドを実装する
- (void)eventEditViewController:(EKEventEditViewController *)controller
                didCompleteWithAction:(EKEventEditViewAction)action
{
    ViewController * __weak weakSelf = self;
    weakSelf.feedbackMsg.hidden = NO;

    // モーダルのイベント追加画面を閉じる
    [self dismissViewControllerAnimated:YES completion:^
     {
        dispatch_async(dispatch_get_main_queue(), ^{
            NSError *error = nil;
            switch (action) {
                case EKEventEditViewActionCanceled:
                    // キャンセルボタンが押されたら
                    weakSelf.feedbackMsg.text = @"登録がキャンセルされました。";
                    break;
                case EKEventEditViewActionSaved:
                {
                    // 完了ボタンが押されたら
                    [controller.eventStore saveEvent:controller.event
span:EKSpanThisEvent error:&error];
                    weakSelf.feedbackMsg.text = @"イベントが登録されました。";
```

```
                }
                    break;
                default:
                    break;
            }
        });
    }];
}
```

MEMO

121 タスクをリマインダーに登録したい

| EventKitフレームワーク | EKReminderクラス | 7.X |

| 関 連 | 125 リマインダーへアクセスしたい P.314 |
| 利用例 | 手帳アプリなど独自アプリを標準リマインダーアプリと連携させる場合 |

リマインダーにタスクを登録するには

EventKitフレームワークのEKReminderクラスのオブジェクトを利用します。

リマインダーにアクセスする前に、リマインダーへのアクセス許可状況を確認する必要があります。詳しくは レシピ125 「リマインダーへアクセスしたい」を参考にしてください。

プロジェクトへ「EventKit.framework」を追加する

EKReminderを利用するために、プロジェクトにEventKitフレームワークを追加します。

●該当ソースでヘッダーファイルをインポートする

```
#import <EventKit/EventKit.h>
```

EKEventStoreオブジェクトを生成する

EKEventStoreオブジェクトを生成します。

●EKEventStoreオブジェクトを生成する

```
// EKEventStoreを初期化する
self.eventStore = [[EKEventStore alloc] init];
```

新規に追加するEKReminderオブジェクトを作成する

新規に追加するEKReminderオブジェクトを作成し、リマインダーの詳細情報を設定します。

●EKReminderオブジェクトを作成する

```
EKReminder *reminder = [EKReminder
                        reminderWithEventStore:self.eventStore];

// タイトルを設定する
reminder.title = _reminderText.text;
```

```objc
// iPhone標準の設定アプリで指定した、「デフォルトカレンダー」を指す
reminder.calendar = [_eventStore defaultCalendarForNewReminders];

// DatePickerで入力した日時を取得
NSDate *date = [_datePicker date];

// Alarmを設定する
EKAlarm *alarm = [EKAlarm alarmWithAbsoluteDate:date];
[reminder addAlarm:alarm];

// 期限を設定する
// 入力した日時＋1時間
reminder.dueDateComponents =
            [[NSCalendar currentCalendar] components: NSMinuteCalendarUnit |
            NSHourCalendarUnit | NSDayCalendarUnit | NSMonthCalendarUnit |
            NSYearCalendarUnit
                        fromDate:[date dateByAddingTimeInterval:1*60*60]];
```

タスクをリマインダーに登録する

タスクをリマインダーに登録するには以下のように記述します。

● タスクをリマインダーに登録する

```objc
NSError *error = nil;
BOOL success = [_eventStore saveReminder:reminder commit:YES error:&error];
if (!success) {
    NSLog(@"error = %@", error);
    // 登録に失敗した場合
    UIAlertView *alert = [[UIAlertView alloc] initWithTitle:@"警告"
                                  message:@"リマインダーへのタスク登録が失敗しました。"
                                  delegate:nil
                        cancelButtonTitle:@"OK"
                        otherButtonTitles:nil];
    [alert show];
} else {
    // 登録に成功した場合
    UIAlertView *alert = [[UIAlertView alloc] initWithTitle:@"完了"
                                    message:@"リマインダーへタスクを登録しました。"
                                    delegate:nil
                          cancelButtonTitle:@"OK"
                          otherButtonTitles:nil];
    [alert show];
}
```

122 位置情報サービスへアクセスしたい

CLLocationManagerクラス		7.X
関　連	—	
利用例	利用者の今いる位置を取得し、それに応じた情報を提供する場合	

▎位置情報サービスへアクセスを許可するには

　写真、連絡先、位置情報など個人情報にアクセスする時に、ユーザーの許可が必要です。iOSの標準設定アプリの「機能制限」または「プライバシー設定」にて特定機能の利用制限およびアクセス制限を行います。
　位置情報サービスの利用を開始する前に、位置情報サービスへのアクセスが許可されているかの認証状態を取得することが必要です。

▎位置情報サービスへの認証状態を取得するには

　CLLocationManagerクラスのクラスメソッド「+ (CLAuthorizationStatus) authorizationStatus」を使用します。このメソッドを実行するとCLAuthorizationStatusで定義される表13.1のステータスが返されます。

表13.1 位置情報サービスの認証状態

設定値	説明
kCLAuthorizationStatusNotDetermined	アプリ起動後、位置情報サービスへのアクセスを許可するかまだ選択されていない状態
kCLAuthorizationStatusRestricted	「設定」→「一般」→「機能制限」により位置情報サービスの利用が制限されている状態
kCLAuthorizationStatusDenied	ユーザーがこのアプリでの位置情報サービスへのアクセスを許可していない状態
kCLAuthorizationStatusAuthorized	ユーザーがこのアプリでの位置情報サービスへのアクセスを許可している状態

●位置情報サービスへの認証状態を取得する

```
CLAuthorizationStatus status = [CLLocationManager authorizationStatus];

switch (status) {
    case kCLAuthorizationStatusAuthorized:
    // 位置情報サービスへのアクセスが許可されている
    case kCLAuthorizationStatusNotDetermined:
    // アプリ起動後、位置情報サービスへのアクセスを許可するかまだ選択されていない状態
    {
```

```objc
        // 位置情報サービスへのアクセスを許可するか確認するダイアログを表示する
        self.locationManager = [[CLLocationManager alloc] init];
        self.locationManager.delegate = self;
        [self.locationManager startUpdatingLocation];
        _getLocationButton.enabled = NO;
        _startUpdatingLocationAt = [NSDate date];
    }
        return YES;
    case kCLAuthorizationStatusRestricted:
        // 設定 > 一般 > 機能制限で位置情報サービスの利用が制限されている
    {
        [[[UIAlertView alloc] initWithTitle:nil
                                    message:NSLocalizedString
(@"機能制限で位置情報サービスの利用が制限されている", nil)
                                   delegate:nil
                          cancelButtonTitle:nil
                          otherButtonTitles:@"OK", nil] show];
        _getLocationButton.enabled = YES;
    }
        return NO;
    case kCLAuthorizationStatusDenied:
        // ユーザーがこのアプリでの位置情報サービスへのアクセスを許可していない
    {
        [[[UIAlertView alloc] initWithTitle:nil
                                    message:NSLocalizedString
(@"ユーザーがこのアプリでの位置情報サービスへのアクセスを許可していない", nil)
                                   delegate:nil
                          cancelButtonTitle:nil
                          otherButtonTitles:@"OK", nil] show];
        _getLocationButton.enabled = YES;
    }
        return NO;
    default:
    {
        [[[UIAlertView alloc] initWithTitle:nil
                                    message:NSLocalizedString
(@"位置情報サービスの認証情報が取得できない", nil)
                                   delegate:nil
                          cancelButtonTitle:nil
                          otherButtonTitles:@"OK", nil] show];
        _getLocationButton.enabled = YES;
    }
        return NO;
}
```

位置情報サービス設定変更の検知（CLLocationManagerDelegate）

位置情報サービスの設定が変更された場合、デリゲートメソッドが呼ばれます。位置情報サービスの設定状態に応じ（表13.2）、処理を行う必要があります。

表13.2 デリゲートメソッド

設定値	説明
kCLAuthorizationStatusNotDetermined	位置情報のリセットをした場合など
kCLAuthorizationStatusRestricted	機能制限で位置情報サービスの利用を「オフ」から変更できないようにした場合
kCLAuthorizationStatusDenied	ユーザーがこのアプリの位置情報サービスへのアクセス許可を「オフ」にした場合
kCLAuthorizationStatusAuthorized	ユーザーがこのアプリの位置情報サービスへのアクセス許可を「オン」にした場合

● デリゲートメソッドを実装する

```
- (void)locationManager:(CLLocationManager *)manager didChangeAuthorizationStatus:(CLAuthorizationStatus)status
{
    switch (status) {
        case kCLAuthorizationStatusRestricted:
        // 機能制限で位置情報サービスの利用を「オフ」から変更できないようにした場合
        {
            // 位置情報サービスを停止する
            [self stopLocationService];
            _getLocationButton.enabled = YES;
            [[[UIAlertView alloc] initWithTitle:nil
                                        message:NSLocalizedString
(@"機能制限で位置情報サービスの利用が制限されています", nil)
                                       delegate:nil
                              cancelButtonTitle:nil
                              otherButtonTitles:@"OK", nil] show];
        }
            break;

        case kCLAuthorizationStatusDenied:
        // ユーザーがこのアプリの位置情報サービスへのアクセス許可を「オフ」にした場合
        {
            // 位置情報サービスを停止する
            [self stopLocationService];
            _getLocationButton.enabled = YES;
            [[[UIAlertView alloc] initWithTitle:nil
                                        message:NSLocalizedString
(@"ユーザーがこのアプリでの位置情報サービスへのアクセスを許可していません", nil)
```

```
                             delegate:nil
                    cancelButtonTitle:nil
                    otherButtonTitles:@"OK", nil] show];

    }
        break;
    default:
        break;
    }
}
```

MEMO

123 連絡先へアクセスしたい

ABAddressBookGetAuthorizationStatus関数		7.X
関　連	―	
利用例	iOS端末の連絡先と連携する場合	

▍連絡先へアクセスを許可するには

　写真、連絡先、位置情報など個人情報にアクセスする時に、ユーザーの許可が必要です。iOSの標準設定アプリの「機能制限」または「プライバシー設定」にて特定機能の利用制限およびアクセス制限を行います。

　連絡先の利用を開始する前に、連絡先へのアクセスが許可されているかの認証状態を取得することが必要です。

▍アドレス帳への認証状態（ユーザーがアクセスを許可しているか）を取得するには

　ABAddressBookGetAuthorizationStatus関数を使用します。この関数を実行するとABAuthorizationStatusで定義される表13.1のステータスが返されます。

表13.1　アドレス帳への認証状態

設定値	説明
kABAuthorizationStatusNotDetermined	アプリ起動後、アドレス帳へのアクセスを許可するかまだ選択されていない状態
kABAuthorizationStatusRestricted	「設定」→「一般」→「機能制限」によりアドレス帳の利用が制限されている状態
kABAuthorizationStatusDenied	ユーザーがこのアプリでのアドレス帳へのアクセスを許可していない状態
kABAuthorizationStatusAuthorized	ユーザーがこのアプリでのアドレス帳へのアクセスを許可している状態

●アドレス帳への認証状態を取得する

```
ABAuthorizationStatus status = ABAddressBookGetAuthorizationStatus();

// ユーザーにまだアクセスの許可を求めていない場合
if(status == kABAuthorizationStatusNotDetermined) {
    UIAlertView *alert = [[UIAlertView alloc] initWithTitle:@"プライバシー状態"
                                                    message:@"ユーザーにまだアク↵
セスの許可を求めていない"
                                                   delegate:nil
                                          cancelButtonTitle:@"OK"
```

```
                                        otherButtonTitles:nil];
    [alert show];
}
// iPhoneの設定の「機能制限」でアドレス帳へのアクセスを制限している場合
else if(status == kABAuthorizationStatusRestricted) {
    UIAlertView *alert = [[UIAlertView alloc] initWithTitle:@"プライバシー状態"
                                        message:@"iPhoneの設定の「機能↲
制限」でアドレス帳へのアクセスを制限している"
                                        delegate:nil
                                        cancelButtonTitle:@"OK"
                                        otherButtonTitles:nil];
    [alert show];
}
// アドレス帳へのアクセスをユーザーから拒否されている場合
else if(status == kABAuthorizationStatusDenied) {
    UIAlertView *alert = [[UIAlertView alloc] initWithTitle:@"プライバシー状態"
                                        message:@"アドレス帳へのアク↲
セスをユーザーから拒否されている"
                                        delegate:nil
                                        cancelButtonTitle:@"OK"
                                        otherButtonTitles:nil];
    [alert show];
}
// アドレス帳へのアクセスをユーザーが許可している場合
else if(status == kABAuthorizationStatusAuthorized) {
    UIAlertView *alert = [[UIAlertView alloc] initWithTitle:@"プライバシー状態"
                                        message:@"アドレス帳へのアク↲
セスをユーザーが許可している"
                                        delegate:nil
                                        cancelButtonTitle:@"OK"
                                        otherButtonTitles:nil];
    [alert show];
}
```

意図したタイミングで使用許可を取得

　意図したタイミングで使用許可を取得したい場合はABAddressBookRequestAccessWithCompletion関数を使用します。

　この関数を実行すると、ユーザーにまだアクセスの許可を求めていない場合に、連絡先の使用を許可するか禁止するかを選択するメッセージボックスが表示されます。

　第1引数は、許可するかどうかを問い合わせる対象のアドレス帳を渡します。第2引数は、ユーザーによって連絡先の使用許可が判断されたあとに実行する処理をBlocksで用意します。

●連絡先の[表示]ボタンを押下した時の処理

```objc
ViewController * __weak weakSelf = self;
ABAddressBookRequestAccessWithCompletion(self.addressBook, ^(bool granted, CFErrorRef error)
    {
        if (granted)
        {
            // ユーザーがアドレス帳へのアクセスを許可した場合、grantedにtrueが入る
            dispatch_async(dispatch_get_main_queue(), ^{
                [weakSelf showPeoplePickerController];
            });
        } else {
            // ユーザーが「許可しない」をタップした場合は、grantedにfalseが入る
            // アラートを表示する
            UIAlertView *alert = [[UIAlertView alloc] initWithTitle:@"Privacy Warning"
                                                            message:@"アドレス帳へのアクセスをユーザーから拒否されていました。"
                                                           delegate:nil
                                                  cancelButtonTitle:@"OK"
                                                  otherButtonTitles:nil];
            [alert show];
        }
    }
);
```

> **NOTE**
> **使用許可の確認について**
> 使用許可の確認は非同期で行われるため、注意してください。

124 カレンダーへアクセスしたい

EKEventStoreクラス　　7.X

関　連	119　カレンダーのイベント情報を読み取りたい　P.295
利用例	iOSカレンダーと連携する場合

▍カレンダーへのアクセスを許可するには

カレンダーにアクセスする時、ユーザーの許可が必要です。

iOSの標準設定アプリの「機能制限」または「プライバシー設定」にてカレンダーの利用制限およびアクセス制限を行います。カレンダーの利用を開始する前に、カレンダーへのアクセスが許可されているかの認証状態を取得するのが必要です。

▍カレンダーへの認証状態（ユーザーがアクセスを許可しているか）を取得するには

EKEventStoreクラスのクラスメソッド「＋(EKAuthorizationStatus)authorizationStatusForEntityType:」を使用します。EntityTypeはEKEntityTypeEventを指定します。

このメソッドを実行するとEKAuthorizationStatusで定義される表13.1のステータスが返されます。

表13.1　カレンダーへの認証状態

設定値	説明
EKAuthorizationStatusNotDetermined	アプリ起動後、カレンダーへのアクセスを許可するかまだ選択されていない状態
EKAuthorizationStatusRestricted	「設定」→「一般」→「機能制限」によりカレンダーの利用が制限されている状態
EKAuthorizationStatusDenied	ユーザーがこのアプリでのカレンダーへのアクセスを許可していない状態
EKAuthorizationStatusAuthorized	ユーザーがこのアプリでのカレンダーへのアクセスを許可している状態

●カレンダーへの認証状を取得する

```
// アクセス許可についてのステータスを取得する
EKAuthorizationStatus status = [EKEventStore authorizationStatusForEntityType:↵
EKEntityTypeEvent];

// ユーザーにまだアクセスの許可を求めていない場合
if(status == EKAuthorizationStatusNotDetermined) {
```

```objc
        UIAlertView *alert = [[UIAlertView alloc] initWithTitle:@"プライバシー状態"
                                                        message:@"ユーザーにまだアク
セスの許可を求めていない"
                                                       delegate:nil
                                              cancelButtonTitle:@"OK"
                                              otherButtonTitles:nil];
        [alert show];
    }
    // iPhoneの設定の「機能制限」でカレンダーへのアクセスを制限している場合
    else if(status == EKAuthorizationStatusRestricted) {
        UIAlertView *alert = [[UIAlertView alloc] initWithTitle:@"プライバシー状態"
                                                        message:@"iPhoneの設定の「機能
制限」でカレンダーへのアクセスを制限している"
                                                       delegate:nil
                                              cancelButtonTitle:@"OK"
                                              otherButtonTitles:nil];
        [alert show];
    }
    // カレンダーへのアクセスをユーザーから拒否されている場合
    else if(status == EKAuthorizationStatusDenied) {
        UIAlertView *alert = [[UIAlertView alloc] initWithTitle:@"プライバシー状態"
                                                        message:@"カレンダーへのアク
セスをユーザーから拒否されている"
                                                       delegate:nil
                                              cancelButtonTitle:@"OK"
                                              otherButtonTitles:nil];
        [alert show];
    }
    // カレンダーへのアクセスをユーザーが許可している場合
    else if(status == EKAuthorizationStatusAuthorized) {
        UIAlertView *alert = [[UIAlertView alloc] initWithTitle:@"プライバシー状態"
                                                        message:@"カレンダーへのアク
セスをユーザーが許可している"
                                                       delegate:nil
                                              cancelButtonTitle:@"OK"
                                              otherButtonTitles:nil];
        [alert show];
    }
```

意図したタイミングで使用許可を取得

　意図したタイミングで使用許可を取得したい場合は、requestAccessToEntityType:completion:関数を使用します。

　この関数を実行すると、ユーザーにまだアクセスの許可を求めていない場合に、カレンダーの使用を許可するか禁止するかを選択するメッセージボックスが表示されます。

第1引数は、EKEntityTypeEventを設定します。第2引数は、ユーザーによってカレンダーの使用許可が判断されたあとに実行する処理をBlocksで用意します。

● 意図したタイミングで使用許可を取得する

```
[self.eventStore requestAccessToEntityType:EKEntityTypeEvent completion:
^(BOOL granted, NSError *error)
{
    __weak id weakSelf = self;
    if (granted) {
        // ユーザーがアクセスを許可した場合
        // メインスレッドを止めないためにdispatch_asyncを使って処理を
        // バックグラウンドで行う
        dispatch_async(dispatch_get_main_queue(), ^{
            // 許可されたら、デフォルトカレンダーへのアクセスを行う
            [weakSelf showEKEventEditView];
        });
    } else {
        // ユーザーがアクセス拒否した場合
        // UIAlertViewの表示をメインスレッドで行う
        dispatch_async(dispatch_get_main_queue(), ^{
            [[[UIAlertView alloc] initWithTitle:@"確認"
                                        message:@"このアプリのカレンダーへ
のアクセスを許可するには、プライバシーから設定する必要があります。"
                                       delegate:nil
                              cancelButtonTitle:@"OK"
                              otherButtonTitles:nil]
                show];
        });
    }
}];
```

NOTE
使用許可の確認について
使用許可の確認は非同期で行われるため、注意してください。

125 リマインダーへアクセスしたい

EKEventStoreクラス		7.X
関　連	―	
利 用 例	手帳アプリなど独自アプリを標準リマインダーアプリと連携させる場合	

▍リマインダーへのアクセスを許可するには

リマインダーにアクセスする時に、ユーザーの許可が必要です。

iOSの標準設定アプリの「機能制限」または「プライバシー設定」にてリマインダーの利用制限およびアクセス制限を行います。

リマインダーの利用を開始する前に、リマインダーへのアクセスが許可されているかの認証状態を取得することが必要です。

▍リマインダーへの認証状態（ユーザーがアクセスを許可しているか）を取得するには

EKEventStoreクラスのクラスメソッド「+(EKAuthorizationStatus)authorizationStatusForEntityType:」を使用します。

EntityTypeはEKEntityTypeReminderを指定します。このメソッドを実行するとEKAuthorizationStatusで定義される表13.1のステータスが返されます。

表13.1 カレンダーへの認証状態

設定値	説明
EKAuthorizationStatusNotDetermined	アプリ起動後、リマインダーへのアクセスを許可するかまだ選択されていない状態
EKAuthorizationStatusRestricted	「設定」→「一般」→「機能制限」によりリマインダーの利用が制限されている状態
EKAuthorizationStatusDenied	ユーザーがこのアプリでのリマインダーへのアクセスを許可していない状態
EKAuthorizationStatusAuthorized	ユーザーがこのアプリでのリマインダーへのアクセスを許可している状態

●リマインダーへの認証状態を取得する

```
// アクセス許可についてのステータスを取得する
EKAuthorizationStatus status = [EKEventStore
authorizationStatusForEntityType:EKEntityTypeReminder];

// ユーザーにまだアクセスの許可を求めていない場合
if(status == EKAuthorizationStatusNotDetermined) {
```

```objc
    UIAlertView *alert = [[UIAlertView alloc] initWithTitle:@"プライバシー状態"
                                                    message:@"ユーザーにまだアク↵
セスの許可を求めていない"
                                                   delegate:nil
                                          cancelButtonTitle:@"OK"
                                          otherButtonTitles:nil];
    [alert show];
}
// iPhoneの設定の「機能制限」でカレンダーへのアクセスを制限している場合
else if(status == EKAuthorizationStatusRestricted) {
    UIAlertView *alert = [[UIAlertView alloc] initWithTitle:@"プライバシー状態"
                                                    message:@"iPhoneの設定の「機能↵
制限」でリマインダーへのアクセスを制限している"
                                                   delegate:nil
                                          cancelButtonTitle:@"OK"
                                          otherButtonTitles:nil];
    [alert show];
}
// リマインダーへのアクセスをユーザーから拒否されている場合
else if(status == EKAuthorizationStatusDenied) {
    UIAlertView *alert = [[UIAlertView alloc] initWithTitle:@"プライバシー状態"
                                                    message:@"リマインダーへのア↵
クセスをユーザーから拒否されている"
                                                   delegate:nil
                                          cancelButtonTitle:@"OK"
                                          otherButtonTitles:nil];
    [alert show];
}
// リマインダーへのアクセスをユーザーが許可している場合
else if(status == EKAuthorizationStatusAuthorized) {
    UIAlertView *alert = [[UIAlertView alloc] initWithTitle:@"プライバシー状態"
                                                    message:@"リマインダーへのア↵
クセスをユーザーが許可している"
                                                   delegate:nil
                                          cancelButtonTitle:@"OK"
                                          otherButtonTitles:nil];
    [alert show];
}
```

意図したタイミングで使用許可を取得

意図したタイミングで使用許可を取得したい場合は、requestAccessToEntityType:completion:関数を使用します。

この関数を実行すると、ユーザーにまだアクセスの許可を求めていない場合に、リマインダーの使用を許可するか禁止するかを選択するメッセージボックスが表示されます。

第1引数は、EKEntityTypeReminderを設定します。第2引数は、ユーザーによってリマインダーの使用許可が判断されたあとに実行する処理をBlocksで用意します。

●意図したタイミングで使用許可を取得する

```
[self.eventStore requestAccessToEntityType:EKEntityTypeReminder completion:^
(BOOL granted, NSError *error)
{
        __weak id weakSelf = self;
    if (granted) {
            // ユーザーがアクセスを許可した場合
            // メインスレッドを止めないためにdispatch_asyncを使って
            // 処理をバックグラウンドで行う
            dispatch_async(dispatch_get_main_queue(), ^{
                    // 許可されたら、EKEntityTypeReminderへのアクセスを行う
                    [weakSelf doingSomethingWithReminder];
                });
    } else {
            // ユーザーがアクセス拒否した場合
            // UIAlertViewの表示をメインスレッドで行う
            dispatch_async(dispatch_get_main_queue(), ^{
                    [[[UIAlertView alloc] initWithTitle:@"確認"
                                                message:@"このアプリのリマインダー
へのアクセスを許可するには、プライバシーから設定する必要があります。"
                                               delegate:nil
                                      cancelButtonTitle:@"OK"
                                      otherButtonTitles:nil]
                 show];
            });
    }
}];
```

> **NOTE**
> 使用許可の確認について
> 使用許可の確認は非同期で行われるため、注意してください。

126 写真へアクセスしたい

ALAssetsLibraryクラス　　　　　　　　　　　　　　　　　　　　　　　　　　　　　　7.X

関　連	―
利用例	カメラロールから写真を読み取る場合

写真へのアクセスを許可するには

写真にアクセスする時に、ユーザーの許可が必要です。iOSの標準設定アプリの「機能制限」または「プライバシー設定」にて、写真の利用制限およびアクセス制限を行います。写真の利用を開始する前に、写真へのアクセスが許可されているかの認証状態を取得することが必要です。

写真への認証状態（ユーザがアクセスを許可しているか）を取得するには

ALAssetsLibraryクラスのクラスメソッド「+(ALAuthorizationStatus)authorizationStatus:」を使用します。このメソッドを実行するとALAuthorizationStatusで定義される表13.1のステータスが返されます。

表13.1　カレンダーへの認証状態

設定値	説明
ALAuthorizationStatusNotDetermined	アプリ起動後、写真へのアクセスを許可するかまだ選択されていない状態
ALAuthorizationStatusRestricted	「設定」→「一般」→「機能制限」により写真の利用が制限されている状態
ALAuthorizationStatusDenied	ユーザーがこのアプリでの写真へのアクセスを許可していない状態
ALAuthorizationStatusAuthorized	ユーザーがこのアプリでの写真へのアクセスを許可している状態

●アクセス許可についてのステータスを取得する

```
ALAuthorizationStatus status = [ALAssetsLibrary authorizationStatus];

// ユーザーにまだアクセスの許可を求めていない場合
if(status == ALAuthorizationStatusNotDetermined) {
    UIAlertView *alert = [[UIAlertView alloc] initWithTitle:@"プライバシー状態"
                                                    message:@"ユーザーにまだアク↲
セスの許可を求めていない"
                                                   delegate:nil
                                          cancelButtonTitle:@"OK"
                                          otherButtonTitles:nil]
```

```objc
    [alert show];
}
// iPhoneの設定の「機能制限」で写真へのアクセスを制限している場合
else if(status == ALAuthorizationStatusRestricted) {
    UIAlertView *alert = [[UIAlertView alloc] initWithTitle:@"プライバシー状態"
                                                    message:@"iPhoneの設定の「機
能制限」で写真へのアクセスを制限している"
                                                   delegate:nil
                                          cancelButtonTitle:@"OK"
                                          otherButtonTitles:nil];
    [alert show];
}
// 写真へのアクセスをユーザーから拒否されている場合
else if(status == ALAuthorizationStatusDenied) {
    UIAlertView *alert = [[UIAlertView alloc] initWithTitle:@"プライバシー状態"
                                                    message:@"写真へのアクセスを
ユーザーから拒否されている"
                                                   delegate:nil
                                          cancelButtonTitle:@"OK"
                                          otherButtonTitles:nil];
    [alert show];
}
// 写真へのアクセスをユーザーが許可している場合
else if(status == ALAuthorizationStatusAuthorized) {
    UIAlertView *alert = [[UIAlertView alloc] initWithTitle:@"プライバシー状態"
                                                    message:@"写真へのアクセスを
ユーザーが許可している"
                                                   delegate:nil
                                          cancelButtonTitle:@"OK"
                                          otherButtonTitles:nil];
    [alert show];
}
```

意図したタイミングで写真の利用を開始する

ユーザーにまだアクセスの許可を求めていない場合に、写真の使用を許可するか禁止するかを選択するメッセージボックスが表示されます。ユーザーの選択に応じた処理を行いましょう。

●意図したタイミングで写真の利用を開始する処理

```objc
// ユーザーにまだアクセスの許可を求めていない場合
if ([ALAssetsLibrary authorizationStatus] == ALAuthorizationStatusNotDetermined) {
    ALAssetsLibrary *assetsLibrary = [[ALAssetsLibrary alloc] init];
    [assetsLibrary enumerateGroupsWithTypes:ALAssetsGroupAll
usingBlock:^(ALAssetsGroup *group, BOOL *stop) {
```

13.5 アクセス許可

```
        if (*stop) {
            // ユーザーがアクセスを許可した場合
            UIAlertView *alert = [[UIAlertView alloc] initWithTitle:@"プライバシー状態"
                                                            message:@"写真へのアクセスをユーザーから許可されている"
                                                           delegate:nil
                                                  cancelButtonTitle:@"OK"
                                                  otherButtonTitles:nil];
            [alert show];
            return;
        }
        *stop = TRUE;
    } failureBlock:^(NSError *error) {
        // ユーザーがアクセス拒否した場合
        [self dismissViewControllerAnimated:YES completion:nil];
        UIAlertView *alert = [[UIAlertView alloc] initWithTitle:@"プライバシー状態"
                                                        message:@"写真へのアクセスをユーザーから拒否されている"
                                                       delegate:nil
                                              cancelButtonTitle:@"OK"
                                              otherButtonTitles:nil];
        [alert show];
    }];
}
```

127 FacebookやTwitterなどのSNSアカウントを利用したい

ACAccountStoreクラス		7.X
関連	116 ツイート機能を実現したい P.288 117 Facebookに投稿できるようにしたい P.290	
利用例	FacebookやTwitterのAPIを利用して、SNS投稿を行う場合	

iOS内に保存されているSNSアカウント情報の参照をするには

ユーザーの許可が必要です。iOSの標準設定アプリの「機能制限」または「プライバシー設定」にてのアカウント情報利用制限およびアクセス制限を行います。アカウント情報の利用を開始する前に、アカウント情報へのアクセスが許可されているかの認証状態を取得することが必要です。

端末のTwitterアカウントへのアクセス権を取得するには

ACAccountTypeをTwitterに指定して、ACAccountStoreクラスのrequestAccessToAccountsWithType:メソッドを使用します。ユーザーがこのアプリに対して許可を与えていないなら、Alertが表示されます。

●Twitterアカウントへのアクセス権を取得する

```
// ACAccountStoreオブジェクトを生成
ACAccountStore *account = [[ACAccountStore alloc] init];

// ACAccountTypeの取得
ACAccountType *accountType = [account accountTypeWithAccountTypeIdentifier:
ACAccountTypeIdentifierTwitter];

// 端末のTwitterアカウントのアクセス権を求まる
[account requestAccessToAccountsWithType:accountType
                                  options:nil
                               completion:^(BOOL granted, NSError *error)
{
        if (granted) {
                // ユーザーがアクセスを許可した場合
                // 端末に登録されたTwtitterアカウント(ACAccount)配列を取得
                NSArray *arrayOfAccounts = [account
accountsWithAccountType:accountType];
                if ([arrayOfAccounts count] > 0)
                {
                        ACAccount *twitterAccount = [arrayOfAccounts lastObject];
```

```objc
                    // Twitter APIを利用して、Twitterへのアクセスを行う
                    NSDictionary *message = [NSDictionary dictionaryWith
ObjectsAndKeys:@"My First Twitter post from iOS", @"status",nil];

                    NSURL *requestURL = [NSURL URLWithString:@"https://api.
twitter.com/1.1/statuses/update.json"];

                    // SLRequestを使用
                    SLRequest *postRequest = [SLRequest requestForServiceType:
SLServiceTypeTwitter
                                    requestMethod:SLRequestMethodPOST
                                    URL:requestURL
                                    parameters:message];
                    // アカウントを指定
                    postRequest.account = twitterAccount;
                    // リクエストを発行
                    [postRequest performRequestWithHandler:^(NSData
*responseData, NSHTTPURLResponse *urlResponse, NSError *error)
                    {
                            NSLog(@"Response, %@",[urlResponse description]);
                            dispatch_async(dispatch_get_main_queue(), ^{
                                    [[[UIAlertView alloc] initWithTitle:@"確認"
message:[NSString stringWithFormat:@"Twitter HTTP response: %d",[urlResponse status
Code]]
                                            delegate:nil
                                            cancelButtonTitle:@"OK"
                                            otherButtonTitles:nil]
                                    show];
                            });
                    }];
            }
        } else {
                    // ユーザーがアクセスを拒否した場合
                    dispatch_async(dispatch_get_main_queue(), ^{
                            [[[UIAlertView alloc] initWithTitle:@"
確認"
                                    message:@"このアプリのTwitterアカウント
へのアクセスを許可するには、プライバシーから設定する必要があります。"
                                    delegate:nil
                                    cancelButtonTitle:@"OK"
                                    otherButtonTitles:nil]
                            show];
                    });
        }
}];
```

端末のFacebookアカウントへのアクセス権を取得するには

ACAccountTypeをFacebookに指定して、ACAccountStoreクラスのrequestAccessToAccountsWithType:メソッドを使用します。ユーザーがこのアプリに対して許可を与えていないなら、Alertが表示されます。

●Facebookアカウントへのアクセス権を取得する

```
// ACAccountStoreオブジェクトを生成
ACAccountStore *accountStore = [[ACAccountStore alloc] init];

// ACAccountTypeの取得
ACAccountType *accountTypeFacebook = [accountStore accountTypeWithAccountType
Identifier:ACAccountTypeIdentifierFacebook];

NSDictionary *options = @{ACFacebookAppIdKey: @"<YOUR FACEBOOK APP ID KEY HERE>",
                          ACFacebookPermissionsKey: @[@"publish_
stream",@"publish_actions"],
                          ACFacebookAudienceKey: ACFacebookAudienceFriends
                          };

// 端末のFacebookアカウントのアクセス権を求める
[accountStore requestAccessToAccountsWithType:accountTypeFacebook
                               options:options
                               completion:^(BOOL granted, NSError *error)
{
    if(granted) {
        // ユーザーがアクセスを許可した場合
        // 端末に登録されたFacebookアカウント(ACAccount)配列を取得し、SLRequestを
        // 使用したWebAPIの呼び出しを行う
        NSArray *accounts = [accountStore accountsWithAccountType:
accountTypeFacebook];

        // アカウントを指定
        ACAccount *facebookAccount = [accounts lastObject];

        NSDictionary *parameters = @{@"access_token":facebookAccount.credential.
oauthToken,
                          @"message": @"My first iOS Facebook
posting"};

        // Facebook APIを利用して、Facebookへのアクセスを行う
        NSURL *requestURL = [NSURL URLWithString:@"https://graph.facebook.com/
me/feed"];

        // SLRequestを使用
        SLRequest *postRequest = [SLRequest requestForServiceType:
SLServiceTypeFacebook
```

```
                                        requestMethod:SLRequestMethodPOST
                                                   URL:requestURL
                                            parameters:parameters];

        // リクエストを発行
        [postRequest performRequestWithHandler:^(NSData *responseData, ↵
NSHTTPURLResponse *urlResponse, NSError *error)
        {
            NSLog(@"Response, %@",[urlResponse description]);

            dispatch_async(dispatch_get_main_queue(), ^{
                [[[UIAlertView alloc] initWithTitle:@"確認"
                                            message:[NSString ↵
stringWithFormat:@"Facebook HTTP response: %d",[urlResponse statusCode]]
                                           delegate:nil
                                  cancelButtonTitle:@"OK"
                                  otherButtonTitles:nil]
                 show];
            });
        }];
    } else {
        // ユーザーがアクセスを拒否した場合
        (中略)
    }
}];
```

128 ほかのアプリケーションから利用したい

UIApplicationクラス		7.X
関 連	118 ［LINEで送る］ボタンを実装したい　P.292	
利用例	Webブラウザからアプリを起動したい場合、アプリから別のアプリを起動したい場合	

▎カスタムURLスキームを使ったアプリ間連携

　iOSではURLスキームを利用してアプリケーション間の連携が可能です。URLスキーム（URL Scheme）を使って、Webブラウザからアプリを起動したり、アプリから別のアプリを起動してパラメーターを渡したりすることが可能です。

　メール、SMS、マップなどはAppleがURLスキームを公開していますが、自作アプリではプロパティリストにユーザー独自のURLスキームを定義することでURLスキームの機能を組み込むことができます。このユーザー定義のURLスキームが「カスタムURLスキーム」です。

▎openURL:メソッドでほかのアプリを起動する

　アプリ定義のURLスキームがわかっていれば、UIApplicationクラスのopenURL:メソッドなどを利用してそのアプリを起動できます。

●アプリを起動する

```
// 「jp.co.shoeisha.iphonereceipe.ch13CustomURLSchemeTargetApp://」という
// 「URLScheme」を持つアプリに「testinformation」という文字を送る
[[UIApplication sharedApplication] openURL:[NSURL URLWithString:@"jp.co.shoeisha.iphonereceipe.ch13CustomURLSchemeTargetApp://testinformation"]];
```

　また、この仕組みはアプリ間だけでなくSafariやMailなどからでも使えるので、htmlに記述すれば、同様にアプリを起動することもできます。

●htmlに記述する

```
<a href="jp.co.shoeisha.iphonereceipe.ch13CustomURLSchemeTargetApp://testinformation">Click Here</a>
```

▎アプリのURLスキーム登録の手順

　openURL:メソッドで起動されるためには、あらかじめアプリの設定ファイルにURL Schemesを登録しておく必要があります。

- 手順❶プロジェクトナビゲータでプロジェクトを選択する
- 手順❷「TARGETS」内のターゲットの選択 → 「Info」をクリックする
- 手順❸URL Typesを展開し、[+]ボタンをクリックしてURL Typesを追加する
- 手順❹IdentifierとURL Schemes欄を埋める

一意性を確保するために、URLスキームの抽象名を含む文字列はjp.co.shoeisha.iphonereceipeのように、逆DNS形式の識別子を指定することをお勧めします。
Bundle Identifierと同じものを指定しておけば良いと思います。

●例 URLスキームの抽象名を含む文字列

```
jp.co.shoeisha.iphonereceipe.${PRODUCT_NAME:rfc1034identifier}
```

情報の受け取り

openURL:メソッドでアプリが起動された場合、UIApplicationDelegateのdidFinishLaunchingWithOptions:とopenURL:メソッドの処理を行います。受け取る側のアプリの起動状態によって呼ばれる関数が異なります。
アプリ自身がすでに起動済みの場合は、openURL:メソッドだけが呼ばれますが、アプリがまだ起動されていない場合には、didFinishLaunchingWithOptions:とopenURL:メソッドが続けて呼ばれます。

●アプリ起動していない／起動している時の情報の受け取り（AppDelegate.m）

```objc
// アプリがまだ起動されていない場合には、didFinishLaunchingWithOptions:とopenURL:
// メソッドが続けて呼ばれる
- (BOOL)application:(UIApplication *)application didFinishLaunchingWithOptions:(NSDictionary *)launchOptions
{
    UIStoryboard *storyBoard = [UIStoryboard storyboardWithName:@"Main" bundle:nil];
    self.viewController = [storyBoard instantiateViewControllerWithIdentifier:@"MyViewController"];
    
    self.window = [[UIWindow alloc] initWithFrame:[[UIScreen mainScreen] bounds]];
    self.window.rootViewController = self.viewController;
    [self.window makeKeyAndVisible];
    
    if (launchOptions) {
        
        [self.viewController 6showMessage:@"didFinishLaunchingWithOptions was called:¥n¥n"];
```

```objc
            // URLスキームで起動された場合、「launchOptions」のキー：
            //「UIApplicationLaunchOptionsURLKey」には、呼び出されたURLが格納されている
        NSURL *launchURL = [launchOptions objectForKey:↵
UIApplicationLaunchOptionsURLKey];
        [self.viewController showMessage:[launchURL description]];

    }

    return YES;
}

// アプリ自身が既に起動済みの場合にはopenURL:メソッドだけが呼ばれる
- (BOOL)application:(UIApplication *)application openURL:(NSURL *)url 
sourceApplication:(NSString *)sourceApplication annotation:(id)annotation{

        [self.viewController showMessage:@"\n\nopenURL was called:\n\n"];

        NSString* strUrl = [NSString stringWithFormat:@"url:\n%@\n\n",↵
[url description]];
        [self.viewController showMessage:strUrl];

        NSString* strSrcApp = [NSString stringWithFormat:@"sourceApplication:↵
\n%@\n\n",sourceApplication];
        [self.viewController showMessage:strSrcApp];

        NSString* strAnnotation = [NSString stringWithFormat:@"annotation:↵
\n%@\n\n",[annotation description]];
        [self.viewController showMessage:strAnnotation];

        return YES;
}
```

129 カスタマイズUIActivityを実装したい

UIActivityViewController	7.X
関連	116 ツイート機能を実現したい　P.288
利用例	独自に開発しているアプリをUIActivityViewControllerに追加して連携機能を付けたい場合

■ カスタマイズUIActivity

　UIActivityViewControllerはシステムで用意されたアプリに加え、アプリの独自カスタマイズUIActivityを追加することができます。アプリ連携機能の実現が簡単になりました。

　また、カスタムUIActivityを公開すると、連携アプリが増え、独自アプリのアクティブ率向上に繋がる可能性があります。

■ カスタムUIActivityの実装

　LINEサービスへ連携するカスタムUIActivityの実現を例にして、実装方法を説明します。

■ アイコンを用意する

　下記サイズの周囲を透過にするアイコンの用意が必要です。以下の4種類を入れておきます。

- 43x43
- 86x86
- 55x55
- 110x110

■ UIActivityクラスのサブクラスを追加する

　UIActivityクラスのサブクラスを追加するには以下のように記述します。

● UIActivityを継承したクラス（LINEActivity.h）

```
@interface LINEActivity : UIActivity
@end
```

327

UIActivityのメソッドをオーバーライド

サービス／アプリに合わせてUIActivityのメソッドをオーバーライドします。

●UIActivityのメソッドをオーバーライドする（LINEActivity.m）

```objc
// 種類を表す文字列
- (NSString *)activityType {
    return @"jp.naver.LINEActivity";
}

// アイコン
- (UIImage *)activityImage
{
    return [UIImage imageNamed:@"LINEActivityIcon.png"];
}

// タイトル
- (NSString *)activityTitle
{
    return @"LINE";
}

// 実際にActivityを実行することができるかどうかを返すメソッド。
// このメソッドでNOを返した場合、メニューは表示されない
- (BOOL)canPerformWithActivityItems:(NSArray *)activityItems
{
    
    for (id activityItem in activityItems) {
        if ([activityItem isKindOfClass:[NSString class]] ||
[activityItem isKindOfClass:[UIImage class]]) {
            return YES;
        }
    }
    return NO;
}

// メニューを選択された時に呼ばれるメソッド。ここで実際の共有処理を行う
- (void)prepareWithActivityItems:(NSArray *)activityItems {
    for (id activityItem in activityItems) {
        if ([self openLINEWithItem:activityItem])
            break;
    }
}

// 連携処理を実装（渡されたactivityItemsを利用して、LINEアプリを起動する）
- (BOOL)openLINEWithItem:(id)item
{
```

```objc
    // URLスキームを使用して、LINEがインストールされるかどうかを判断
    if (![[UIApplication sharedApplication] canOpenURL:
[NSURL URLWithString:@"line://"]]) {
        // openURL:メソッドでAppStoreを開く
        [[UIApplication sharedApplication] openURL:[NSURL URLWithString:
@"https://itunes.apple.com/jp/app/line/id443904275?ls=1&mt=8"]];
        return NO;
    }

    // 投稿処理(LINEを起動)
    NSString *LINEURLString = nil;
    if ([item isKindOfClass:[NSString class]]) {
        LINEURLString = [NSString stringWithFormat:@"line://msg/text/%@", item];
    } else if ([item isKindOfClass:[UIImage class]]) {
        UIPasteboard *pasteboard = [UIPasteboard generalPasteboard];
        [pasteboard setData:UIImagePNGRepresentation(item)
forPasteboardType:@"public.png"];
        LINEURLString = [NSString stringWithFormat:@"line://msg/image/%@",
pasteboard.name];
    } else {
        return NO;
    }
    NSURL *LINEURL = [NSURL URLWithString:LINEURLString];
    [[UIApplication sharedApplication] openURL:LINEURL];
    return YES;
}
```

呼び出し側の実装

呼び出し側の処理を実装します。

●呼び出し側の処理を実装

```objc
// activityItemsには共有するオブジェクトを配列で渡す
NSArray *activityItems = @[item];

// カスタマイズLINEActivityを呼び出す
NSArray *applicationActivities = @[[[LINEActivity alloc] init]];
UIActivityViewController *activityViewController = [[UIActivityViewController
alloc] initWithActivityItems:activityItems applicationActivities:
applicationActivities];
[self presentViewController:activityViewController animated:YES completion:NULL];
```

MEMO

PROGRAMMER'S RECIPE

第 14 章

データ処理

130 新規で作成したディレクトリにファイルを作成したい

NSFileManagerクラス	7.X

関連	131 ファイルの入出力を行いたい　P.335
利用例	ファイルやディレクトリを作成する場合

アプリのデータファイルの保存場所

iOSの場合、OS標準以外のアプリケーションは各アプリのホームディレクトリ(/Applications/<GUID>/)（サンドボックス）ごとに隔離され、ファイルの作成やダウンロードはそのディレクトリ内に制限されています。ホームディレクトリは NSHomeDirectory関数で取得することができます（**表14.1**）。

表14.1 ホームディレクトリ以下のデータ保存用ディレクトリ

ホームからの場所	取得方法	用途
/Documents	NSSearchPathForDirectoriesInDomains (NSDocumentDirectory, NSUserDomainMask, YES)	文書データなどを保存するディレクトリ。一般的に永続化したデータはここに格納する
/Library/Caches	NSSearchPathForDirectoriesInDomains (NSCachesDirectory, NSUserDomainMask, YES)	再ダウンロードまたは再作成可能なキャッシュを保存するディレクトリ。データベースキャッシュやダウンロード可能なコンテンツはここに格納する
/Library/Preferences		アプリケーション設定を保存するディレクトリ。NSUserDefaultsクラスを利用してアプリの設定を行う
/tmp	NSTemporaryDirectory()	一時ファイルを保存するディレクトリ。アプリが動作してない時に削除される可能性がある

ディレクトリの操作

ディレクトリの操作はNSFileManagerクラスを使用します。

例 ディレクトリの操作

```
NSFileManager *fm = [NSFileManager defaultManager];
NSError *error;
BOOL result;

// 存在チェック
result = [fm fileExistsAtPath:dirA];
```

```
// 新規作成
result = [fm createDirectoryAtPath:dirA withIntermediateDirectories:YES
attributes:nil error:&error];

// 移動
result = [fm moveItemAtPath:dirA toPath:dirB error:&error];

// コピー
result = [fm copyItemAtPath:dirA toPath:dirB error:&error];

// 削除
result = [fm removeItemAtPath:dirA error:&error];
```

ファイルの操作

ファイルの操作はディレクトリの操作とほぼ同様でNSFileManagerクラスを使用します。

● 例 ファイルの操作

```
NSFileManager *fm = [NSFileManager defaultManager];
NSError *error;
BOOL result;

// 新規作成
NSData *data = [NSData dataWithContentsOfURL:[NSURL URLWithString:@"http://xxx/xxx.png"]];
result = [fm createFileAtPath:pathA contents:data attributes:nil];

// 存在チェック
result = [fm fileExistsAtPath:pathA];

// 削除
result = [fm removeItemAtPath:pathA error:&error];

// 移動
result = [fm moveItemAtPath:pathA toPath:pathB error:&error];

// コピー
result = [fm copyItemAtPath:pathA toPath:pathB error:&error];
```

新規で作成したディレクトリにファイルを作成する実装例

●ディレクトリにファイルを作成する実装例

```objc
// アプリケーションのドキュメントディレクトリの場所を特定
NSArray *arrayPaths = NSSearchPathForDirectoriesInDomains(NSDocumentDirectory,
NSUserDomainMask, YES);

// Documentディレクトリへのファイルパスは配列の1つ目の要素
NSString *docDirectory = [arrayPaths objectAtIndex:0];

// 新規ディレクトのパス
NSString *newDocumentDirPath = [docDirectory stringByAppendingPathComponent:
@"newDirectory"];

// FileManagerを用いて、ディレクトリを作成
NSFileManager *fileManager = [NSFileManager defaultManager];
NSError *error = nil;
BOOL created = [fileManager createDirectoryAtPath:newDocumentDirPath
                      withIntermediateDirectories:YES
                                       attributes:nil
                                            error:&error];
(中略)
// ファイルのパス
NSString *savedPath = [newDocumentDirPath stringByAppendingPathComponent:
@"sampleFile.txt"];

// 空ファイルを作成
created = [fileManager createFileAtPath:savedPath
                               contents:nil
                             attributes:nil];

}
```

> **NOTE**
>
> **サンドボックスとは**
>
> 　アプリケーションをそれぞれ一意の保護された場所で動作させることによってシステムが不正に操作されるのを防ぐセキュリティモデルのことです。
> 　サンドボックスは、ファイルアクセス、設定、ハードウェアリソースなど、動作に必要な権限をアプリケーションに与えます。アプリケーションは自身のサンドボックスにはアクセスできますが、ほかのアプリケーションのサンドボックスにはアクセスできません。ほかのプログラムやデータなどを操作できない状態に動作するため、プログラムが暴走してもシステムとほかのアプリに影響が及ばないようになっています。

131 ファイルの入出力を行いたい

| writeToFile:関数 | WithContentsOfFile:関数 | 7.X |

| 関　連 | 130　新規で作成したディレクトリにファイルを保存したい　P.332 |
| 利用例 | データを永続化して保存したい場合 |

データのファイル保存には

既存のクラスの入出力メソッドを利用した方法とオブジェクトをアーカイブしてファイルに保存する方法があります。アーカイブされたオブジェクトをファイルで保存することが容易なため頻繁に使用されます。

既存のクラスの入出力メソッド

各NSクラスのwriteToFile:とWithContentsOfFile:関数を利用すると、ファイルの入出力が簡単にできます。以下がよく利用されています。

- バイナリデータのファイル保存 (NSData)
- 文字列のファイル保存 (NSString)
- 配列や辞書のファイル保存 (NSArray, NSDictionary)

●文字列入出力の例

```
// テンポラリフォルダ配下の新規ディレクトリのパス
NSString *newTempDirPath = [NSTemporaryDirectory() stringByAppendingPathComponent:
@"textFile"];

// FileManagerを用いて、ディレクトリを作成
NSFileManager *fileManager = [NSFileManager defaultManager];
NSError *error = nil;
BOOL created = [fileManager createDirectoryAtPath:newTempDirPath
                    withIntermediateDirectories:YES
                                     attributes:nil
                                          error:&error];
（中略）
// ファイルのパス
NSString *filePath = [newTempDirPath stringByAppendingPathComponent:
@"sampleFile.txt"];

// 保存するテキストの内容
NSString *string = @"Hello, World";

// ファイルへ書き込み
```

```objc
created = [string writeToFile:filePath         // ファイルパス
                   atomically:YES              // 予備ファイルを生成
                     encoding:NSUTF8StringEncoding  // 文字コード
                        error:&error];         // エラー
(中略)
// テキストファイルを読み取る
NSString *fileContents
= [NSString stringWithContentsOfFile:filePath  // ファイルパス
                            encoding:NSUTF8StringEncoding  // 文字コード
                               error:&error];  // エラー
```

ファイルへの書き込みを行う際、atomicallyをYESにすると、まず別の名前でファイルに書き込み、エラーが発生しなかったら指定されたファイル名に書き換えます。書き込み中にエラーが発生しても元のファイルを壊さないためです。

オブジェクトアーカイブ

iOSではアーカイブのためのNSKeyedArchiverクラスとアンアーカイブのためのNSKeyedUnarchiverクラスが提供されています。

●オブジェクトアーカイブ

```objc
// テンポラリフォルダ配下の新規ディレクトリのパス
NSString *newTempDirPath = [NSTemporaryDirectory() stringByAppendingPathComponent:@"archive"];

// FileManagerを用いて、ディレクトリを作成
NSFileManager *fileManager = [NSFileManager defaultManager];
NSError *error = nil;
BOOL created = [fileManager createDirectoryAtPath:newTempDirPath
                      withIntermediateDirectories:YES
                                       attributes:nil
                                            error:&error];
(中略)
// ファイルのパス
NSString *filePath = [newTempDirPath stringByAppendingPathComponent:@"sample.dat"];

// NSArrayオブジェクトをアーカイブしてファイルに保存
NSArray *before = @[@"Hello, world", @"こんにちは"];
BOOL successful = [NSKeyedArchiver archiveRootObject:before toFile:filePath];
(中略)
// アーカイブされたデータを読み込む
NSArray *after = [NSKeyedUnarchiver unarchiveObjectWithFile:filePath];
if ([before isEqualToArray:after]) {
    NSLog(@"%@", @"同じオブジェクトです。");
}
```

NSCodingプロトコルの実装

アーカイブをサポートするには、オブジェクトはNSCodingプロトコルを実装しなければなりません。NSString、NSNumber、NSArray、NSDictionaryなどよく使うデータクラスにはすでにNSCodingプロトコルは実装されていますが、自作クラスには自分で実装する必要があります。

● **例** クラスの定義にNSCodingプロトコルの宣言を追加

```
@interface Book : NSObject <NSCoding>
@property NSString *title;
@property NSString *author;
@end
```

● **例** encodeWithCoder:とinitWithCoder:メソッドの実装

```
@implementation Book
- (id)initWithCoder:(NSCoder *)decoder {
    self = [super init];
    if (!self) {
        return nil;
    }
    
    self.title = [decoder decodeObjectForKey:@"title"];
    self.author = [decoder decodeObjectForKey:@"author"];
    
    return self;
}

- (void)encodeWithCoder:(NSCoder *)encoder {
    [encoder encodeObject:self.title forKey:@"title"];
    [encoder encodeObject:self.author forKey:@"author"];
    
}

@end
```

●ファイルの入出力

```
Book *firstBook = [[Book alloc] init];
firstBook.author = @"翔泳社太郎";
firstBook.title = @"おはよう";
Book *secondBook = [[Book alloc] init];
secondBook.author = @"翔泳社花子";
secondBook.title = @"こんにちは";

// 自作クラスのオブジェクトをアーカイブしてファイルに保存
NSArray *before = @[firstBook, secondBook];
BOOL successful = [NSKeyedArchiver archiveRootObject:before toFile:filePath];
（中略）
// 自作クラスのオブジェクトを復元する
NSArray *array = [NSKeyedUnarchiver unarchiveObjectWithFile:filePath];
```

MEMO

132 アプリケーションの設定値を保持したい

NSUserDefaultsクラス　　7.X

関　連	137　key-value形式でiCloudにデータを保持したい　P.353
利用例	一度設定した値をアプリが終了した後も保存しておきたい場合

アプリケーションの設定値を保持するには

ユーザーデフォルト（NSUserDefaults）クラスを利用すると便利です。ユーザーデフォルトはディクショナリ（NSDictionary）と同じようにKey-Value形式で設定情報にアクセスします。実際の設定値データはホーム/Library/Preferences以下のプロパティリストに保存されます。

ユーザーデフォルトの保存と取得で使用するメソッド

NSUserDefaultsクラスにはデータ型に応じて保存と取得メソッドが定義されています（表14.1）。

表14.1　メソッド

データ型	保存	取得
id型	setObject:forKey:	objectForKey:
NSString	setObject:forKey:	stringForKey:
NSArray(文字列)	setObject:forKey:	stringArrayForKey:
NSDictionary	setObject:forKey:	dictionaryForKey:
NSData	setObject:forKey:	dataForKey:
NSArray	setObject:forKey:	arrayForKey:
NSInteger	setInteger:forKey:	integerForKey:
float	setFloat:forKey:	floatForKey:
double	setDouble:forKey:	doubleForKey:
BOOL	setBool:forKey:	boolForKey:
NSURL	setURL:forKey:	URLForKey:

●NSUserDefaultsインスタンスの取得

```
NSUserDefaults *defaults = [NSUserDefaults standardUserDefaults];
```

インスタンスは、アプリケーションごとに1つだけです。standardUserDefaultsメソッドを呼び出して取り出します。

設定値の保存

NSUserDefaultsインスタンスを取得してから、設定値をセットし、synchronizeメソッドを呼んでプロパティリストに書き出します。

●設定値の保存

```objc
// NSUserDefaultsインスタンスの取得
NSUserDefaults *defaults = [NSUserDefaults standardUserDefaults];

// 入力値をNSUserDefaultsインスタンスにセット
[defaults setObject:firstName forKey:@"firstname"];
[defaults setObject:lastName forKey:@"lastname"];
[defaults setInteger:age forKey:@"age"];

// シンクロナイズ
BOOL successful = [defaults synchronize];

if (successful) {
    NSLog(@"%@", @"設定の保存に成功しました。");
}
```

明示的にsynchronizeメソッドを呼び出さなくてもプロパティリストへの書き出しはOS側のタイミングで自動的に行われます。synchronizeメソッドを利用した都度保存を行うと、アプリケーションがクラッシュしたとしても最後に変更した設定は残ります。

設定値の取得

NSUserDefaultsインスタンスを取得してから、引数には取得したい値のキーを指定し、設定値を取得します。

●設定値の取得

```objc
// NSUserDefaultsインスタンスの取得
NSUserDefaults *defaults = [NSUserDefaults standardUserDefaults];

// 設定値の取得
NSString *frontName = [defaults objectForKey:@"firstname"];
NSString *lastName = [defaults objectForKey:@"lastname"];
long age = [defaults integerForKey:@"age"];
NSString *ageString = [NSString stringWithFormat:@"%li",age];
```

初期設定の設定

アプリケーションの設定初期値を設定するには、NSDictionaryにキーと値のセットを用意し、NSUserDefaultsのregisterDefaults:メソッドで設定します。

●初期設定の設定

```
- (BOOL)application:(UIApplication *)application didFinishLaunchingWithOptions:
(NSDictionary *)launchOptions
{
    // Override point for customization after application launch.

    // NSUserDefaultsインスタンスの取得
    NSUserDefaults *defaults = [NSUserDefaults standardUserDefaults];

    // 初期値を設定
    NSDictionary *appDefaults = [NSDictionary dictionaryWithObjectsAndKeys:
                                  @"firstname", @"firstname",
                                  @"lastname", @"lastname",
                                  @"18", @"age",
                                  nil];
    // 登録
    [defaults registerDefaults:appDefaults];

    return YES;
}
```

registerDefaults:メソッドはあくまでNSUserDefaultsインスタンスの初期値の設定に使うためのメソッドで、メモリ上にしか保持されず、プロパティリストに書き込まれることではありません。設定値をプロパティリストに保存しないと消えてしまうので使う時は注意してください。

133 リソースからファイルを読み込みたい

NSBundleクラス		7.X
関　連	―	
利用例	プロジェクトへ追加したリソースを使用する場合	

リソースからファイルを読み込むには

　NSBundleはアプリケーションのクラス、Xib、画像など各種リソースをまとめて管理してくれる仕組みを提供するクラスです。NSBundleを利用すると簡単にリソースファイルのパスが取得できます。リソースファイルはアプリケーションバンドル内(/Applications/<GUID>/<Application Name>.app/)に保存され、読み取り専用となっています。

リソースファイルパスの取得

　リソースファイルパスの取得には2つの方法があります。

●方法1：pathForResourceの使用

```
// リソースファイルパスを取得 (pathForResourceを使用)
NSString *imgfilePath = [[NSBundle mainBundle] pathForResource:@"shoeisha_logo"
ofType:@"gif"];
NSLog(@"shoeisha_logo.gifのパス%@", imgfilePath);
```

●方法2：バンドルパスのアペンド

```
// バンドルのパスを取得する
NSString *bundlePath = [[NSBundle mainBundle] bundlePath];
// バンドルのパスをアペンド
NSString *textFilePath = [bundlePath stringByAppendingPathComponent:@"hello.txt"];
NSLog(@"Hello.txtのパス%@", textFilePath);
```

14.1 ファイル

NOTE

ビルドリソース対象

　リソースファイル名などに違いがないのにリソースへのポイントがNULL、データサイズが0になったりする場合は、リソースファイルがビルドリソース対象になっていない可能性があります。

　ターゲットの「Build Phases」タブのCopy Bundle Resoucesを確認して、対象になっていなかった場合、リソースファイルをターゲットに追加してください（図14.1）。

図14.1 リソースファイルをターゲットに追加

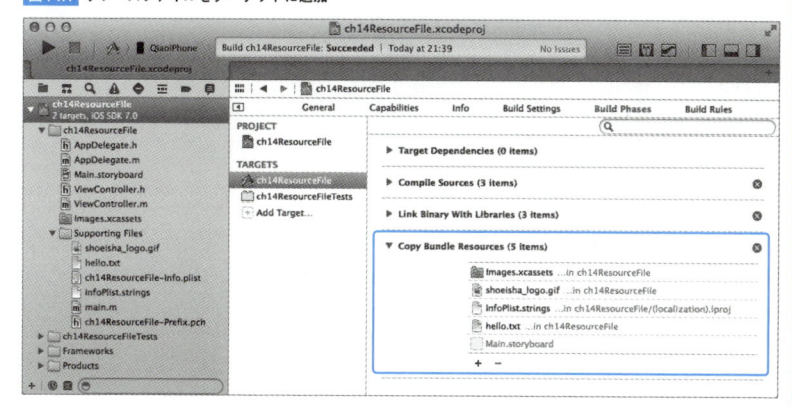

NSBundleクラス

343

134 サンドボックス内の データファイルを確認したい

リソース			7.X
関連	130	新規で作成したディレクトリにファイルを保存したい	P.332
	131	ファイルの入出力を行いたい	P.335
	132	アプリケーションの設定値を保持したい	P.339
利用例	開発中のアプリがファイルに出力した内容を確認する場合 アプリケーションの設定値を確認する場合		

サンドボックス内のデータファイルを確認するには

　iOS端末では、各アプリにはそのアプリ専用の"サンドボックス"と呼ばれるディスク領域が与えられ、ほかのアプリのデータに勝手にアクセスしないように保護されています。アプリ開発者も自分で作ったアプリのデータに限り、シミュレータや実機からそのデータを取得することしかできません。

シミュレータの場合

　シミュレーション環境サンドボックスにアクセスするには、Finderで/Users/[ユーザー名]/Library/Application Support/iPhone Simulator/[SDK version]/Applications/<GUID>/ディレクトリに移動します。アプリケーションのバイナリファイル以外にも、Documents、Libraryなど、アプリケーションのサンドボックスを構成するディレクトリが存在します。

実機の場合

　XcodeのOrganizerを使うと、実機デバイスサンドボックス内のデータファイルを確認することができます。
　Organizerは、Xcodeのメニューから「Window」→「Organizer」を選択すると開きます（図14.1）。

図14.1 Xcode の Organizer

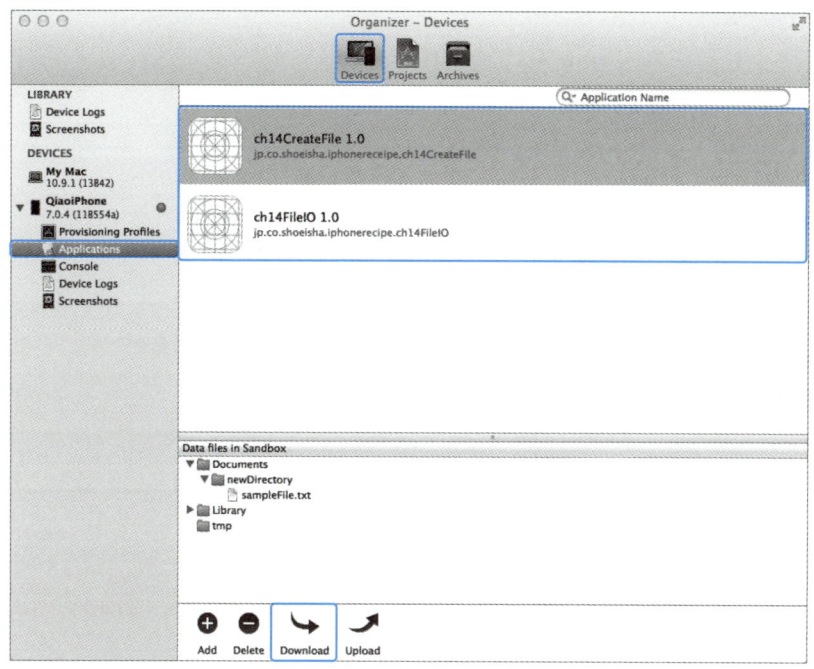

　「DEVICES」で接続されている端末を選択、「Applications」という欄にインストールされているアプリの一覧が表示されます。確認対象アプリケーションを選択し、画面下の「Download」をクリックするとパッケージ化された状態でサンドボックス内のデータファイルがMacにコピーされます。

135 Core Dataの使用準備を行いたい

Core Data　　　　　　　　　　　　　　　　　　　　　　　　　　　　　　　7.X

関連	136　Core Dataを用いてデータの登録・削除・検索を行いたい　P.350
利用例	数百件を超えるデータを保存・検索を行う場合

Core Dataとは

CocoaのMVCアーキテクチャのModel部分を補完するレイヤーであり、データモデル設計、編集状態の管理、下位ストレージ層の抽象化などを高いレベルで行うことができます。iOSの場合、データの永続化にはSQLiteというリレーショナルデータベースを使用しています（表14.1）。なお、レシピ135　レシピ136　は同じサンプルとなります。

表14.1 Core Dataの主なクラス

クラス	説明
NSPersistentStoreCoordinator	NSPersistentStore を管理するクラス。複数データベースを管理できる
NSPersistentStore	永続先（SQLite）の情報を管理するクラス
NSManagedObject	モデルクラス。Core Dataで永続化するオブジェクトはNSManagedObjectクラスまたはそのサブクラスのオブジェクトでなければいけない
NSManagedObjectContext	データの検索、挿入、更新、削除、Undo、Redoを管理するクラス
NSManagedObjectModel	エンティティ同士の関連を管理するクラス
NSEntityDescription	各エンティティの定義を管理するクラス
NSFetchRequest	検索条件を管理するクラス
NSFetchedResultsController	NSManagedObjectオブジェクトを監視するコントローラクラス。NSManagedObjectオブジェクトが挿入、変更また削除された時に、NSFetchedResultsControllerDelegateオブジェクトに通知する

Core Data使用の準備

Core Dataを使うために下記の初期設定が必要になります。

手順1 NSManagedObjectModelオブジェクトの生成

各エンティティ同士の関連を管理するモデルオブジェクトを作成します。

●各エンティティ同士の関連を管理するモデルオブジェクト

```
// Returns the managed object model for the application.
// If the model doesn't already exist, it is created from the application's model.
- (NSManagedObjectModel *)managedObjectModel
{
```

```objc
    if (_managedObjectModel != nil) {
        return _managedObjectModel;
    }
    NSURL *modelURL = [[NSBundle mainBundle] URLForResource:@"coredata"
withExtension:@"momd"];
    _managedObjectModel = [[NSManagedObjectModel alloc] initWithContentsOfURL:
modelURL];
    return _managedObjectModel;
}
```

手順2 NSPersistentStoreCoordinatorオブジェクトの生成

SQLite データベースの保存場所を設定します。

● データベースの保存場所

```objc
// Returns the persistent store coordinator for the application.
// If the coordinator doesn't already exist, it is created and the
// application's store added to it.
- (NSPersistentStoreCoordinator *)persistentStoreCoordinator
{
    if (_persistentStoreCoordinator != nil) {
        return _persistentStoreCoordinator;
    }
    
    NSURL *storeURL = [[self applicationDocumentsDirectory]
URLByAppendingPathComponent:@"coredata.sqlite"];
    
    NSError *error = nil;
    _persistentStoreCoordinator = [[NSPersistentStoreCoordinator alloc]
initWithManagedObjectModel:[self managedObjectModel]];
    if (![_persistentStoreCoordinator addPersistentStoreWithType:NSSQLiteStoreType
configuration:nil URL:storeURL options:nil error:&error]) {
        NSLog(@"Unresolved error %@, %@", error, [error userInfo]);
        abort();
    }
    
    return _persistentStoreCoordinator;
}
```

手順3 NSManagedObjectContextオブジェクトの生成

データ管理を行うための設定をします。このオブジェクトがデータ管理（挿入、編集、削除など）のすべての操作を行います。

●NSManagedObjectContextオブジェクトの生成

```
// Returns the managed object context for the application.
// If the context doesn't already exist, it is created and bound to the
// persistent store coordinator for the application.
- (NSManagedObjectContext *)managedObjectContext
{
    if (_managedObjectContext != nil) {
        return _managedObjectContext;
    }

    NSPersistentStoreCoordinator *coordinator = [self persistentStoreCoordinator];
    if (coordinator != nil) {
        _managedObjectContext = [[NSManagedObjectContext alloc] init];
        [_managedObjectContext setPersistentStoreCoordinator:coordinator];
    }
    return _managedObjectContext;
}
```

　上記のプログラムはXcodeのプロジェクト作成の時に［Use Core Data］のオプションのチェックを入れると自動生成されます（図14.1）。ただし、Xcode5ではこのオプションを提供するテンプレートは「Master-Detail Application」、「Utility Application」と「Empty Application」となります。そのほかのテンプレートを使用する場合、自分でCore Data使用の準備を行う必要があります。

図14.1 Core Data使用の準備を行う

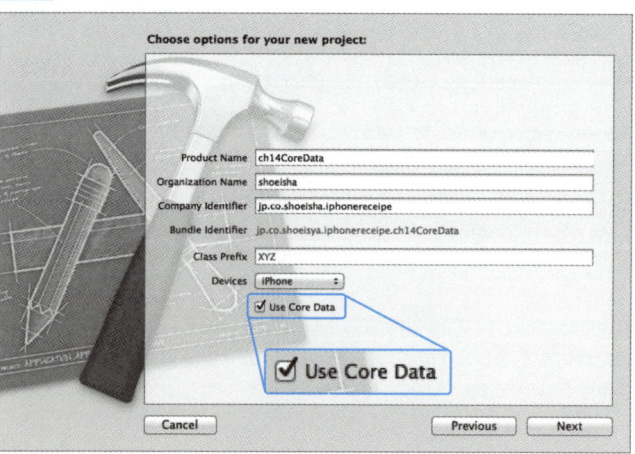

エンティティの作成

永続化対象のデータはエンティティを作成する必要があります。エンティティの作成はXcodeのモデルエディタを使用します（図14.2）。

モデルエディタで作成されたエンティティの実体はXMLのデータです（プロジェクト名.xcdatamodeld という名前でファイルが作成される）。このXMLを使ってモデルクラス（NSManagedObject）やSQLiteのテーブルが生成されます（Core Data が自動で行ってくれる）。

図14.2 エンティティを作成する

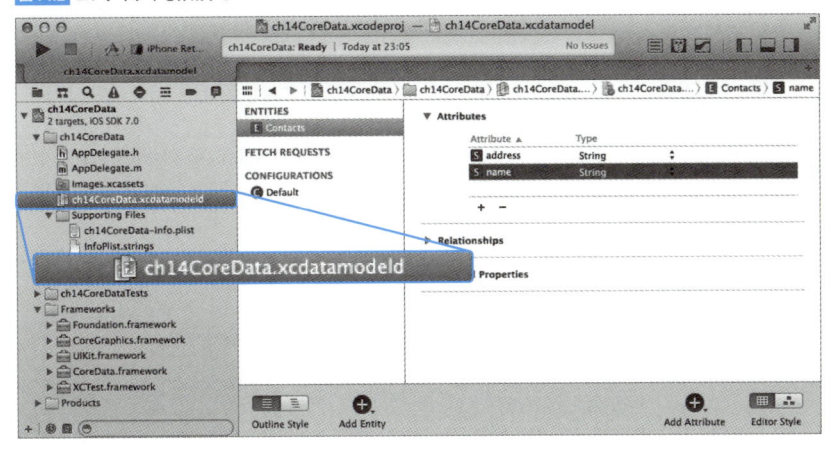

136 Core Dataを用いてデータの登録・削除・検索を行いたい

Core Data		7.X
関　連	135　Core Dataの使用準備を行いたい　P.346	
利用例	数百件を超えるデータの保存・検索を行う場合	

▍Core DataのCRUD操作

Core DataのCRUD操作にはNSManagedObjectContextを通じて実現します。
データベースに入っているモデルの1レコードごとに、NSManagedObjectのインスタンスとして作成され、値の取出しと書込みができます。

▍データの作成

Core Dataデータを追加する場合は、まずは、データを保持するNSManagedObjectを取得します。取得したNSManagedObjectに値を設定し、その後、保存を行うことでデータを永続化します。

●NSManagedObject

```
// contextはNSManagedObjectContextのインスタンス
NSManagedObjectContext *context = [appDelegate managedObjectContext];

// NSEntityDescriptionのinsertNewObjectForEntityForName:を利用して、
// NSManagedObjectのインスタンスを取得
NSManagedObject *newContact;
newContact = [NSEntityDescription insertNewObjectForEntityForName:@"Contacts"
                                           inManagedObjectContext:context];

// NSManagedObjectに各属性値を設定
[newContact setValue: _name.text forKey:@"name"];
[newContact setValue: _address.text forKey:@"address"];
NSError *error;

// managedObjectContextオブジェクトのsaveメソッドでデータを保存
[context save:&error];
```

▍データの検索

Core Dataデータの検索にはNSFetchRequestクラスのオブジェクトを使います。NSPredicateで検索条件、NSSortDescriptorで並び順を指定します。検索条件にはいろいろな指定ができるので、柔軟な検索が可能です。

14.2 データ

● データの検索

```
// contextはNSManagedObjectContextクラスのインスタンス
NSManagedObjectContext *context = [appDelegate managedObjectContext];

// NSFetchRequestは検索条件などを保持するオブジェクト
NSFetchRequest *request = [[NSFetchRequest alloc] init];

// 検索対象のエンティティを指定
NSEntityDescription *entityDesc = [NSEntityDescription entityForName:@"Contacts"
                                              inManagedObjectContext:context];
[request setEntity:entityDesc];

// 検索条件を指定
NSPredicate *pred = [NSPredicate predicateWithFormat:@"(name = %@)", _name.text];
[request setPredicate:pred];
(中略)
// 検索を実行
NSError *error;
NSArray *objects = [context executeFetchRequest:request
                                          error:&error];
```

データの削除

Core Dataデータを削除するにはNSManagedObjectContextのdeleteObject:メソッドを使います。

● データの削除

```
// contextはNSManagedObjectContextクラスのインスタンス
NSManagedObjectContext *context = [appDelegate managedObjectContext];

// NSFetchRequestは検索条件などを保持するオブジェクト
NSFetchRequest *request = [[NSFetchRequest alloc] init];

// 検索対象のエンティティを指定
NSEntityDescription *entityDesc = [NSEntityDescription entityForName:@"Contacts"
                                              inManagedObjectContext:context];
[request setEntity:entityDesc];

// 検索条件を指定
NSPredicate *pred = [NSPredicate predicateWithFormat:@"(name = %@)", _name.text];
[request setPredicate:pred];
(中略)
// 検索を実行
NSError *error;
NSArray *objects = [context executeFetchRequest:request
```

```
                                            error:&error];
(中略)
// 削除メソッドを呼び出し
for (NSManagedObject *object in objects) {
    [context deleteObject:object];
}
// saveメソッドで更新状態を確定
if (![context save:&error]) {
        _message.text = @"データ削除に失敗しました。";
    } else {
        _message.text = [NSString stringWithFormat:
                        @"%lu件のデータを削除しました。", (unsigned long)↵
[objects count]];
```

　NSManagedObjectContextのsave:メソッドはメモリ上にあるデータをデータベースに書き込むためのメソッドです。データの作成、削除または変更を確定する時にはsave:メソッドを使用します。

MEMO

137 Key-Value形式でiCloudにデータを保持したい

iCloud	7.X

関　連	132　アプリケーションの設定値を保持したい　P.339
利用例	ほかのiOSデバイスで同じアプリを使った時に設定を共有する場合

iCloud Key-Value Storeとは

　Key-Value形式データを保持するiCloud上のストレージです。主に複数端末の少量データを共有するために使用されます。指定できるキーは1024個まで、各キーに対応する値のサイズはそれぞれ1MB以内です。格納できるデータ容量は、ユーザーごとに1MB以内と制限されていますので、各キーに対して1 KBのデータであれば、1000組のキーと値を保存できます。また、キー文字列の長さは、UTF8でエンコードした状態で、64バイト以内です。

iCloudの準備

手順1　プロジェクトのiCloudを有効にする

　Xcodeのプロジェクトの設定で [TARGETS] → [プロジェクト名] → [Capabilities] → [iCloud] を [On] にします。

手順2　Key Value Store使用を指定する

　Key-Value Store:の「Use key-value store」にチェックを入れておきます（図14.1）。

図14.1「Use key-value store」にチェックを入れる

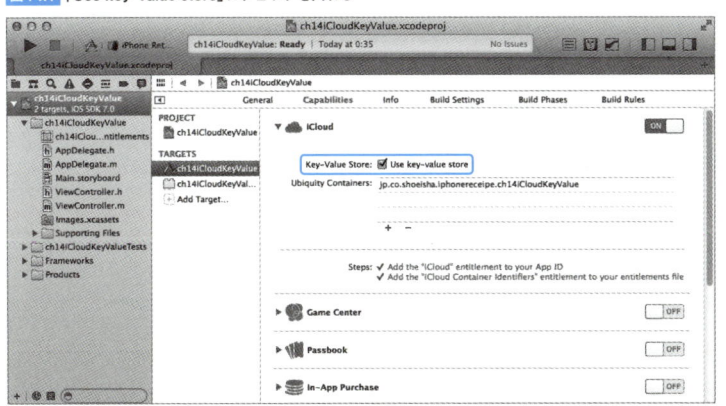

NSUbiquitousKeyValueStoreオブジェクト

iCloud Key-value storageを使ったデータ同期はNSUbiquitousKeyValueStoreオブジェクトを使用します。

● NSUbiquitousKeyValueStoreオブジェクト

```
// defaultStore メソッドを使ってNSUbiquitousKeyValueStoreオブジェクトを取得
NSUbiquitousKeyValueStore* cloudStore = [NSUbiquitousKeyValueStore defaultStore];
```

データ取得と保存

NSUbiquitousKeyValueStoreオブジェクトはKey-Value形式でデータを保存します。データの保存と取得処理はNSUserDefaultsオブジェクトの使い方に類似しています（表14.1）。

表14.1 NSUbiquitousKeyValueStoreオブジェクト

データ型	保存	取得
id	setObject:forKey:	objectForKey:
NSString	setObject:forKey:	stringForKey:
NSData	setObject:forKey:	dataForKey:
NSArray	setObject:forKey:	arrayForKey:
NSDictionary	setObject:forKey:	dictionaryForKey:
long long	setLongLong:forKey:	longLongForKey:
double	setDouble:forKey:	doubleForKey:
BOOL	setBool:forKey:	boolForKey:

● データの取得

```
// defaultStoreメソッドを使ってNSUbiquitousKeyValueStoreオブジェクトを取得
NSUbiquitousKeyValueStore* cloudStore = [NSUbiquitousKeyValueStore defaultStore];

// iCloudとシンクさせる
[cloudStore synchronize];

// データを取得
NSString *storedString = [cloudStore stringForKey:kStringKey];
```

● データの保存

```
// defaultStoreメソッドを使ってNSUbiquitousKeyValueStoreオブジェクトを取得
NSUbiquitousKeyValueStore *cloudStore = [NSUbiquitousKeyValueStore defaultStore];
```

14.2 データ

```
// NSUbiquitousKeyValueStore オブジェクトへデータを保存
[cloudStore setString:_valueField.text forKey:kStringKey];

// iCloudとシンクさせる
[cloudStore synchronize];
```

▌データの同期

ほかの端末からiCloudのデータが変更されると、NSUbiquitousKeyValueStoreDidChangeExternallyNotificationという通知が送信されます。また、アプリを削除して再インストール時にも通知が発行されて、iCloudからの自動同期が行われます。

変更があったデータのキー情報はNSUbiquitousKeyValueStoreChangedKeysKeyに格納されています。

●通知の設定

```
[[NSNotificationCenter defaultCenter] addObserver:self
                    selector: @selector(ubiquitousKeyValueStoreDidChange:)
                    name: NSUbiquitousKeyValueStoreDidChangeExternallyNotification
                    object:cloudStore];
```

●通知の処理

```
-(void) ubiquitousKeyValueStoreDidChange: (NSNotification *)notification
{
    // 通知データ
    NSDictionary *notifyInfo = [notification userInfo];

(中略)
    // 変更されたデータのキー値
    NSArray *keys = [dict objectForKey:NSUbiquitousKeyValueStoreChangedKeysKey];

    // defaultStore メソッドを使って NSUbiquitousKeyValueStore オブジェクトを取得
    NSUbiquitousKeyValueStore *cloudStore = [NSUbiquitousKeyValueStore 
defaultStore];

    for (NSString *key in keys) {
        // 変更が発生したデータを取得する
        NSString *value = [cloudStore stringForKey:key];
        NSLog(@"value:%@", value);
    }
(中略)
}
```

138 JSONをパースしたい

JSON	7.X
関 連	—
利用例	JSON形式のWebAPIを利用したい場合

JSONをパースするには

標準のNSJSONSerializationクラスを利用します。JSONObjectWithData:options:error:を使ってJSONデータからNSArrayまたはNSDictionaryへ変換します。
optionsのパラメーターは表14.1の3種類あります。

表14.1 optionsのパラメーター

オプション	説明
NSJSONReadingMutableContainers	NSArrayとNSDictionaryの代わりに、可変オブジェクトであるNSMutableArrayやNSMutableDictionaryを返す
NSJSONReadingMutableLeaves	JSONデータの葉にあたる末端のオブジェクトをNSMutableStringとして返す
NSJSONReadingAllowFragments	JSONのルートがobjectとarray以外の型でも許可する。このオプションを指定していないと、ルートがobject、array以外の場合はnilが返る

●GoogleMapAPIのジオコーディングレスポンスの使用例

```
// 送信するリクエストを生成する
NSString* path = @"http://maps.googleapis.com/maps/api/geocode/json?address=
tokyo&sensor=false";
NSURL* url = [NSURL URLWithString:path];
NSURLRequest* request = [NSURLRequest requestWithURL:url];

// WebApiからNSData形式でJSONデータを取得
NSData* jsonData = [NSURLConnection sendSynchronousRequest:request
returningResponse:nil error:nil];

// Google Geocoding API
// https://developers.google.com/maps/documentation/geocoding/?hl=ja#JSON
// ジオコーディング レスポンス（JSONデータ）:
//    {
//        "results" : [
//            {
//                "address_components" : [
//                    {
```

```
//                                          "long_name" : "東京都",
//                                          "short_name" : "東京都",
//                                          "types" : [ "administrative_↵
area_level_1", "political" ]
//                                        },
//                                        {
//                                          "long_name" : "日本",
//                                          "short_name" : "JP",
//                                          "types" : [ "country", ↵
"political" ]
//                                        }
//                                      ],
//                   "formatted_address" : "日本, 東京都",
//                   "geometry" : {
//                      "bounds" : {
//                         "northeast" : {
//                            "lat" : 35.8986441,
//                            "lng" : 153.9875216
//                         },
//                         "southwest" : {
//                            "lat" : 24.2242343,
//                            "lng" : 138.9427579
//                         }
//                      },
//                      "location" : {
//                         "lat" : 35.6894875,
//                         "lng" : 139.6917064
//                      },
//                      "location_type" : "APPROXIMATE",
//                      "viewport" : {
//                         "northeast" : {
//                            "lat" : 35.817813,
//                            "lng" : 139.910202
//                         },
//                         "southwest" : {
//                            "lat" : 35.528873,
//                            "lng" : 139.510574
//                         }
//                      }
//                   },
//                   "types" : [ "administrative_area_level_1", "political" ]
//                }
//             ],
//      "status" : "OK"
//   }

if (jsonData) {
```

```objc
    NSError* jsonParsingError = nil;
    // JSONからNSDictionaryまたはNSArrayに変換
    // JSONによって、配列ならばNSArrayになり、そうでなければNSDictionaryとなる
    NSDictionary* dic = [NSJSONSerialization JSONObjectWithData:jsonData
                                          options:NSJSONReadingAllowFragments
                                          error:&jsonParsingError];

    // NSDictionaryを利用して、必要なデータを取得する
    NSString* status = [dic objectForKey:@"status"];
    NSLog(@"status: %@",status);

    NSArray* arrayResult =[dic objectForKey:@"results"];
    NSDictionary* resultDic = [arrayResult objectAtIndex:0];
    NSDictionary* geometryDic = [resultDic objectForKey:@"geometry"];
    NSLog(@"geometryDic: %@",geometryDic);

    NSDictionary* locationDic = [geometryDic objectForKey:@"location"];
    NSNumber* lat = [locationDic objectForKey:@"lat"];
    NSNumber* lng = [locationDic objectForKey:@"lng"];
    NSLog(@"location lat = %@, lng = %@",lat,lng);

} else {

    NSLog(@"the connection could not be created or if the download fails.");

}
```

139 iTunesからファイル転送できるようにしたい

iTunes	7.X

関　連	130　新規で作成したディレクトリにファイルを保存したい　P.332
利用例	iTunesを使ったPCとiOSアプリ間でファイルのやり取りを行う場合

iTunesを使ったファイル転送とは

プログラムを書く必要がなく、plistに「Application supports iTunes file sharing」という項目を追加し、Valueのカラムを「YES」に設定するだけで使えるようになります（図14.1）。

図14.1　Valueのカラムを「YES」に設定する

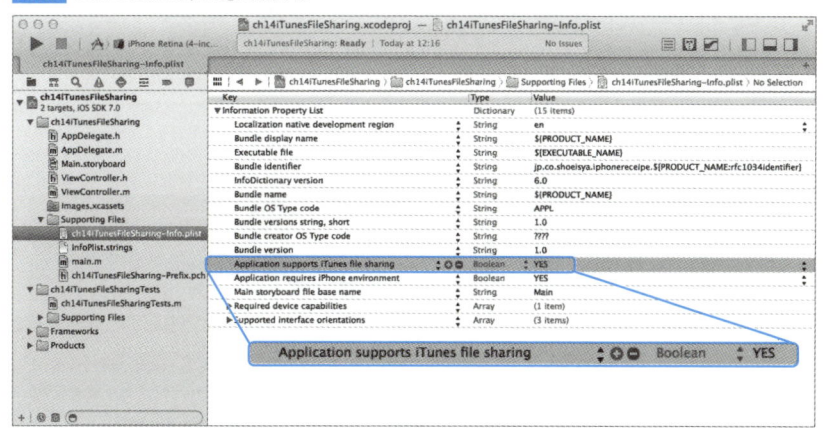

ファイル共有

アプリをビルドと実行で実機にインストールして、iTunesの「ファイル共有」を確認してみると、サンプルアプリが「ファイル共有」の対象アプリのリストに表示され、[追加]ボタンでPCのファイルをアプリのDocumentフォルダに追加することができます。

アプリのDocumentフォルダにファイルの書き出しと読み込みができるので、iTunesを使ったPCとiOSアプリ間でファイルのやり取りができるようになります（図14.2）。

図14.2 ファイルのやり取り

> **NOTE**
>
> 「Edit」メニューの「Show Raw Keys & Values」
>
> 「Application supports iTunes file sharing」項目のKeyの名前「UIFileSharingEnabled」を表示したい場合は、Xcodeの「Editor」メニューの「Show Raw Keys & Values」をチェックしてください（図14.3）。

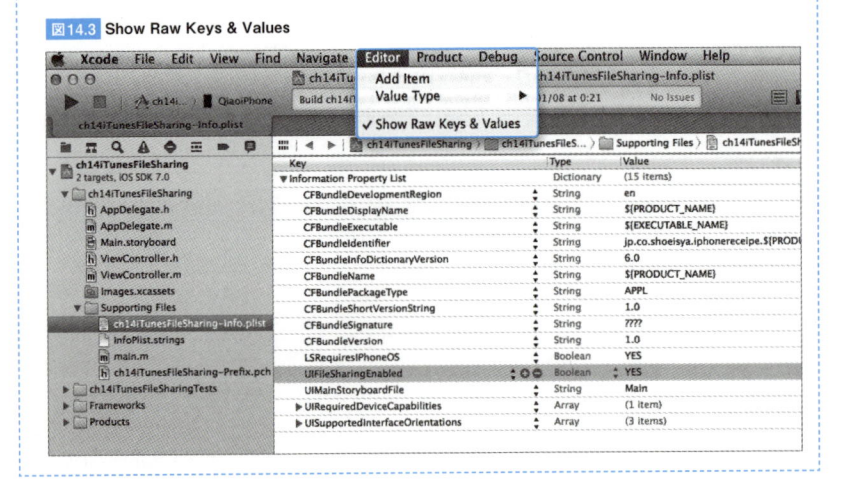

図14.3 Show Raw Keys & Values

PROGRAMMER'S RECIPE

第 15 章

データベース

140 データベース（SQLite）を直接使いたい

FMDatabaseライブラリ 7.X

関連	135 CoreDataの使用準備を行いたい　P.346
	136 CoreDataを用いてデータの登録・削除・検索を行いたい　P.350

利用例	直接SQL文を発行したい

SQLiteを直接利用するには

データを記憶するためにはCore Dataを利用しますが、その基礎の1つとなっているデータベースシステムがSQLiteです。

状況によっては直接RDBMSを扱ったほうがパフォーマンス上有利な場合があるかもしれません。

ここでは、オープンソースのライブラリであるFMDBを利用し、SQLiteを直接扱う方法を説明します。

XcodeのプロジェクトにSQLiteを扱うためのライブラリを追加する

Xcodeのプロジェクトナビゲーターからプロジェクトを開き、リストから「TARGETS」→「ターゲット名」を選択し、「Build Phases」タブの「Link Binary With Libraries」を開いて、リスト下の「+」をクリックします。

[Choose frameworks and libraries to add] ダイアログが開いたら、「libsqlite3.dylib」を選択して「Add」をクリックしてください。「libsqlite3.dylib」がリストに追加されれば完了です。

FMDatabaseを追加する

FMDatabaseは、Flying Meat Inc.がMITライセンスで公開しているSQLiteのObjective-C用のラッパーライブラリです。

最新のソースを https://github.com/ccgus/fmdb からダウンロードして展開後、fmdbのsrcフォルダ以下にあるFM*.h、FM*.mファイルを利用しているプロジェクトにコピーします。

その後、FMDatabaseを使用したいソースでFMDatabaseのヘッダーをインポートするように指定します。

●ヘッダーファイルをインポートする（AppDelegate.h、MasterViewController.h）

```
#import "FMDatabase.h"
```

データベースファイルを開く

データベースを使用するためには、まずデータベースを格納するためのファイルを指定してFMDatabaseインスタンスを作成し、openしておく必要があります。openする際に、データベースファイルが存在しなければ自動的に作成されます。

● 例 データベースファイルを開く

```
// ディレクトリのリストを取得する
NSArray *paths = NSSearchPathForDirectoriesInDomains(NSDocumentDirectory,
NSUserDomainMask, YES);
NSString *documentDirectory = paths[0];
NSString *databaseFilePath = [documentDirectory stringByAppendingPathComponent:@
"ch15database.db"];
// インスタンスを作成する
FMDatabase *database = [FMDatabase databaseWithPath:databaseFilePath];
// データベースを開く
[database open];
```

NOTE

インメモリデータベースとテンポラリデータベース

databaseWithPathにNULLを与えると、ファイルではなくメモリ上にデータベースが作成されます（インメモリデータベース）。

また空文字列を与えると、データベースファイルはテンポラリ領域に作成され、closeする時に削除されます。一時的にデータベースを必要とする場合には便利です。

141 テーブルを作成したい

| executeUpdate:メソッド | CREATE TABLE文 | 7.X |

| 関連 | 142 データを追加・更新・削除したい P.365 |
| 利用例 | テーブルを作成する場合 |

テーブルを作成するには

CREATE TABLE文をexecuteUpdate:メソッドで実行することで、テーブルを作成できます。

● **例** テーブル「stations」を作成する

```
NSString *sql = @"CREATE TABLE stations (sid INTEGER PRIMARY KEY AUTOINCREMENT,
name TEXT, distance REAL, memo TEXT);";
[database executeUpdate:sql];
```

> **NOTE**
> **IF NOT EXISTS**
> 「IF NOT EXISTS」を指定すると、同じ名前のデータベースがない場合にのみCREATE TABLE文が実行され、テーブルが作成されます。
> 同じ名前のデータベースがあるとCREATE TABLE文は実行されず、結果としてエラーも表示されません。アプリケーション起動時にスキーマを作成してしまいたい時に便利です。

142 データを追加・更新・削除したい

| executeUpdate:メソッド | INSERT文 | 7.X |

| 関　連 | 141　テーブルを作成したい　P.364 |
| 利用例 | 作成したテーブルにデータを追加・更新・削除する場合 |

■ データを追加するには
INSERT文をexecuteUpdate:メソッドで実行することで、データを追加できます。

● **例** テーブル「stations」にデータを追加する

```
NSString *name = @"板宿";
NSNumber *distance = @1.0;
NSString *memo = @"神戸市営地下鉄は乗り換えです。";
[database executeUpdate:@"INSERT INTO stations(name, distance, memo) ↵
VALUES(?,?,?);", name, distance, memo];
```

■ データを更新するには
UPDATE文をexecuteUpdate:メソッドで実行することで、データを更新できます。

● **例** テーブル「stations」にデータを追加する

```
NSString *memo = @"高架化工事のため仮駅舎で営業中です。";
NSString *name = @"西新町";
[database executeUpdate:@"UPDATE stations SET memo = ? WHERE name = ?;", memo, ↵
name];
```

■ データを削除するには
DELETE文をexecuteUpdate:メソッドで実行することで、データを削除できます。

● **例** テーブル「stations」からデータを削除する

```
// 昭和43年廃止
NSString *name = @"電鉄兵庫";
[database executeUpdate:@"DELETE FROM stations WHERE name = ?;", name];
```

143 トランザクションを利用したい

トランザクション	7.X

関　連	142　データを追加・更新・削除したい　P.365
利用例	トランザクションを利用する場合

トランザクションを利用するには

　通常、データの追加・更新・削除を行うと即座にデータベースファイルに反映されますが、パフォーマンスの面での問題や処理取消時に復旧が面倒になることがあります。
　このような場合は、トランザクションを利用してデータベースの更新処理を遅延させると良いでしょう。

● 例　トランザクションを開始する

```
[database beginTransaction];
```

　データの追加・更新・削除などを行ったあと、コミットすることにより更新内容をデータベースに書き込んで確定させます。

● 例　トランザクションをコミットする

```
[database commit];
```

　途中でエラーが発生するなどして一連の処理をキャンセルしたい場合、ロールバックすることによりトランザクション開始からの追加・更新・削除を取り消すことができます。

● 例　トランザクションをロールバックする

```
[database rollback];
```

　現在トランザクション中かどうかは、inTransactionメソッドを用いて調べることもできます。

● 例　トランザクション中かどうかを取得する

```
BOOL transactioning = [database inTransaction];
```

> **NOTE**
>
> **トランザクションの開始**
> 　トランザクションを開始すると、ほかのSQLiteへの接続から同じデータベースにアクセスすることができなくなります。マルチスレッドなAppを作成する場合にはご注意ください。

144 データを検索したい

executeQuery:メソッド	SELECT文	7.X

関　連	142　データを追加・更新・削除したい　P.365

利用例	データを検索する場合

▍データを検索するには

　SELECT文をexecuteQuery:メソッドで実行することで、データを検索することができます。結果はFMResultsインスタンスとして得られ、実際のデータはFMResultsインスタンスから取得します。FMResultsインスタンスのnextメソッドを呼ぶたびに結果が1行ずつ返され、最後まで到達するとnextメソッドがNOを返します。

● 例　テーブル「stations」からデータを検索する

```
NSString *searchString = @"山陽%";
FMResultSet *results = [database executeQuery:@"SELECT name, distance,
memo FROM stations WHERE name like ? ORDER BY distance", searchString];
// データ取得を行うループ
NSMutableArray *filteredStations = [NSMutableArray new];
while([results next]) {
    [filteredStations addObject:@{
        @"name" : [results stringForColumnIndex: 0],
        @"distance" : [results doubleForColumnIndex: 1],
        @"memo" : [results stringForColumnIndex: 2],
    }];
}
```

　データベースの使用を完了したら、closeメッセージを送ってデータベースを閉じます。これによりデータベースファイルのハンドルが解放されます。テンポラリデータベースであれば削除が行われます。

● データベースファイルを閉じる

```
[_database close];
```

MEMO

PROGRAMMER'S RECIPE

第 **16** 章

国際化対応

145 アプリ内テキストの国際化を行いたい

NSLocalizedString関数		7.X
関連	146 Storyboardの国際化対応を行いたい　P.373 147 アプリ名の国際化対応を行いたい　P.376 148 国際化対応の動作確認を行いたい　P.378	
利用例	UIAlertViewで表示するメッセージを国ごとに分ける場合	

国際化する文字列をNSLocalizedString関数で取得する

まず、国際化したい文字列を直接「@"エラーが発生しました"」のように記述するのではなく、NSLocalizedString関数を用いて取得するようにします。

●国際化する文字列をNSLocalizedString関数を用いて取得する

```
NSString *message = NSLocalizedString(@"AlertMessage", @"AlertMessage");
NSString *title = NSLocalizedString(@"AlertTitle", @"AlertTitle");
NSString *buttonTitle = NSLocalizedString(@"OK", @"ButtonTitle");
```

NSLocalizedString関数の第1引数には文字を取得するためのKeyを、第2引数にはコメントを与えます。コメントはnilでも問題ありませんが、ここで指定したコメントが後に作成するLocalizable.stringsファイル内のコメントになるため、わかりやすく記述したほうが良いでしょう。

Localizable.stringsを作成する

Localizable.stringsを作成するには、Terminal.appなどターミナルアプリを起動してプロジェクトのフォルダまで移動します。そこでgenstringsコマンドを実行します。

```
genstrings -a $(find . -name "*.m")
```

genstringsコマンドはNSLocalizedString関数を呼び出している箇所の記述を元にLocalizable.stringsファイルを作成してくれます。

16.1 文字列

● 生成されたLocalizable.stringファイル

```
/* AlertMessage */
"AlertMessage" = "AlertMessage";

/* AlertTitle */
"AlertTitle" = "AlertTitle";

/* ButtonTitle */
"OK" = "OK";
```

生成されたLocalizable.stringsファイルをプロジェクトに読み込みます（図16.1）。

図16.1 Localizable.stringsファイルをプロジェクトに読み込む

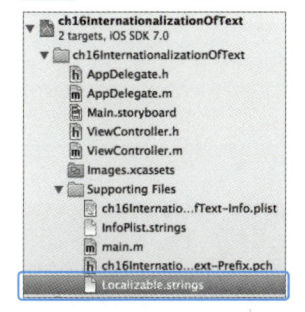

各言語のLocalizable.stringsを作成する

次に各言語のLocalizable.stringsを作成します。まず「PROJECT」→「（プロジェクト名）」→「info」→「Localizations」の項目に「Japanese (ja)」を追加します（図16.2）。

図16.2 Localizationsの項目に「Japanese (ja)」を追加する

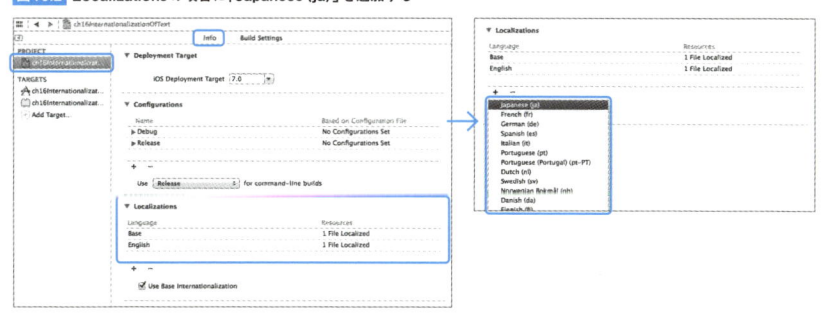

NSLocalizedString関数

371

追加したら、次にプロジェクトナビゲーターでLocalizable.stringsファイルを選択して、[File Inspector]で[Localize…]ボタンをクリックします。そしてEnglishとJapaneseの両方にチェックを入れると各言語のLocalizable.stringsファイルが作成されます（図16.3）。

図16.3 各言語のLocalizable.stringsファイルを作成する

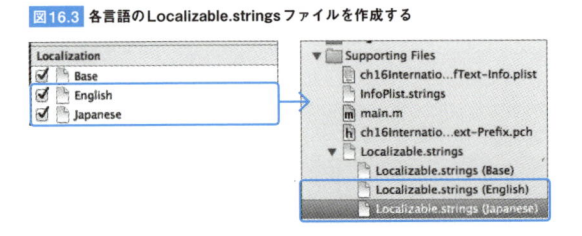

ここで、日本語用のLocalizable.stringsファイルを修正します。

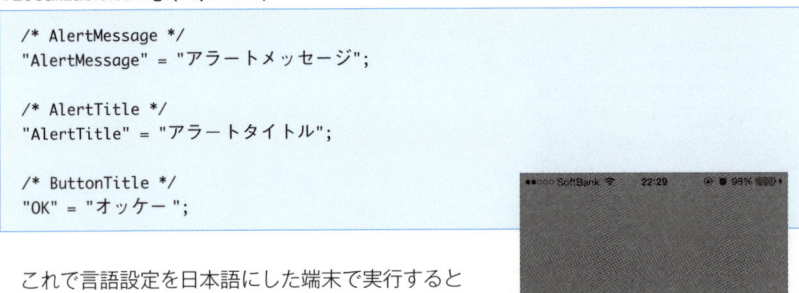

●Localizable.strings(Japanese)

```
/* AlertMessage */
"AlertMessage" = "アラートメッセージ";

/* AlertTitle */
"AlertTitle" = "アラートタイトル";

/* ButtonTitle */
"OK" = "オッケー";
```

これで言語設定を日本語にした端末で実行すると図16.4のように日本語で表示されるようになります。

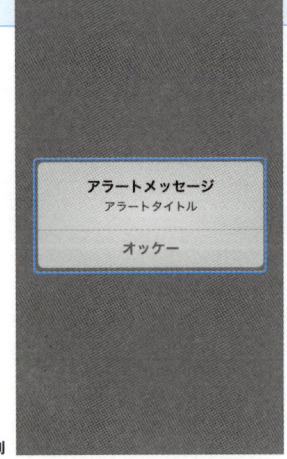

図16.4 日本語化された文字列

146 Storyboardの国際化対応を行いたい

Main.strings　　　　　　　　　　　　　　　　　　　　　　　　　　　　7.X

関　連	145　アプリ内テキストの国際化を行いたい　P.370 147　アプリ名の国際化対応を行いたい　P.376 148　国際化対応の動作確認を行いたい　P.378
利用例	StoryboardでUIを作成する時、各言語に文字列を変更する場合

▎Storyboardの国際対応を行うには

　まずは普通にStoryboardを使ってUIを作成します。サンプルではUIButtonとUILabelを1つずつ用意しています（図16.1）。

図16.1 StoryboradでUI国際化対応するUIを作成

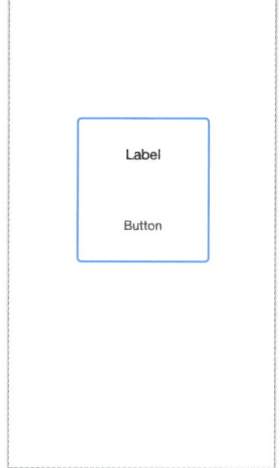

▎Storyboradを国際化する

　「PROJECT」→「（プロジェクト名）」→「info」→「Localizations」の項目に「Japanese (ja)」を追加します（図16.2）。

図16.2 Localizationsの項目に「Japanese (ja)」を追加する

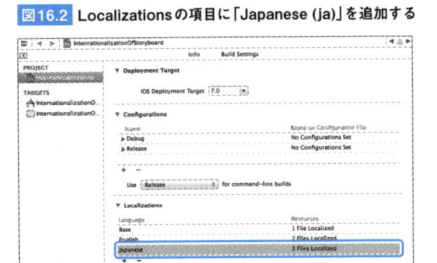

Main.storyboardの下層にMain.stringsが追加されていることが確認できます（図16.3）。

図16.3 Main.strings

中身を確認すると以下のようになっています。ここでStoryboardと見比べるとわかりますが、それぞれのUIに設定していた文字列が記載されています。

● Main.Strings(English)の内容

```
/* Class = "IBUIButton"; normalTitle = "Button"; ObjectID = "4P7-Cj-8So"; */
"4P7-Cj-8So.normalTitle" = "Button";

/* Class = "IBUILabel"; text = "Label"; ObjectID = "WhD-eZ-Xse"; */
"WhD-eZ-Xse.text" = "Label";
```

これを日本語の文字列に置き換えます。

● 日本語に置き換えたMain.Strings(Japanese)の内容

```
/* Class = "IBUIButton"; normalTitle = "Button"; ObjectID = "4P7-Cj-8So"; */
"4P7-Cj-8So.normalTitle" = "ボタン";

/* Class = "IBUILabel"; text = "Label"; ObjectID = "WhD-eZ-Xse"; */
"WhD-eZ-Xse.text" = "ラベル";
```

ビルドして言語を日本語に設定している端末で実行するとMain.Strings(Japanese)の内容が反映されていることがわかります（図16.4）。

図16.4 日本語化されたUI

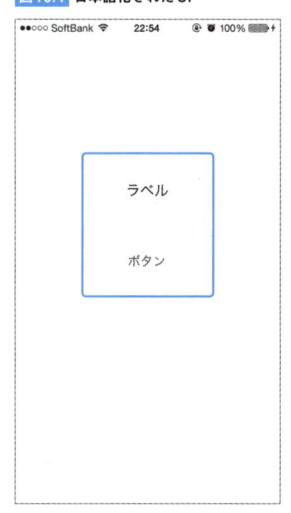

147 アプリ名の国際化対応を行いたい

InfoPlist.strings		7.X

関連	145 アプリ内テキストの国際化を行いたい　P.370
	146 Storyboardの国際化対応を行いたい　P.373
	148 国際化対応の動作確認を行いたい　P.378

利用例	StoryboardでUIを作成する時に各言語に文字列を変更する場合

InfoPlist.stringsを国際化する

InternationalizationofDiaplayNameを変更します。まず「PROJECT」→「(プロジェクト名)」→「info」→「Localizations」の項目に「Japanese (ja)」を追加します（図16.1）。

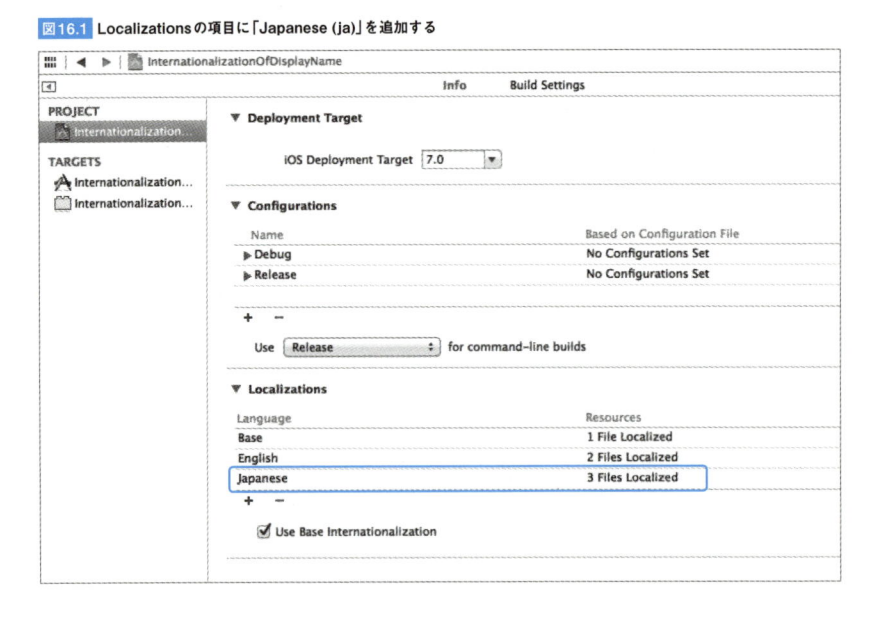

図16.1 Localizationsの項目に「Japanese (ja)」を追加する

InfoPlist.stringsがEnglishとJapaneseの2つになっていることが確認できます（図16.2）。

16.1 文字列

図16.2 英語と日本語のInfoPlist.strings

これらにそれぞれの言語のアプリ名を記述することでアプリ名の国際化対応ができます。英語のアプリ名を English、日本語のアプリ名を「日本語」にするとします。iPhoneのメニューに表示される名前は「CFBundleDisplayName」なのでそれぞれのファイルで記述します。

●InfoPlist.strings(English)

```
/* Localized versions of Info.plist keys */
CFBundleDisplayName = "English";
```

●InfoPlist.strings(Japanese)

```
/* Localized versions of Info.plist keys */
CFBundleDisplayName = "日本語";
```

これでそれぞれの言語環境で実行すると図16.3、16.4のようになります。

図16.3 英語環境で実行

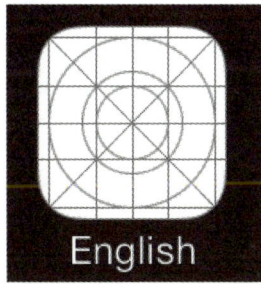

図16.4 日本語環境で実行

148 国際化対応の動作確認を行いたい

言語環境		7.X
関連	145 アプリ内テキストの国際化を行いたい　P.370 146 Storyboardの国際化対応を行いたい　P.373 147 アプリ名の国際化を行いたい　P.376	
利用例	StoryboardでUIを作成する時、各言語に文字列を変更する場合	

国際化対応の動作確認を行うには

　国際化対応して複数言語を使う場合には、レイアウトが崩れる場合もあるので確認が重要です。iPhoneの言語設定は、「設定」→「言語環境」→「言語」から行います（図16.1）。
　リリース前にはそれぞれの言語環境で動作確認を行い正しく国際化が行われていることを確認しましょう。

図16.1 言語環境

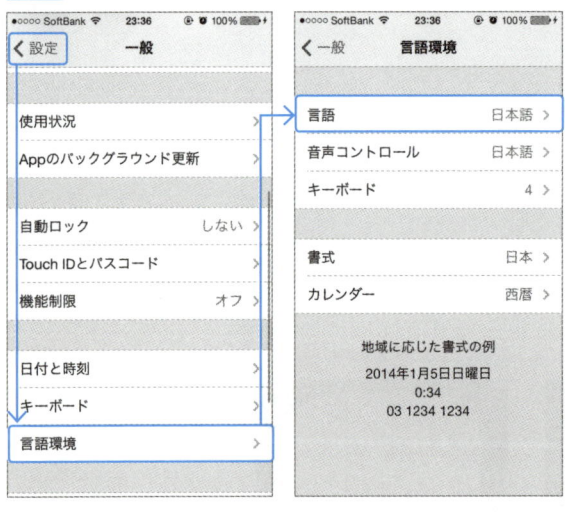

PROGRAMMER'S RECIPE

第 17 章

デバッグ

149 デバッグしたい

ブレークポイント | ステップ実行　　　　　　　　　　　　　　　　　　　7.X

関連	151 実機でデバッグしたい　P.388
利用例	ブレークポイントを設定してアプリケーションの振る舞いを調査する場合

デバッグするには

　Xcodeでは、コード中にブレークポイントを設定することで、変数の内容や処理フローを確認しながらデバッグすることができます。

デバッグコンソールを表示する

　メニューから［View］→［Debug Area］→［Show Debug Area］を選択するとデバッグコンソールが表示されます。また、アプリケーションの実行中に問題が発生した場合にも、自動でデバッグモードに切り替わり問題の箇所をハイライト状態にして停止するようになっています。デバッグモードの際、ウィンドウ下部の［▲］をクリックするとデバッグコンソールが開きます。（図17.1）。

図17.1 デバッグコンソールの表示

ブレークポイントを設定する

　ブレークポイントとは、実行中のアプリケーションを意図的に一時停止させる場所のことです。これを用いることで、アプリケーション中の任意の場所での実行環境（メモリ、レジスタ、ログ、ファイルなど）を観察してプログラムが期待通りに機能しているかどうかを確認できます。

　ブレークポイントを設置するには行番号（**NOTE** 行番号を表示するには）をクリックします。有効なブレークポイントは濃い青色で表示されます。もう一度、行番号をクリックす

るとブレークポイントは無効になります。無効なブレークポイントは薄い青色で表示されます（図17.2）。

設置したすべてのブレークポイントを有効もしくは無効にするには、「ブレークポイント」アイコンをクリックして一括変更します（図17.3）。

図17.2 ブレークポイントの有効化と無効化

図17.3 ブレークポイントの一括変更

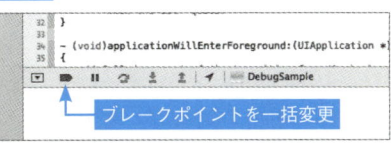

設置したブレークポイントを削除するには、行番号を右クリック（セカンダリクリック）し、コンテキストメニューを表示して「Delete Breakpoint」を選択します。もしくは、ブレークポイントをドラッグ＆ドロップすることで、ほかの行へ移動・削除ができます（図17.4）。

図17.4 ブレークポイントの削除と移動

実行環境を確認する

アプリケーションを実行すると、有効なブレークポイントが設置された行で一時停止します。ウィンドウ下部には実行中の変数の内容とログが表示されます。クラスや構造体の詳細な内容を確認するには［▶］をクリックしてツリーを展開します（図17.5）。

図17.5 変数を確認する

もし、確認したい項目が表示されていない場合には、ウィンドウ下部のプルダウンメニューから、[Auto], [Local Variables], [All Variables, Resisters, Globals and Statics]を適宜選択することで、表示したい項目に変更できます（図17.6）。

図17.6 表示の変更

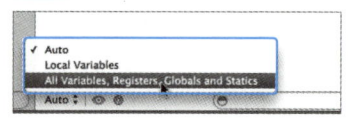

ステップ実行して動作を確認する

アプリケーションを1行ずつ実行して動作を確認することができます。デバッグ作業において主に利用する機能は、実行継続とステップオーバーです。実行中のコードにあるメソッドや関数の内外へ移動して動作を確認したい時は、ステップインとステップアウトを利用します（図17.7、表17.1）。

図17.7 ステップ実行

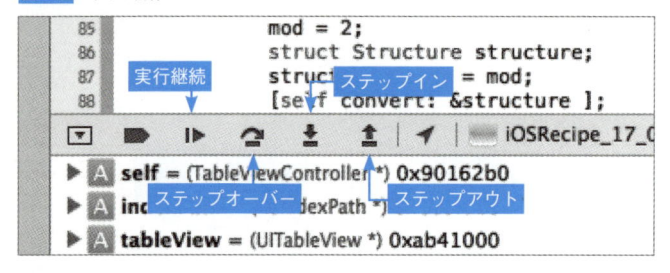

表17.1 実行方法

種類	説明
実行継続	実行を再開し次の有効なブレークポイントで処理を継続する
ステップオーバー	現在表示されているコードにそって1行ずつ実行する
ステップイン	現在表示されているコードにメソッドや関数があらわれると、その内部に入って1行ずつ実行する
ステップアウト	現在表示されているコードのメソッドや関数の呼び出し元へ戻って1行ずつ実行する

17.1 デバッグコンソール

スタックトレースを確認する

ブレークポイントで停止している時や、エラーのため停止している時は、ウィンドウ左に呼び出し元メソッドが順番に表示されます。これをスタックトレースといい、リストから任意の呼び出し元メソッドを選択することで呼び出し元メソッドにおける変数の内容を確認できます（図17.8）。

図17.8 スタックトレースを確認する

① 命令を選択
② 呼び出し元のメソッドにカーソルが合わさる
③ 変数の内容が表示される

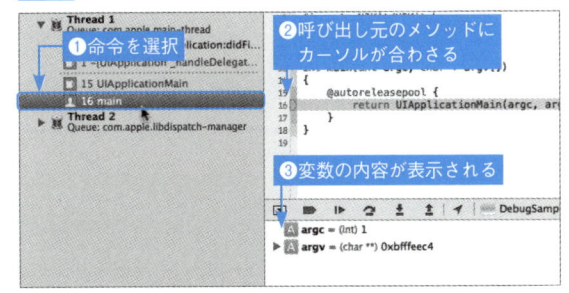

> **NOTE**
>
> **行番号を表示するには**
>
> メニューから「Xcode」→「Preferences」を開き、「Text Editing」タブを選択します。「Show」→「Line numbers」をチェックすると行番号が表示されます（図17.9）。
>
> **図17.9** 行番号を表示する
>
> Line numbers をチェック

ブレークポイント / ステップ実行

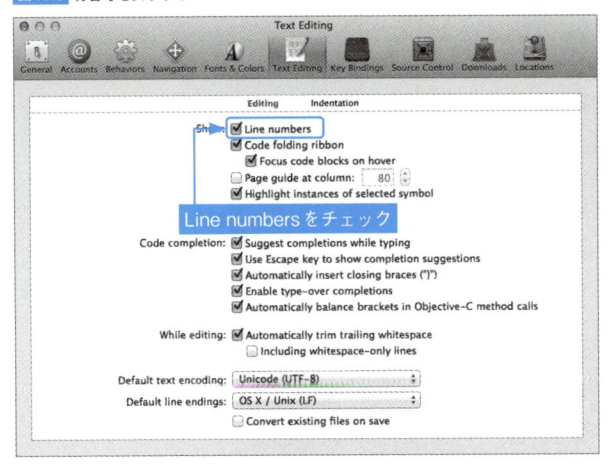

150 ログを出力したい

| ログ | NSLog関数 | 7.X |

| 関連 | 149 デバッグをしたい P.380 |
| | 151 実機でデバッグしたい P.388 |

| 利用例 | ログを出力してアプリケーションの振る舞いを調査する場合 |

ログを出力するには

アプリケーションの任意の場所でログを出力して、変数の内容などを確認します。
コンソールにログを出力するには、NSLog関数を利用します。

●NSLogでログ出力（iOSRecipe_17_01のAppDelegate.m）

```
// NSLog ログ出力の実施
NSLog(@"String型:%@", @"Test");   // 文字列型
NSLog(@"int型:%d", 10);           // 数値型
NSLog(@"float型:%.2f", 1.2345);   // 小数型（小数点以下2桁まで）
```

デバッグ時のみログを出力させる

頻繁にNSLogでログを出力すると、パフォーマンスに影響がでる場合があります。また、ユーザーがインストールしたアプリケーションのログを閲覧する可能性もあるため、セキュリティの観点からRelease版アプリではログを出力するべきではありません。そこで、「アプリ名-Prefix.pch」というヘッダに以下のコードを記述してNSLogを定義することで、デバッグ時のみログを出力するようにできます。

●NSLog デバッグ時のみ出力（iOSRecipe_17_01の-Prefix.pch）

```
// NSLog デバッグ時のみ出力するように設定
#ifdef DEBUG
#   define NSLog(...) NSLog(__VA_ARGS__)
#else
#   define NSLog(...)
#endif
```

CocoaLumberjackを利用してログを出力する

CocoaLumberjackはオープンソース（BSDライセンス）のログライブラリです。
あらかじめ設定されたログレベルに応じてログを出力したり、コンソールだけでなくファイルやデータベースにログを出力したりすることもできます。

CocoaLumberjackをインストールする

CocoaPodsからインストールする、もしくは、GitHubからダウンロードしたソースコードをプロジェクトに追加することで利用できます（図17.1）。

● CocoaPodsでインストールする場合

```
pod 'CocoaLumberjack'
```

図17.1 ソースコードをプロジェクトに追加する場合

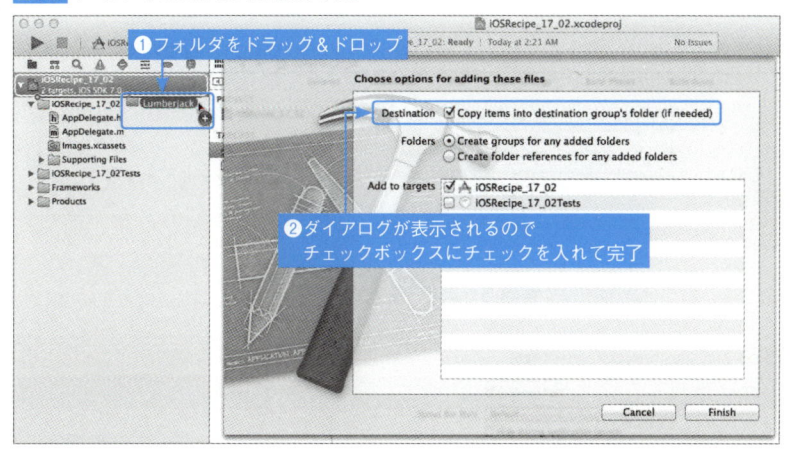

① フォルダをドラッグ＆ドロップ

② ダイアログが表示されるのでチェックボックスにチェックを入れて完了

NOTE

参考となるサイト

以下のサイトを参考にしてください。

URL CocoaPods http://beta.cocoapods.org/

URL CocoaLumberjack https://github.com/robbiehanson/CocoaLumberjack

---

CocoaLumberjackを設定する

CocoaLumberjackを利用するには、AppDelegateでヘッダーファイルをインポートします。以下のコードは、「Xcodeコンソール出力」、「アップルのシステムロガー送信」の2種類のログ出力をする場合を想定しています。

●CocoaLumberjackの利用（iOSRecipe_17_02のAppDelegate.m）

```
// CocoaLumberjack ヘッダーファイルをインポート
#import "DDTTYLogger.h"
#import "DDASLLogger.h"
```

　didFinishLaunchingWithOptions:メソッドにコードを記述することでログの出力先を設定します。

●CocoaLumberjackログ出力先の設定（iOSRecipe_17_02のAppDelegate.m）

```
- (BOOL)application:(UIApplication *)application didFinishLaunchingWithOptions:(NSDictionary *)launchOptions
{
    // CocoaLumberjack ログ出力先の設定
    [DDLog addLogger:[DDTTYLogger sharedInstance]]; // Xcodeのコンソールにログを出力
    [DDLog addLogger:[DDASLLogger sharedInstance]]; // アップルのシステムロガーに送信
（中略）
}
```

　設定できるログの出力先は4種類あります（表17.1）。

表17.1 CocoaLumberjackログ出力先の種類

種類	説明
DDLog	標準的なログを出力する
DDTTYLogger	Xcodeのコンソールにログを出力する
DDASLLogger	アップルのシステムロガーに送信する。送信した内容はConsole.appで確認できる
DDFileLogger	ファイルにログを出力する

　次に、ログの出力レベルを設定します。ログの出力レベルは6種類あります（表17.2）。デバッグレベルでログを出力したい場合は、以下のコードを記述します。

●CocoaLumberjack ログ出力レベルの設定（iOSRecipe_17_02のAppDelegate.m）

```
// CocoaLumberjack ログ出力レベルの設定
static const int ddLogLevel = LOG_LEVEL_DEBUG;
```

表17.2 CocoaLumberjackログ出力レベルの種類

種類	説明
LOG_LEVEL_ERROR	DDLogError関数を使用したログ出力を表示する
LOG_LEVEL_WARN	DDLogError関数とDDLogWarn関数を使用したログ出力を表示する
LOG_LEVEL_INFO	DDLogError関数とDDLogWarn関数とDDLogInfo関数を使用したログ出力を表示する
LOG_LEVEL_DEBUG	DDLogError関数とDDLogWarn関数とDDLogInfo関数とDDLogDebug関数を使用したログ出力を表示する
LOG_LEVEL_VERBOSE	すべて（DDLogError関数、DDLogWarn関数、DDLogInfo関数、DDLogVerbose関数）のログ出力を表示する
LOG_LEVEL_OFF	ログを表示しない

CocoaLumberjackでログ出力する

　以上で、設定が完了したのでログを出力します。ログ出力の関数は5種類あります（表17.3）。ログを出力するには、任意の場所で以下のコードを記述します。

●CocoaLumberjackログ出力の実施（iOSRecipe_17_02のAppDelegate.m）

```
// CocoaLumberjack ログ出力の実施
DDLogError(@"Error");    // エラーの場合
DDLogWarn(@"Warn");      // 警告の場合
DDLogInfo(@"Info");      // 情報の場合
DDLogDebug(@"Debug");    // デバッグの場合
DDLogVerbose(@"Verbose");   // 詳細なデバッグの場合
```

表17.3 CocoaLumberjackログ出力関数の種類

種類	説明
DDLogError	LOG_LEVEL_OFF以外の出力レベルが設定された場合に出力する
DDLogWarn	LOG_LEVEL_ERROR、LOG_LEVEL_OFF以外の出力レベルが設定された場合に出力する
DDLogInfo	LOG_LEVEL_ERROR、LOG_LEVEL_WARN、LOG_LEVEL_OFF以外の出力レベルが設定された場合に出力する
DDLogDebug	LOG_LEVEL_ERROR、LOG_LEVEL_WARN、LOG_LEVEL_INFO、LOG_LEVEL_OFF以外の出力レベルが設定された場合に出力する
DDLogVerbose	LOG_LEVEL_VERBOSEが設定された場合に出力する

151 実機でデバッグしたい

デバッグ		7.X
関　連	149　デバッグをしたい　P.380	
利用例	iPhone や iPad など実機でアプリケーションを動かしたい場合	

▎実機でデバッグするには

　この節では Apple との守秘義務契約のため画面キャプチャなどを使った詳しい解説ができませんので、全体の流れに主眼をおいて簡単にまとめています。

　詳しい手順は、「App Store への登録に関するチュートリアル」「iOS チーム管理ガイド」というAppleが提供している日本語ドキュメントを参考にされるとよいでしょう（図17.1）。

- 参考 「App Store への登録に関するチュートリアル」
- 参考 「iOS チーム管理ガイド」

図17.1 実機でアプリケーションを動かすまでの流れ

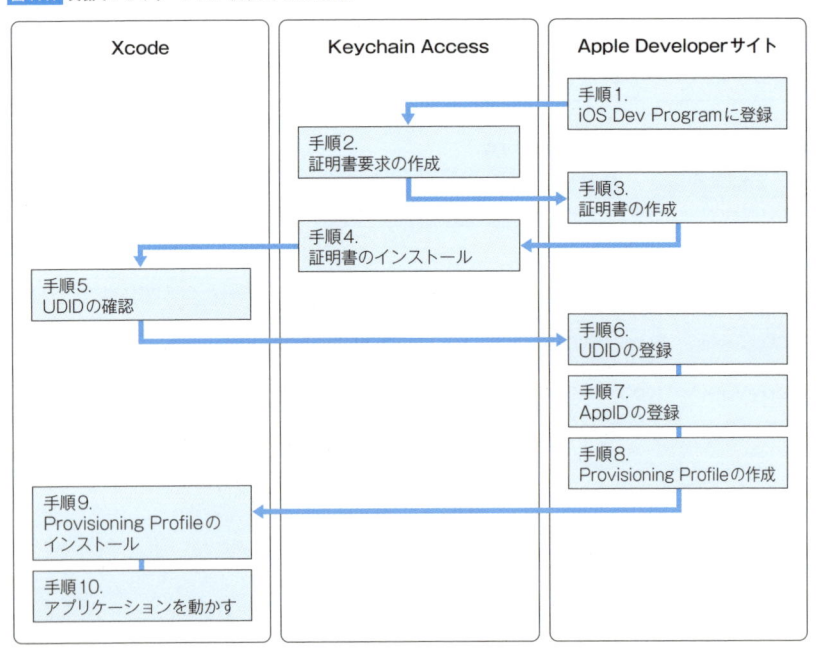

Xcode	Keychain Access	Apple Developerサイト
		手順1. iOS Dev Programに登録
	手順2. 証明書要求の作成	
		手順3. 証明書の作成
	手順4. 証明書のインストール	
手順5. UDIDの確認		
		手順6. UDIDの登録
		手順7. AppIDの登録
		手順8. Provisioning Profileの作成
手順9. Provisioning Profileのインストール		
手順10. アプリケーションを動かす		

手順1 iOS Developer Program に登録する（Apple Developer サイトで実施）

開発者ライセンスには、個人向け、企業向けなどいくつかの種類があり、アプリケーションの配布方法や用途に違いがあります。

App Store から配布するようなアプリケーションの開発であれば、iOS Developer Program (8,400円/年) を購入します。iOS Developer Programには、個人/企業の2種類のオプションがありますが、App Store から配布するという点では同じです。

iOS Developer Enterprise Programは、企業内や組織内でアプリケーションを配布する場合に利用します（App Store からの配布はできない）。そのほかにも、教育機関向けの iOS Developer University Program があります。

1. iOS Developer Program に登録

Apple Developerサイトにて、任意のiOS Developer Programを選択のうえ手順にそって登録します。登録時に注意すべきことは半角英数字を用いて入力することです。日本語などの全角文字を入力すると正常に登録できない場合がありますので、すべて半角英数字のローマ字で入力してください。

2. Member Centerの利用

iOS Developer Programの登録完了後は、Apple Developerサイトの上部メニューから Member Center を利用できるようになります。Member Centerでは、証明書の発行や、検証用デバイスの登録など開発に必要なサービスが提供されます。各種設定や申請に迷った場合は、まずは Member Center を確認しましょう（図17.2）。

図17.2 Apple Developer サイト

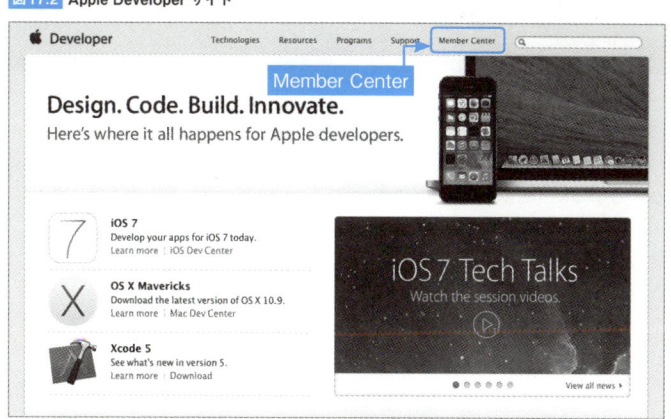

● **参考** Apple Developer サイト
　　URL https://developer.apple.com/jp/programs/ios/

手順2 証明書要求ファイル（CSR）を作成する

証明書要求ファイル（CSR）とは、Apple Developer サイトで証明書の作成を要求するためのファイルです。Keychain Access で作成できます。

1. Keychain Access を起動する

Launchpad などから Keychain Access を起動します（図17.3）。

図17.3 Keychain Access の起動

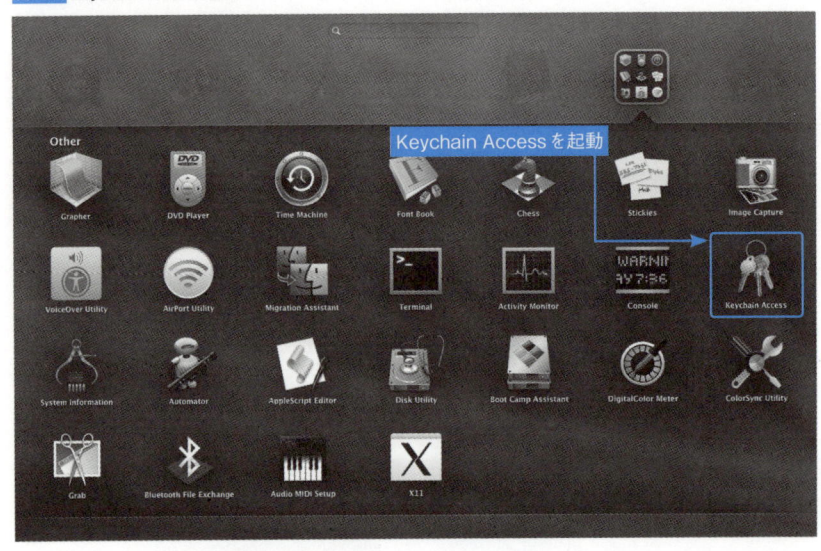

2. 説明書情報を入力する

メニューから「Keychain Access」→「Certificate Assistant」→「Request a Certificate From a Certificate Authority...」をクリックします。証明書情報を入力し、「Saved to disk」を選択し、「Let me specify key pair information」にチェックを入れて [Continue] ボタンをクリックします。[保存] ダイアログが表示されるので、任意のファイル名を指定して保存します（図17.4）。

図17.4 証明書情報の入力

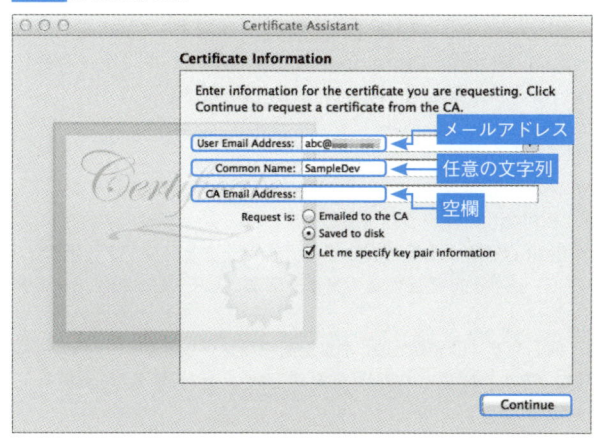

メールアドレス
任意の文字列
空欄

3. キーペアを確認する

「Key Size」が[2048 bits]、「Algorithm」が[RSA]になっていることを確認し[Continue]ボタンをクリックして完了です（図17.5）。秘密鍵および公開鍵のペアが作成され、Keychain AccessのKeysの一覧に登録されます。秘密鍵は自身でバックアップして保管ください。

図17.5 キーペアの確認

手順3 証明書（CER）を作成する

証明書（CER）とは、アプリケーションの開発者や配布権限を確認するための証明書です。証明書要求ファイル（CSR）をApple Developerサイトへアップロードして作成します。開発用（Development）と、本番用（Production）があります。

Apple Developerサイトで実施する

Apple Developer サイトの右上部メニューからMember Centerにログインして、「Certificates, Identifiers & Profiles」をクリックします。

左メニューリストから「Certifications」を選択して、[＋] マークをクリックします。

「Select Type」ステップで、必要とする証明書のタイプを選択して [Continue] ボタンをクリックします。

「Request」ステップは、何もせず [Continue] ボタンをクリックします。

「Generate」ステップは、先ほど準備した証明書要求ファイル（CSR）を選択して [Generate] ボタンをクリックします。

「Download」ステップは、作成された証明書（CER）を [Download] ボタンをクリックしてダウンロードします。

手順4 証明書をインストールする

ダウンロードした証明書（CER）をダブルクリックして、Keychain Accessへインストールします。

手順5 UDIDを確認する

iOSデバイスには、デバイスを一意に特定するための固有のIDが割り振られており、このIDをUDIDといいます。UDID を Apple Developer サイトで登録することにより検証用のデバイスとして動作させることができるようになります。

検証用として利用したいiOSデバイスをMacに接続します。

Xcodeを起動して、メニューから「Window」→「Organizer」を選択し「Devices」タブをクリックします。

左メニューリストから、任意のiOSデバイスを選択すると、「Identifer」の項目にUDIDが表示されるのでコピーしておきます（図17.6）。

図17.6 UDIDの確認

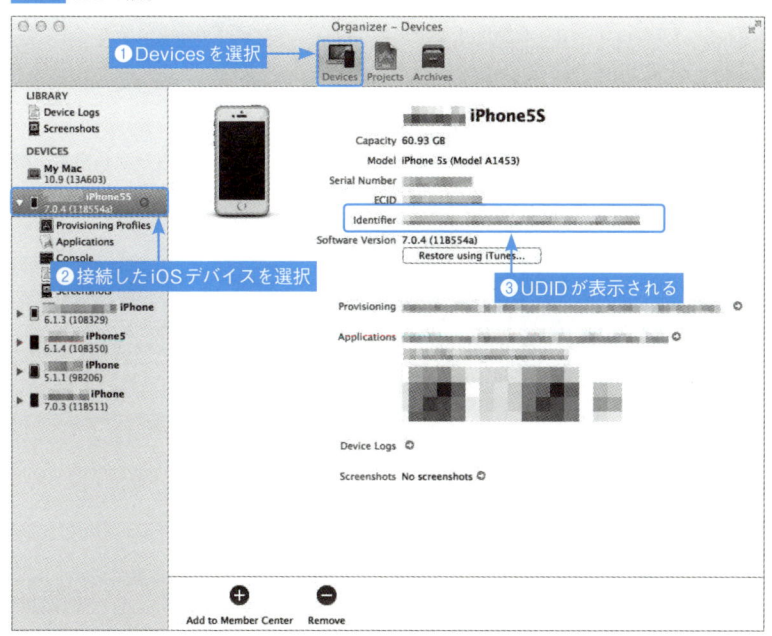

❶Devicesを選択
❷接続したiOSデバイスを選択
❸UDIDが表示される

手順6 デバイスのUDIDを登録する（Apple Developerサイトで実施）

Apple Developerサイトの右上部メニューからMember Centerにログインして、「Certificates, Identifiers & Profiles」をクリックします。

左メニューリストから「Devices」を選択して、[＋]マークをクリックします。デバイスのUDIDを**表17.1**のような形で登録します。

表17.1 デバイスのUDIDの登録

項目	説明	入力例
Name:	任意の文字列を入力する	iPhone5_shimizu
UDID:	先ほど確認したUDIDを入力する	—

[Continue]ボタンをクリックして完了します。

手順7 App IDを登録する

App IDは、アプリケーションを識別するためのIDです。Apple Developerサイトで作成できます。

Apple Developerサイトの右上部メニューからMember Centerにログインして、「Certificates, Identifiers & Profiles」をクリックします。

左メニューリストから「Identifiers」を選択して、[＋]マークをクリックします。表17.2の設定をします。

表17.2 Code Signing Identityの設定

項目	説明	入力例
App ID Description/Name：	任意の文字列を入力する	SampleApp
App ID Prefix：	あらかじめ指定されており変更できない	12345ABCDEF
App ID Suffix：	Explicit/Wildcardのいずれかを選択して入力する	jp.sample.*
App Services：	必要なものを選択する	—

[Continue]ボタンをクリックして完了します。

手順8 Provisioning Profileを作成する

Provisioning Profileとは、アプリケーションを実機で動かすために必要なファイルです。開発用、AdHoc配布用（テスト用）、App Store配布用の3種類あり、それぞれの用途は表17.3のとおりです。

表17.3 Provisioning Profile

種類	説明
開発用	開発者がアプリケーションを開発・テストするために利用する
AdHoc配布用	外部のテスト担当者が限定されたデバイス上でアプリケーションを実行するために利用する
App Store配布用	App Storeでアプリケーションを配布するために利用する

Apple Developerサイトで、先の手順で準備したApp IDと登録済みのデバイスを選択することで作成できます。

Apple Developerサイトの右上部メニューからMember Centerにログインし、「Certificates, Identifiers & Profiles」をクリックします。

左メニューリストから「Provisioning Profiles」を選択して、[＋]マークをクリックします。

「Select Type」ステップで、Develop、App Store、Ad Hocのいずれかを選択して

[Continue] ボタンをクリックします。
「Configure」ステップでは以下のとおりに設定します。

- 「Select App ID」で、App IDを選択して [Continue] ボタンをクリック
- 「Select certificates」で、開発者の証明書を選択して [Continue] ボタンをクリック
- 「Select devices」で、インストールしたいデバイスを選択して [Continue] ボタンをクリック（Type が App Store の場合は不要）

「Generate」ステップでProfile nameを指定して[Generate]ボタンをクリックします。
「Download」ステップで、作成したProvisioning Profileを [Download] ボタンをクリックしてダウンロードします。

手順9 Provisioning Profileをインストールする

ダウンロードした Provisioning Profileをダブルクリックして、Xcodeにインストールします。

手順10 iOSデバイスでアプリケーションを動かす

1. Provisioning Profileを用意する

Xcode でアプリケーションのプロジェクトを開き、「Build Settings」→「Code Signing」→「Provisioning Profile」でProvisioning Profileを選択します（図17.7）。

図17.7 Provisioning Profileの設定

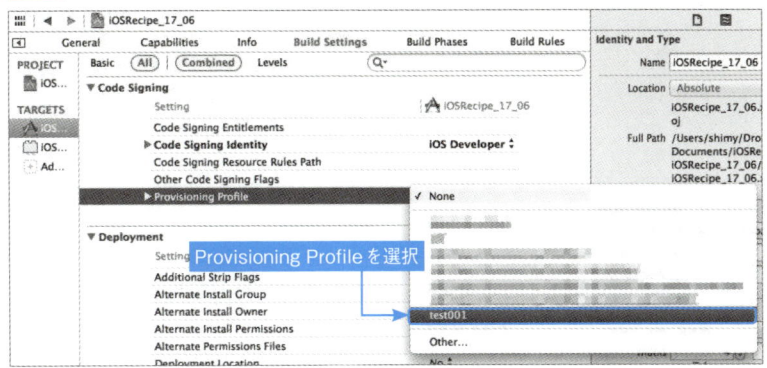

2. 証明書を選択する

Xcode でアプリケーションのプロジェクトを開き、「PROJECT」および「TARGETS」

の「Build Settings」→「Code Signing」→「Code Signing Identity」にて自身の証明書を選択します（図17.8）。

図17.8 Code Signing Identityの設定

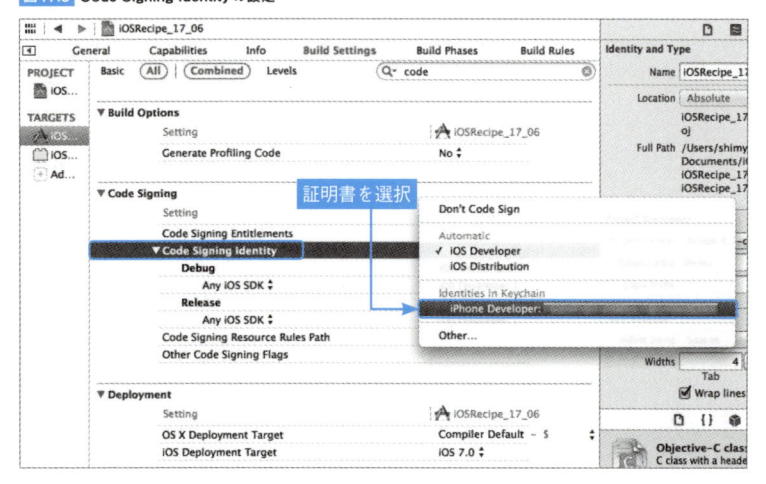

3. デバイスを選択して実行する

Macに登録したiOSデバイスを接続すると、Xcodeのウィンドウ上にあるSchemeプルダウンに表示されます。プルダウンから先ほど登録したiOSデバイスを選択して実行すれば、実機でアプリケーションが動作します。iOSシミュレータと同様にデバッグすることができます（図17.9）。

図17.9 スキーマの設定

152 静的解析ツールでアプリケーションの不具合を静的に調査したい

静的な解析		7.X
関連	153 Instrumentsでアプリケーションの振る舞いを動的に調査したい P.403	
利用例	コードを静的に解析して不具合となる可能性がある箇所を調査する場合	

アプリケーションの不具合を静的に調査するには

Xcodeにはコードを静的に解析する機能があり、メモリリークなど不具合となる可能性がある箇所をコンパイル時に見つけることができます。静的解析では以下の不具合を発見できます。

静的解析の指摘できる不具合

- 初期化されていない変数へのアクセスやNullポインタへの逆参照など処理における不具合
- メモリリークなどのメモリ管理における不具合
- デッドストア（未使用変数）の不具合
- フレームワークやライブラリが要求するポリシーに従っていないため生じるAPI利用における不具合

実際にコーディングをしていると、テストコードを消し忘れたり、コメントアウトを復帰し忘れたりすることはよくあると思います。こういった不注意に起因するロジック上の不具合に対しても指摘してくれます。

解析を実行する

Xcodeを起動して、メニューから「Product」→「Analyze」を選択すると解析が開始されます。

解析が終了すると、「Issue Navigator」に解析結果（不具合となる可能性がある箇所）の一覧が表示されます。結果一覧から任意のひとつを選択すると、当該のコードが表示されます（図17.1）。

図17.1 静的解析の結果

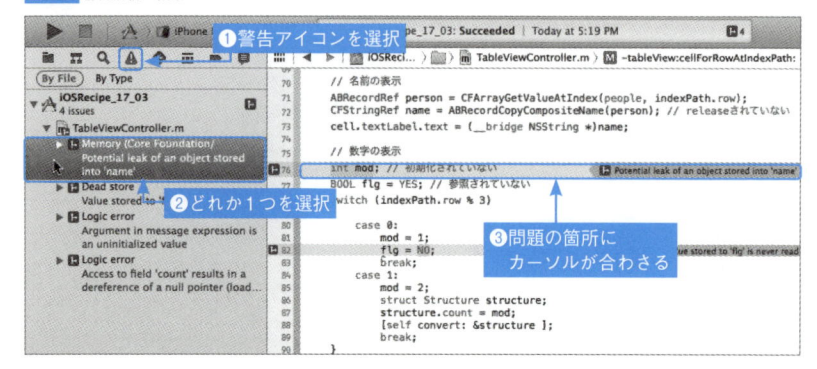

問題の箇所に添えられたメッセージをクリックすると、不具合処理の有向グラフが表示されます（図17.2）。

図17.2 静的解析の結果

解析結果を修正する

ここで得られた結果を元に不具合を判断しコードを修正します。サンプルコード（iOSRecipe_17_03）では、不具合が発生するように実装しており、よく指摘される問題をまとめています。

メモリリーク

メモリリークの可能性を指摘されています。どこからも参照されないオブジェクトが残り続けてしまうと、そのメモリ領域は解放できないので再利用することができなくなって

しまいます。これをメモリリークと呼びます。メモリリークが繰り返されると割り当て可能なメモリ領域は逼迫してしまいます。

● **悪い例** メモリリーク

```
ABRecordRef person = CFArrayGetValueAtIndex(people, indexPath.row);
CFStringRef name = ABRecordCopyCompositeName(person);
cell.textLabel.text = (__bridge NSString *)name;
```

CFStringRef型のnameという変数を解放していないことが原因です。アプリケーションを作成していると、CFArrayRefやCFMutableDisctionaryRefなどの多くのCore Foundationオブジェクトを利用することがあります。しかし、コンパイラは Core Foundation オブジェクトのライフタイムを自動管理してくれません。そのため、Core Foundation のメモリ管理ルールに従い CFRelease や CFRetain を呼び出さなくてはなりません。

もしくは、ARC環境における Toll-free Bridging（ __bridge_transfar もしくは CFBridgingRelease関数）を利用する必要があります。詳しくは「高度なメモリ管理プログラミングガイド」などを参考にされるとよいでしょう（P.402の **NOTE** を参照）。ここでは、CFReleaseで対応します。

● **良い例** メモリリーク

```
ABRecordRef person = CFArrayGetValueAtIndex(people, indexPath.row);
CFStringRef name = ABRecordCopyCompositeName(person);
cell.textLabel.text = (__bridge NSString *)name;
CFRelease(name);
```

デッドストア

どこからも参照されていない変数があるためデッドストアとして指摘されています。

● **悪い例** デッドストア

```
BOOL flg = YES;
switch (indexPath.row % 3) {
    case 0:
        mod = 1;
        flg = NO;
        break;
（中略）
}
```

BOOL型の flg という変数が、値を代入されているにもかかわらず以降の処理で参照さ

れていません。変数自体が不要である、もしくは、変数を参照する処理を実装し忘れている可能性があります。ここでは、不要な変数として削除して対応します。

● **良い例** デッドストア

```
switch (indexPath.row % 3) {
    case 0:
        mod = 1;
        break;
(中略)
}
```

初期化忘れ

初期化されていない変数を参照しているために初期化忘れとして指摘されています。

● **悪い例** 初期化忘れ

```
int mod;
switch (indexPath.row % 3)
{
    case 0:
        mod = 1;
        flg = NO;
        break;
    case 1:
        mod = 2;
        struct Structure structure;
        structure.count = mod;
        [self convert: &structure ];
        break;
}
cell.detailTextLabel.text = [NSString stringWithFormat:@"%d",mod ];
```

int型のmodという変数を適当な値で初期化して宣言する（int mod ＝ 0）ことで対応できるだろうと気づくと同時に、処理の内容を追う中でswitch文にdefaultを実装し忘れていることにも気づくでしょう。ここでは、defaultを記述することで対応します。

● **良い例** 初期化忘れ

```
int mod;
switch (indexPath.row % 3)
{
    case 0:
        mod = 1;
```

```
        flg = NO;
        break;
    case 1:
        mod = 2;
        struct Structure structure;
        structure.count = mod;
        [self convert: &structure ];
        break;
    default:
        mod = 3;
        break;
}
cell.detailTextLabel.text = [NSString stringWithFormat:@"%d",mod ];
```

NULLポインタ

NULLポインタの可能性を指摘されています。NULLポインタとは、変数や関数のアドレスを格納するポインタ変数で、どのアドレスも指していない状態のものをいいます。

● 悪い例 NULLポインタ

```
- (int)convert:(struct Structure*)structure
{
    if (structure == NULL)
    {
    }
    return structure->count;
}
```

if文により変数がNULLであるかどうかをチェックしているにもかかわらず、NULLであっても何も処理していません。このままでは、もしNULLが渡されると、NULLポインタが発生してしまいます。ここでは、NULL が渡された時の処理を記載することで対応します。

● 良い例 NULLポインタ

```
- (int)convert:(struct Structure*)structure
{
    if (structure == NULL)
    {
        return 0;
    }
    return structure->count;
}
```

> **NOTE**
>
> **メモリ管理プログラミング**
>
> 　AppleのDeveloperサイトで「高度なメモリ管理プログラミングガイド」が公開されています。せひ参考にしてください。
>
> ●高度なメモリ管理プログラミングガイド
> 　URL https://developer.apple.com/jp/devcenter/ios/library/documentation/
> 　　　MemoryMgmt.pdf

17.3 解析

153 Instrumentsでアプリケーションの振る舞いを動的に調査したい

動的な解析		7.X
関連	152 静的解析ツールでアプリケーションの不具合を静的に調査したい	P.397
利用例	Instrumentsを利用してアプリケーションの振る舞いを動的にトレースして調査する場合	

アプリケーションの振る舞いを動的に調査するには

Xcodeには、「Instruments」というメモリ使用状況を確認したりイベントを監視したりできるツールを付属しています。柔軟性が高いツールで、複数のプロセスの動作を追跡し収集したデータを調査することもできます。

アプリケーション開発の初期からInstrumentsを導入しておけば、早期に問題点を見つけることができるので、品質の高いアプリケーションの開発につながります。Instrumentsには、以下のような機能があります。

- 1つもしくは複数のプロセスの振る舞いを調査する
- ユーザーの操作を忠実に再現しつつデータを収集して、記録し再生する
- DTraceにより独自のInstrumentsを作成して、システムやアプリケーションの振る舞いを調査する
- Xcodeからアクセス可能なテンプレートとして、ユーザーインターフェースの記録やInstrumentsの設定を保存する

Instrumentsによって機能は異なりますが、アプリケーションを調査する作業の流れは同じです。以下の4つのステップからなります。

1. トレーステンプレートの選択
2. ターゲットの選択
3. データの収集
4. 収集したデータの分析

トレーステンプレートを選択する

Xcodeを起動して、メニューから「Xcode」→「Open Developer Tool」→「Instruments」を選択します。

Instrumentsを起動すると、トレーステンプレートの一覧が表示されます。テンプレートとは、組み合わせて使うことで有用な情報が得られるいくつかのInstrumentsを集めたものです。図17.1に「Activity Monitor」トレーステンプレートを選択した場合を示します。

図17.1 トレーステンプレートの選択

アプリケーションを分析ターゲットにする

コンパイル中にInstrumentsを起動した場合を除き、選択したInstrumentsの分析対象となるターゲットを選択する必要があります。ターゲットには、動作中のアプリケーションやプロセスを選択することができます。Instrumentsには、デバイス上で動作しているすべてのプロセスからデータを収集するものもあります。図17.2に、ターゲットとしてアプリケーションを選択する場合を示します。

図17.2 ターゲットの選択

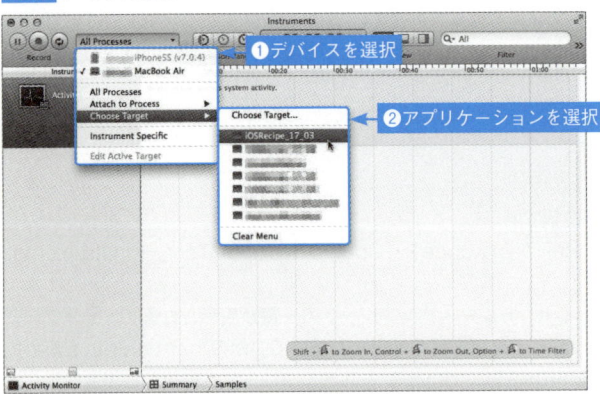

17.3 解析

アプリケーションに関するデータを収集する

トレーステンプレートとターゲットを選択したあとはデータを収集します。Instrumentsで収集するデータは、[設定] ダイアログで調整します。

[Record] ボタンをクリックするとデータの収集を開始します。[STOP] ボタンをクリックするとデータの収集を停止します（図17.3）。

図17.3 データの収集

❶ [Record] ボタンをクリックして開始
❷ データが収集される

収集したデータを分析する

収集したデータは「Detail」ペインで分析できます。「Detail」ペインのある行を選択すると、その行に関する詳しい情報が「Extended Detail」ペインに表示されます。もし、「Extended Detail」ペインが表示されない場合は、ツールバーの「View」アイコンをクリックします（図17.4）。

図17.4 データの収集と分析

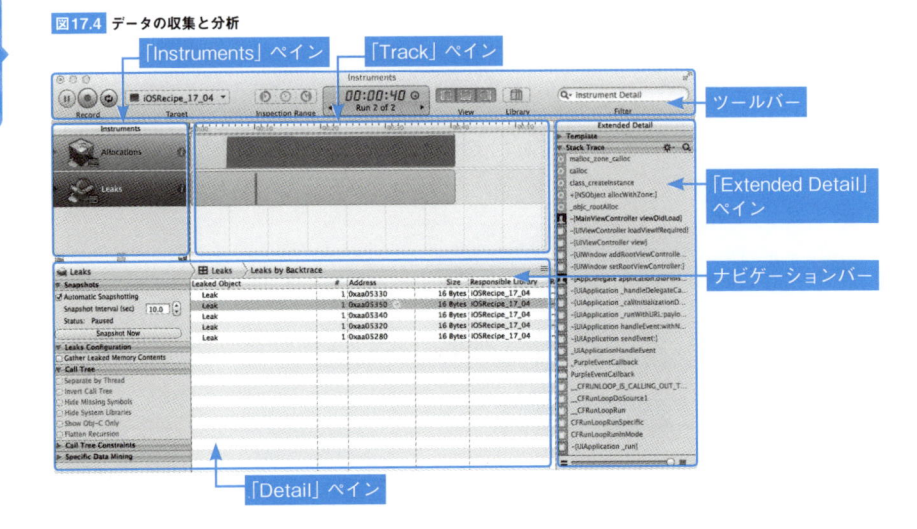

「Instruments」ペイン ／ 「Track」ペイン ／ ツールバー ／ 「Extended Detail」ペイン ／ ナビゲーションバー ／ 「Detail」ペイン

> **NOTE**
>
> **Instrumentsユーザーガイド**
>
> AppleのDeveloperサイトで「Instrumentsユーザーガイド」が公開されています。ぜひ参考にしてください。
>
> ● Instruments ユーザーガイド
> URL https://developer.apple.com/jp/devcenter/ios/library/documentation/InstrumentsUserGuide.pdf
>
> 補足する内容として表17.1、17.2、17.3を参照してください。

表17.1 Instruments の各部分の説明

部位	説明
プラットフォーム	Instrumentsで分析できるプラットフォーム（iOS、iOSシミュレータ、OS X）。それぞれのプラットフォームに対して動作可能なトレーステンプレートがある。Instrumentsは、特定のプラットフォームでしか動作しないものがある。実際に表示されるのは、対応するSDKがダウンロード済みのプラットフォームだけである
トレーステンプレート	トレーステンプレートとは、特定の分析に適したいくつかのInstrumentsを集めたもの。プラットフォームやグループタイプに応じて表示内容は変わる
レーステンプレートの説明	トレーステンプレートに属するInstrumentsが、どのような種類の情報を収集するかを説明したもの

17.3 解析

表17.2 トレース中のウィンドウの説明

部位	説明
「Instruments」ペイン	実行しようとするInstrumentsが並んでいる。Instrumentsをこのペインにドラッグして追加する、あるいは逆に削除することが可能である。あるInstrumentsの [インスペクタ] ボタンをクリックすると、そのデータ表示やデータ収集パラメーターを設定できる
「Track」ペイン	「現在の」(「Instruments」ペインで選択している) instrumentが収集したデータの概要がグラフィック表示される。Instrumentsにはそれぞれ独自の「トラック」があり、収集したデータはそこに図示するようになっている。このペインの情報は読み取り専用だが、より詳細に分析する データポイントの選択もここで行う
「Detail」ペイン	各Instrumentsが収集したデータの詳細が表示される。ここには通常、「Track」ペインにグラフィック表示するために収集、使用した、個々の「イベント」群が表示される。詳細データの表示方法をカスタマイズできるInstrumentsの場合、その選択肢もここに列挙される
「Extended Detail」ペイン	「Detail」ペインで選択した項目について、さらに詳しい情報が表示される。多くの場合、完全なスタックトレース、タイムスタンプ、そのほか当該イベントに関して収集したInstruments特有のデータが表示される
ナビゲーションバー	ナビゲーションバーには、現在表示されている内容と、この表示に切り替えた経路が表示されている。ここにはアクティブなInstrumentsのメニューと詳細ビューのメニューがある。ナビゲーションバーのエントリをクリックすることにより、アクティブなInstrumentsや、詳細ビューに表示する情報のレベルと種類を選択できる

表17.3 Instrumentsのツールバー

部位	説明
[Pause/Resume] ボタン	記録中に、データの収集を一時停止する。記録処理そのものを停止してしまうのではなく、データ収集のみを停止する。「Track」ペイン上では、トレースデータに隙間が生じる
[Record/Stop] ボタン	記録プロセスを開始/停止する。このボタンをクリックして、トレースデータの収集を開始する
[Loop] ボタン	「ユーザーインタフェース」レコーダを再生する際、記録したステップを繰り返し再生するかどうかを設定する。一連の操作を繰り返し再生し、データを収集するために使う
[Target] メニュー	ドキュメントの対象を選択する。対象とは、データを収集するプロセスのことである
[Inspection Range] コントロール	「Track」ペインに表示する時間範囲を選択する。設定すると、その時間範囲内に収集したデータしか表示されなくなる。ここにあるボタンには、それぞれ、調査範囲の開始点を設定する、終了点を設定する、調査範囲をクリア、という機能がある
[Time/Run] コントロール	現在のトレースの経過時間を表示する。トレースドキュメントに関連付けられたデータランが複数ある場合、どのランに対応するデータを「Track」ペインに表示するか、矢印コントロールで選択できる
[View] コントロール	「Instruments」ペイン、「Detail」ペイン、「Extended Detail」ペインそれぞれについて、画面に表示するかどうかを切り替える。ある特定の部分に着目して調査する際に便利である

(続き)

部位	説明
[Library] ボタン	Instrumentsライブラリを画面に表示するかどうかを切り替える
検索フィールド	「Detail」ペインに表示する情報を、ここに入力した検索語に基づいてしぼり込むことができる。また、検索フィールドのメニューを使って、検索オプションを選択できる

154 メモリの使用状況を調査したい

メモリ使用状況		7.X
関　連	153　Instrumentsでアプリケーションの振る舞いを調査したい　P.403	
利用例	アプリケーションが使用しているメモリの状況を調査したい場合	

メモリの使用状況を調査するには

アプリケーション開発においてメモリ管理は重要な課題です。「Activity Monitor」のトレーステンプレートは、CPU、メモリ、ディスク、ネットワークなど、システム全般を監視し、統計情報を表示するのに最適です。

Activity Monitor で統計情報を表示する

Xcodeを起動して、メニューから「Xcode」→「Open Developer Tool」→「Instruments」を選択します。トレーステンプレートは「Activity Monitor」、ターゲットはアプリケーションを選択します。

[Record] ボタンをクリックして情報の収集を開始します。ナビゲーションバーの左側のプルダウンから「Trace Highlight」を選択します（図17.1）。

図17.1 「Activity Monitor」instruments

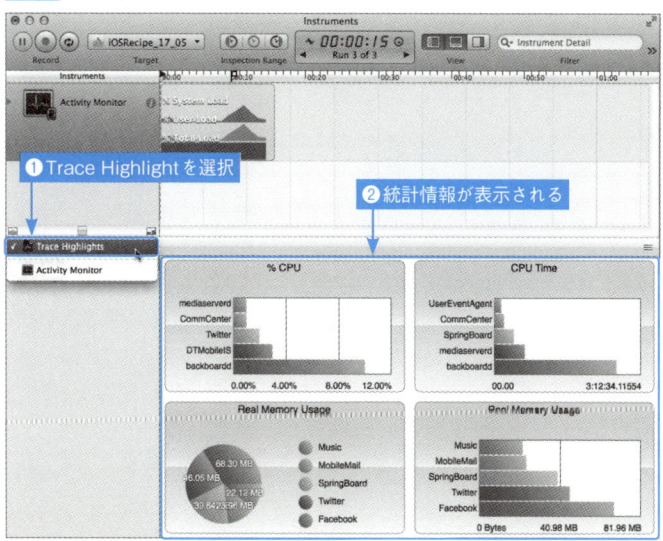

「Activity Monitor」instrumentsには、収集した統計情報を表示する4種類のグラフ機能が組み込まれています。このうち2つはメモリの使用状況を表示しており、アプリケーションが消費しているメモリが多い順に上位5つを表示します（**表17.1**）。

表17.1 4種類のグラフ表示

種類	説明
% CPU（棒グラフ）	プロセスで利用されたCPUの割合を表示する
CPU Time（棒グラフ）	プロセスで利用されたCPU時間の合計を表示する
Real Memory Usage（棒グラフ）	メモリを大量に消費している、上位5つのアプリケーションを表示する
Real Memory Usage（円グラフ）	メモリを大量に消費している、上位5つのアプリケーションを、総メモリ量とともに表示する

MEMO

17.4 メモリ

155 メモリリークを調査したい

メモリリーク		7.X
関連	153 Instrumentsでアプリケーションの振る舞いを調査したい P.403	
利用例	メモリリークを調査する場合	

メモリリークを調査するには

どこからも参照されないオブジェクトが残り続けてしまうと、そのメモリ領域は解放できないので再利用できなくなってしまいます。これをメモリリークと呼びます。メモリリークが繰り返されると割り当て可能なメモリ領域は逼迫してしまいます。

「Leaks」トレーステンプレートは、メモリリークが起こっているかどうかを調査し、クラスによるオブジェクト割り当ての統計情報を提供します。アプリケーション中のオブジェクトのうち、どこからも参照されずポインタをたどって到達できないものを検出し、このようなメモリブロックを報告します。属するInstrumentsは「Allocations」と「Leaks」です。

リークしているメモリを調査する

Xcodeを起動して、メニューから「Xcode」→「Open Developer Tool」→「Instruments」を選択します。トレーステンプレートは「Leaks」、ターゲットはアプリケーションを選択します。[Record] ボタンをクリックして情報の収集を開始します。

Instrumentsを起動した直後は、「Allocations」が選択されているので、「Leaks」をクリックして切り替えます。

「Snapshots」→「Automatic Snapshotting」にチェックが入っていれば、指定された間隔（10秒）でメモリリークの調査が自動で実行されます。「Snapshot Now」をクリックすると、任意のタイミングでメモリリークを調査できます（図17.1）。

411

図17.1 メモリリークの検出

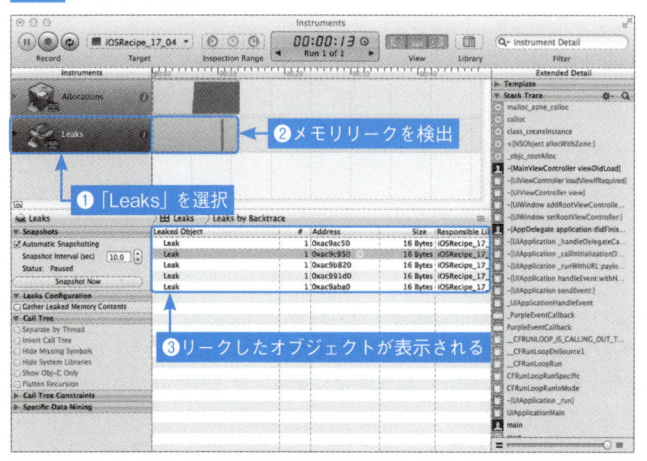

❶「Leaks」を選択
❷メモリリークを検出
❸リークしたオブジェクトが表示される

　メモリリークが観測されたら [Stop] ボタンをクリックして停止します。「Detail」ペインにリークしたオブジェクトの一覧が表示されるので、問題と思われるものをクリックします。「Extended Detail」ペインに表示されている命令をダブルクリックすると、「Detail」ペインに該当のコードが表示されます（図17.2）。

図17.2 メモリリークの原因の特定

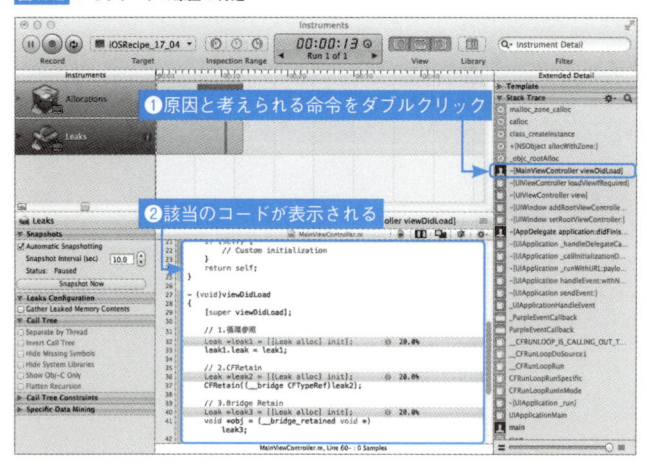

❶原因と考えられる命令をダブルクリック
❷該当のコードが表示される

17.4 メモリ

▍リークの原因となっている参照サイクルを表示する

　リークが発生している箇所をXcodeで開いても、原因はわからないかもしれません。そういう場合は、リークの原因となっている参照サイクルを表示して確認できます。「Detail」ペインで「Cycles & Roots」を選択して、リーク箇所を選択すると対応する参照サイクル（有向グラフ）が表示されます（図17.3）。

図17.3　サイクルグラフの表示

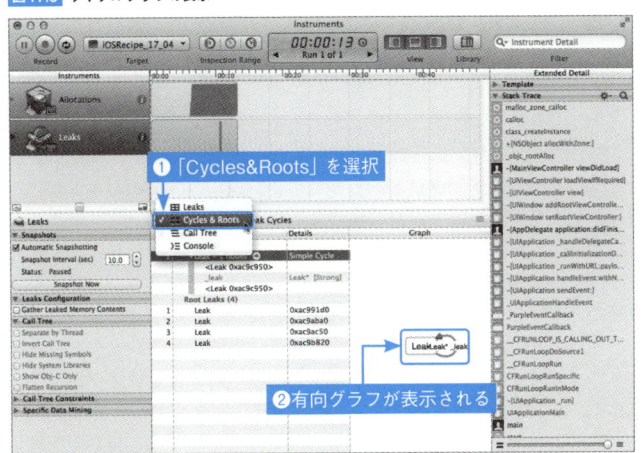

❶「Cycles&Roots」を選択
❷有向グラフが表示される

▍リークが発生するようなパターン

　ARCによってメモリリークの心配は減りましたが、いくつかのパターンでメモリリークが発生する可能性があります。サンプルコード（iOSRecipe_17_04のMainViewController.m）では、それら問題となるようなパターンを実装しており、アプリケーションを起動するとメモリリークが発生します。特に、循環参照やCore Foundationの取り扱いは注意しましょう。

● メモリリークが発生するようなパターン（iOSRecipe_17_04のMainViewController.m）

```
// 1.循環参照
Leak *leak1 = [[Leak alloc] init];
leak1.leak = leak1;

// 2.CFRetain
Leak *leak2 = [[Leak alloc] init];
CFRetain((__bridge CFTypeRef)leak2);

// 3.Bridge Retain
```

メモリリーク

413

```
Leak *leak3 = [[Leak alloc] init];
void *obj = (__bridge_retained void *)leak3;

// 4.MemSet
Leak *leak4 = [[Leak alloc] init];
memset(&leak4, 0, sizeof(id));

// 5.MsgSend
Leak *leak5 = [[Leak alloc] init];
objc_msgSend(leak5, NSSelectorFromString(@"retain"));
```

　以前は、参照カウンタによるメモリ管理（MRR）が行われていました。参照カウンタとは、いくつのオブジェクトがインスタンスを参照しているかを示すものです。retainメッセージを送ると参照カウントの値はインクリメントされます。逆に、releaseメッセージを送るとデクリメントされます。参照カウンタの値が0になるとインスタンスは解放されます。

　ARCでは、retain、release を自動で管理してくれます。そして、オブジェクトの参照方法は強参照と弱参照の2種類があります。参照元のオブジェクトが被参照オブジェクトのオーナーになるかどうかの違いがあります。強参照の場合、参照元オブジェクトが被参照オブジェクトのオーナーとなります。オーナーが存在する限りは、被参照オブジェクトがメモリ上に存在します。オーナーが存在しなくなると、オブジェクトは解放されます。

　しかし、ARCにおいて、Core Foundation オブジェクトのライフタイムは自動で管理してくれません。つまり、retain, releaseによって参照カウンタを操作する必要があります。もしくは、Toll-free Bridging（ __bridge_transfarもしくはCFBridgingRelease関数）を利用する必要があります。

　また、オブジェクト同士がお互いに強参照しているような循環参照は、どちらのオブジェクトも破棄できない状態になります。そのため、弱参照などを利用してメモリリークが発生しないように注意しなければなりません。

156 放棄されたメモリを調査したい

放棄されたメモリ		7.X
関　連	153　Instruments でアプリケーションの振る舞いを調査したい	P.403
利用例	放棄されたメモリを調査する場合	

放棄されたメモリを調査するには

　放棄されたメモリとは、割り当てされており参照できるにもかかわらず利用されていないメモリのことをいいます。放棄されたメモリが発生することは避けなければなりません。

　例えば、「ウィンドウを開いてすぐに閉じる」といった処理をしても、概念的にはアプリケーションの状態が元に戻るだけであり、メモリの状況も変わらないはずです。このような処理を繰り返した時、永続メモリ（ヒープ）が際限なく増殖するような場合は問題となります。

　「Allocations」トレーステンプレートは、ヒープの使用量を、割り当て処理（クラスによるオブジェクトの割り当てを含む）を追跡することにより測定するのに最適です。属するInstrumentsは「Allocations」と「VM Tracker」です。

Allocations で放棄されたメモリを調査する

　Xcodeを起動して、メニューから「Xcode」→「Open Developer Tool」→「Instruments」を選択します。トレーステンプレートは「Allocations」、ターゲットはアプリケーションを選択します。[Record]ボタンをクリックして情報の収集を開始します。

　シナリオに沿って特定の操作（画面を遷移したり、ボタンをタップしたり）を繰り返して、その都度[Mark Generation]ボタンをクリックしてスナップショットを取得します。

　最初の数回は、ある程度のキャッシュ領域が確保されることもありますが、その後は何度繰り返してもヒープの増分は0にならねばなりません。数回繰り返して、ヒープが際限なく増え続けるかどうか判断したあと、[Stop]ボタンをクリックして停止します（図17.1）。

図17.1 放棄されたメモリの検出

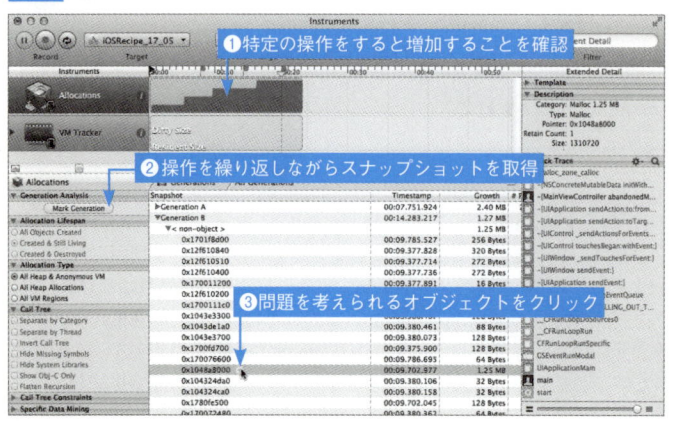

❶特定の操作をすると増加することを確認
❷操作を繰り返しながらスナップショットを取得
❸問題を考えられるオブジェクトをクリック

　もし増え続けるようであれば、取得したスナップショット名の右側にあるフォーカスボタンをクリックしてツリーを表示します。メモリ増量値などをヒントに問題と思われるオブジェクトを特定し、クリックして「Extended Detail」ペインにコード中の命令を表示します。問題と思われる命令をダブルクリックしてコードを表示し、不具合の原因を特定します（図17.2）。

図17.2 放棄されたメモリの原因の特定

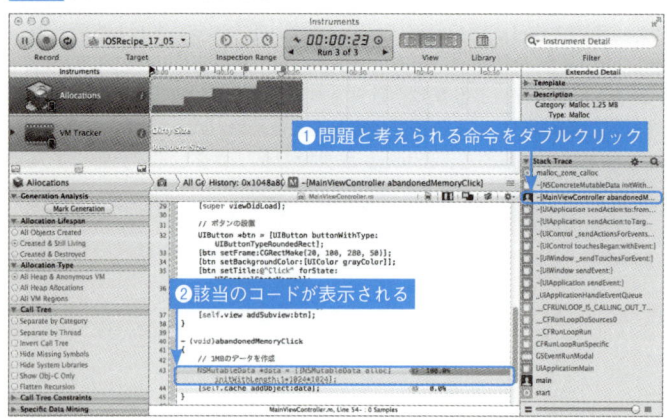

❶問題と考えられる命令をダブルクリック
❷該当のコードが表示される

17.4 メモリ

サンプルコード（iOSRecipe_17_05のMainViewController.m）は、アプリケーションの画面に設置されたボタンをタップすると、NSMutableData（サイズ1MB）が生成されてヒープが増殖していくように実装しています。

●NSMutableDataが生成されてヒープが増殖する（iOSRecipe_17_05のMainViewController.m）

```
- (void)abandonedMemoryClick
{
    // 1MBのデータを作成
    NSMutableData *data = [[NSMutableData alloc] initWithLength:1*1024*1024];
    [self.cache addObject:data];
}
```

MEMO

157 ゾンビを調査したい

		7.X
ゾンビオブジェクト		

関 連	153 Instruments でアプリケーションの振る舞いを調査したい　P.403
利用例	ゾンビオブジェクトを調査する場合

ゾンビを調査するには

　ゾンビとは、メモリ上からすでに消えてしまっているオブジェクトを、オブジェクト参照型変数が指し続けている状況をいいます。

　「Zombies」トレーステンプレートは「ゾンビ」の調査に最適です。クラスによるオブジェクトの割り当て状況（統計情報）や、アクティブな割り当てのメモリアドレス履歴も表示します。属するinstrumentは「Allocations」です。

　「Zombies」トレーステンプレートは、参照カウンタが0になり解放されたオブジェクトを、NSZombie型のオブジェクトで置き換えます。この「ゾンビ」オブジェクトにメッセージが送られると、アプリケーションはクラッシュし、その旨を記録したあと、[Zombie Messaged] ダイアログが表示されます。[Zombie Detected] ダイアログで、メッセージの右側のフォーカスボタンをクリックすると、当該オブジェクトのメモリ履歴が表示されます。

ゾンビを調査する

　Xcodeを起動して、メニューから「Xcode」→「Open Developer Tool」→「Instruments」を選択します。トレーステンプレートは「Zombies」、ターゲットはアプリケーションを選択します。[Record] ボタンをクリックして情報の収集を開始します。

　[Zombie Messaged] ダイアログが現れたら、メッセージの右側のフォーカスボタンをクリックします。オブジェクト履歴一覧が表示されるので、その中からゾンビイベント型を選択します（図17.1）。

17.4 メモリ

図17.1 ゾンビの検出

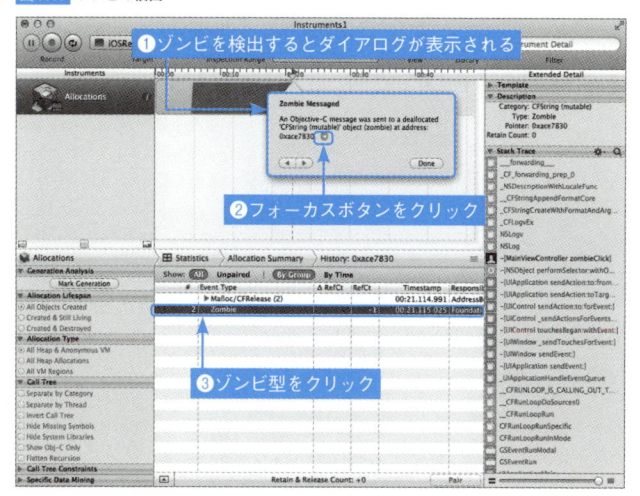

① ゾンビを検出するとダイアログが表示される
② フォーカスボタンをクリック
③ ゾンビ型をクリック

「Extended Detail」ペインを開いてスタックトレースを表示し、命令をダブルクリックすると原因となったコードが表示されます（図17.2）。

図17.2 ゾンビの原因の特定

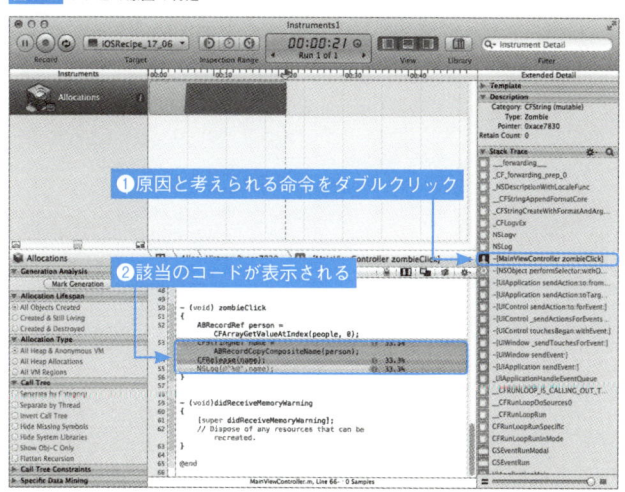

① 原因と考えられる命令をダブルクリック
② 該当のコードが表示される

サンプルコード（iOSRecipe_17_06のMainViewController.m）では、アプリケーションに設置されたボタンをタップするとゾンビが発生するように実装しています。

●ゾンビが発生する（iiOSRecipe_17_06のMainViewController.m）

```
- (void) zombieClick
{
    ABRecordRef person = CFArrayGetValueAtIndex(people, 0);
    CFStringRef name = ABRecordCopyCompositeName(person);
    CFRelease(name);
    NSLog(@"%@",name);
}
```

> **NOTE**
>
> 「Zombies」トレーステンプレートについて
> 　「Zombies」トレーステンプレートは、参照カウンタが0になり解放されたオブジェクトを、NSZombie型のオブジェクトで置き換えます。そのため、「Zombies」トレーステンプレートを使っている間はゾンビが解放されず、メモリ消費量は増えていきます。「Zombies」トレーステンプレートは「Leaks」トレーステンプレートと併用しないようにしましょう。

PROGRAMMER'S RECIPE

第 **18** 章

アプリ収益化

158 iPhoneアプリ内から アップデートの通知を行いたい

Search API		7.X
関　連	—	
利 用 例	アプリのバージョンアップを行った時に、アプリからAppStoreへ誘導する場合	

iPhoneアプリ内からアップデートの通知を送るには

　アプリのアップデートがあったことを知るには、AppStoreからアプリのバージョンを取得して自身のアプリのバージョンと比較するのが、外部にサーバを用意するなど面倒なことが不要で簡単です。AppStoreからアプリのバージョンを取得するにはAppStoreのSearch APIを利用します。

●Search APIのドキュメント

```
http://www.apple.com/itunes/affiliates/resources/documentation/itunes-store-web-
service-search-api.html
```

　Search APIの詳細は公式のドキュメントを見ればわかりますがバージョンを知るだけであれば簡単です。URLはhttp://itunes.apple.com/lookup?で、引数にアプリのID（iTunesID）を渡せば、アプリの情報がJSON形式で返ってきます。

● 例 http://itunes.apple.com/lookup?id=441710134の場合

```
{
  "resultCount": 1,
  "results": [
    {
      "artistId": 348015028,
      "artistName": "SHOEISHA.Co.,Ltd.",
      "artistViewUrl": "https://itunes.apple.com/us/artist/shoeisha.co.-ltd./
id348015028?uo=4",
      "artworkUrl100": "http://a660.phobos.apple.com/us/r30/Purple6/
v4/44/6c/23/446c23c1-9eff-1d97-927a-66531335970d/mzl.xbihmeep.png",
      "artworkUrl512": "http://a660.phobos.apple.com/us/r30/Purple6/
v4/44/6c/23/446c23c1-9eff-1d97-927a-66531335970d/mzl.xbihmeep.png",
      "artworkUrl60": "http://a1235.phobos.apple.com/us/r30/Purple4/v4/32/ab/
d4/32abd40a-c1fb-397d-21cc-05aea0c6e129/Icon.png",
      "bundleId": "jp.co.shoeisha.ios.app.mediareader",
```

```
        (中略)

        "trackCensoredName": "Shoeisha Media Reader",
        "trackContentRating": "4+",
        "trackId": 441710134,
        "trackName": "Shoeisha Media Reader",
        "trackViewUrl": "https://itunes.apple.com/us/app/shoeisha-media-reader/
id441710134?mt=8&uo=4",
        "version": "1.0.7",
        "wrapperType": "software"
    }
  ]
}
```

この中の"version"がAppStoreで公開されているアプリのバージョンです。このバージョンをアプリの現在のバージョンと比較すれば良いのです。

Search APIを呼び出す

シンプルにNSURLConnectionでSearch APIを呼び出します。ここでは簡単にするため同期で呼び出していますが、WebAPIの呼び出しは非同期で行うことが望ましいです。

●NSURLConnectionでSearch APIを呼び出す

```
// idを任意のアプリのIDに置き換える
NSURLRequest *request = [NSURLRequest requestWithURL:[NSURL URLWithString:
@"http://itunes.apple.com/lookup?id=441710134"]
                                         cachePolicy:NSURLRequestUse
ProtocolCachePolicy
                                     timeoutInterval:30.0];
NSURLResponse *response;
NSError *error;

// 同期でSearchAPIを呼び出す
NSData *responseData = [NSURLConnection sendSynchronousRequest:request
                                             returningResponse:&response
                                                         error:&error];
```

レスポンスをパースして現在のバージョンと比較する

Search APIのレスポンスはJSONなのでNSJSONSerializationクラスを利用してパースを行います。現在のアプリのバージョンはバンドルからCFBundleShortVersionStringの値を取得することで知ることができます。

サンプルではAppStoreのバージョンとCFBundleShortVersionStringの値が異なることで、新しいバージョンが存在すると判断しています。新しいバージョンが存在していればUIAlertViewを表示して、AppStoreに誘導させます。

●レスポンスをパースして現在のバージョンと比較する

```objc
// APIのレスポンス(JSON)をパースする
NSDictionary *dictionary = [NSJSONSerialization JSONObjectWithData:responseData
                                                           options:NSJSONReadingAllowFragments
                                                             error:&error];
NSDictionary *results = [[dictionary objectForKey:@"results"] objectAtIndex:0];

// キー「version」がアプリのバージョンに相当する
NSString *latestVersion = [results objectForKey:@"version"];

// 現在のバージョン
NSString *currentVersion = [[NSBundle mainBundle]
                            objectForInfoDictionaryKey:
                            @"CFBundleShortVersionString"];

// バージョンが同じではない = AppStoreに新しいバージョンのアプリがあるとする
if (![currentVersion isEqualToString:latestVersion]) {
    UIAlertView *alert = [[UIAlertView alloc] initWithTitle:nil
                                                    message:
                          @"アップデートがあります"
                                                   delegate:self
                                          cancelButtonTitle:@"キャンセル"
                                          otherButtonTitles:@"AppStoreへ", nil];
    [alert show];
}
```

AppStoreに誘導する

AppStoreに誘導するにはアプリのStore上のURLをUIApplicationクラスのopenURL:メソッドを呼び出すことで実現させます（図18.1、18.2）。

18.1 通知

●AppStoreに誘導する

```
- (void)alertView:(UIAlertView*)alertView clickedButtonAtIndex:(NSInteger)
buttonIndex {
    if (buttonIndex != 0) {
        NSURL* url= [NSURL URLWithString:@"https://itunes.apple.com/jp/app/xiang-
yong-shemediarida/id441710134?mt=8"];
        [[UIApplication sharedApplication] openURL:url];
    }
}
```

図18.1 AppStoreへ誘導するUIAlertView

図18.2 AppStore

425

159 AppStoreレビューを促すダイアログを出したい

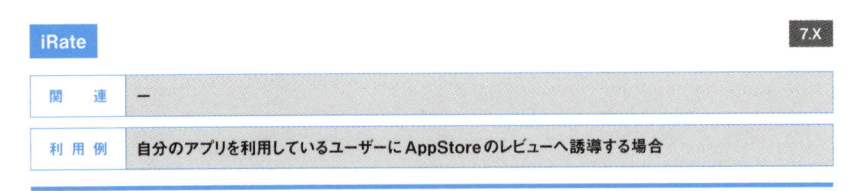

iRate	7.X
関　連	ー
利用例	自分のアプリを利用しているユーザーにAppStoreのレビューへ誘導する場合

▌AppStoreレビューを促すダイアログを出すには

　AppStoreレビューを促すダイアログを出すにはオープンソースのライブラリ「iRate」を利用すると簡単です。
　簡単にレビューを促すダイアログを出すことが簡単なだけでなく、アクティブ率が高いユーザーにのみダイアログを出すことも簡単にできます。

● iRateのURL
　URL https://github.com/nicklockwood/iRate

▌iRateを使うには

　まず、GitHubに公開されているのでソースコードをダウンロードをしてきます。CocoaPodsを使ってダウンロードすることもできます。
　ダウンロードしたらiRate.h、iRate.m、iRate.bundleをプロジェクトに取り込みます（図18.1）。

図18.1 iRateのソース

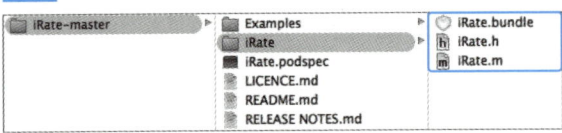

　アプリのIDを指定するだけで、アクティブ率が高いユーザーにダイアログを表示することができます（図18.2）。

図18.2 ダイアログ

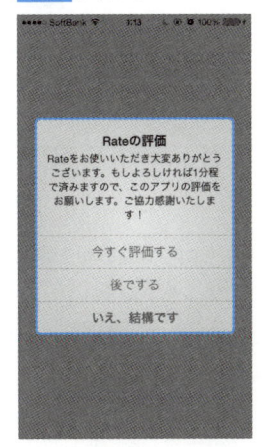

iRateクラスのsharedInstanceメソッドでインスタンスを取得し、appStoreIDプロパティにアプリのIDを指定します。

ダイアログを表示するにはBudleIDが指定したアプリと同じであることと、アプリのバージョンが最新である必要があります。そのため、サンプルでダイアログを表示する場合には、BudleIDとバージョンをappStoreIDプロパティに設定するIDのアプリと同じにする必要があるので注意してください。

そのほか、ダイアログを表示するまでのアプリの使用回数、使用日数、週ごとの使用回数などを設定することができます。

● iRateの設定を行う

```
// idを任意のアプリのIDに置き換える
[iRate sharedInstance].appStoreID = 441710134;

// アプリの使用回数
[iRate sharedInstance].usesCount = 10;

// 特定の「イベント」を通過した回数。特定のイベントを行ったらlogEventメソッドを
// 呼び出すように実装しておく
[iRate sharedInstance].eventsUntilPrompt = 10;

// アプリの使用日数
[iRate sharedInstance].daysUntilPrompt = 10;

// アプリの週ごとの使用回数
[iRate sharedInstance].usesPerWeekForPrompt = 10;
```

160 アプリ内課金をしたい

In-App Purchase		7.X
関　連	—	
利用例	ゲームのアイテムをアプリ内課金で販売する場合	

アプリ内課金をするには

　iOSのアプリ内課金はIn-App Purchaseと呼ばれています。In-App Purchaseではコンテンツや機能プロダクトを販売することができます。

販売するプロダクトを登録する

　販売するプロダクトの登録はiTunes Connectから行います。プロダクトを登録するには、事前にアプリケーションが登録されていることが必要です。iTunes Connectで該当するアプリケーションを表示され、[Manage In-App Purchases]ボタンを選択します（図18.1）。

図18.1 プロダクトの登録

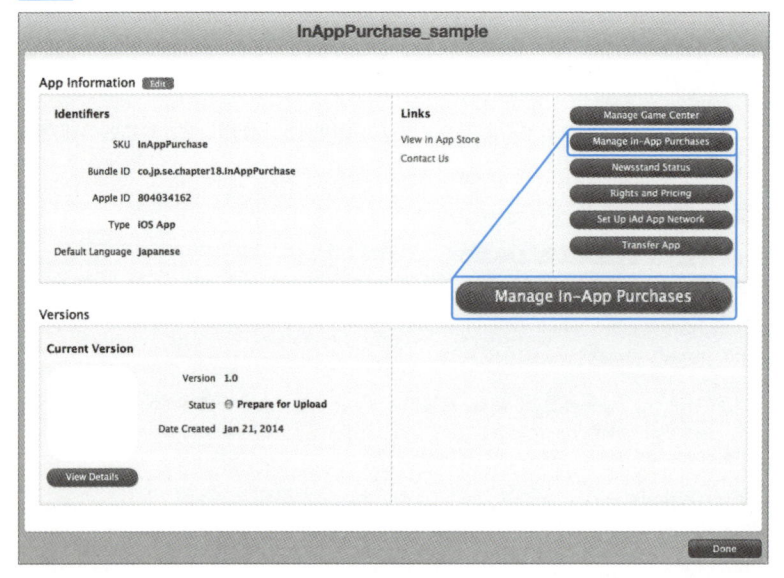

プロダクトには一度使ったら消費されてなくなる消費型と、なくならない非消費型があり、消費型であれば「Consumable」、非消費型であれば「Non-Consumable」を選択します。In-App Purchaseのタイプを選択したらプロダクトの詳細を設定する画面になります（図18.2）。

図18.2 プロダクトのタイプの選択

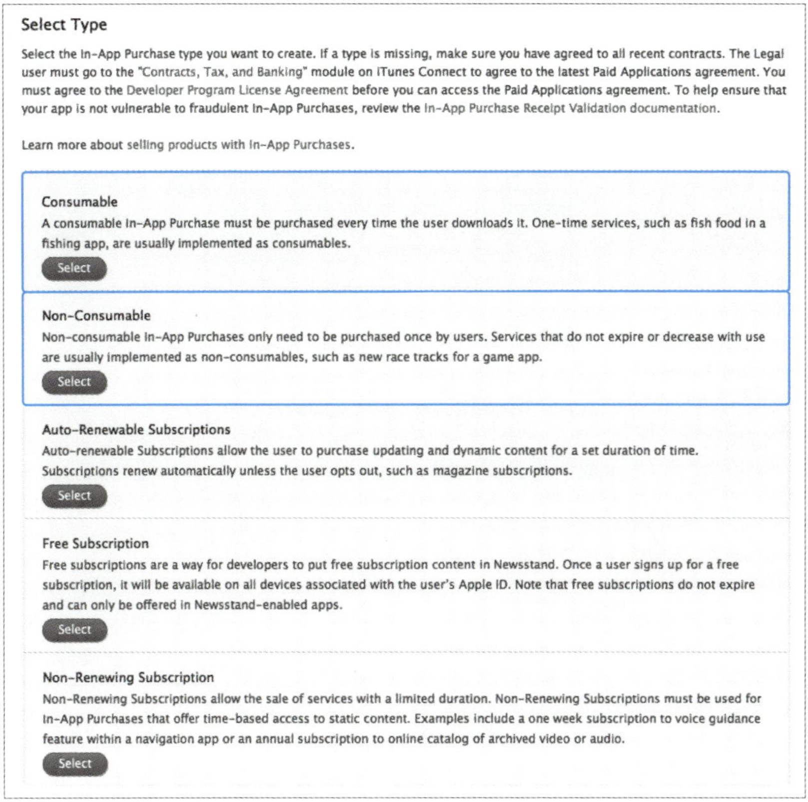

Select Type

Select the In-App Purchase type you want to create. If a type is missing, make sure you have agreed to all recent contracts. The Legal user must go to the "Contracts, Tax, and Banking" module on iTunes Connect to agree to the latest Paid Applications agreement. You must agree to the Developer Program License Agreement before you can access the Paid Applications agreement. To help ensure that your app is not vulnerable to fraudulent In-App Purchases, review the In-App Purchase Receipt Validation documentation.

Learn more about selling products with In-App Purchases.

Consumable
A consumable In-App Purchase must be purchased every time the user downloads it. One-time services, such as fish food in a fishing app, are usually implemented as consumables.
Select

Non-Consumable
Non-consumable In-App Purchases only need to be purchased once by users. Services that do not expire or decrease with use are usually implemented as non-consumables, such as new race tracks for a game app.
Select

Auto-Renewable Subscriptions
Auto-renewable Subscriptions allow the user to purchase updating and dynamic content for a set duration of time. Subscriptions renew automatically unless the user opts out, such as magazine subscriptions.
Select

Free Subscription
Free subscriptions are a way for developers to put free subscription content in Newsstand. Once a user signs up for a free subscription, it will be available on all devices associated with the user's Apple ID. Note that free subscriptions do not expire and can only be offered in Newsstand-enabled apps.
Select

Non-Renewing Subscription
Non-Renewing Subscriptions allow the sale of services with a limited duration. Non-Renewing Subscriptions must be used for In-App Purchases that offer time-based access to static content. Examples include a one week subscription to voice guidance feature within a navigation app or an annual subscription to online catalog of archived video or audio.
Select

プロダクトの詳細で設定する項目は図18.3、表18.1のとおりです。これらの項目を設定すればプロダクトの登録は完了です。

図18.3 プロダクト設定の項目

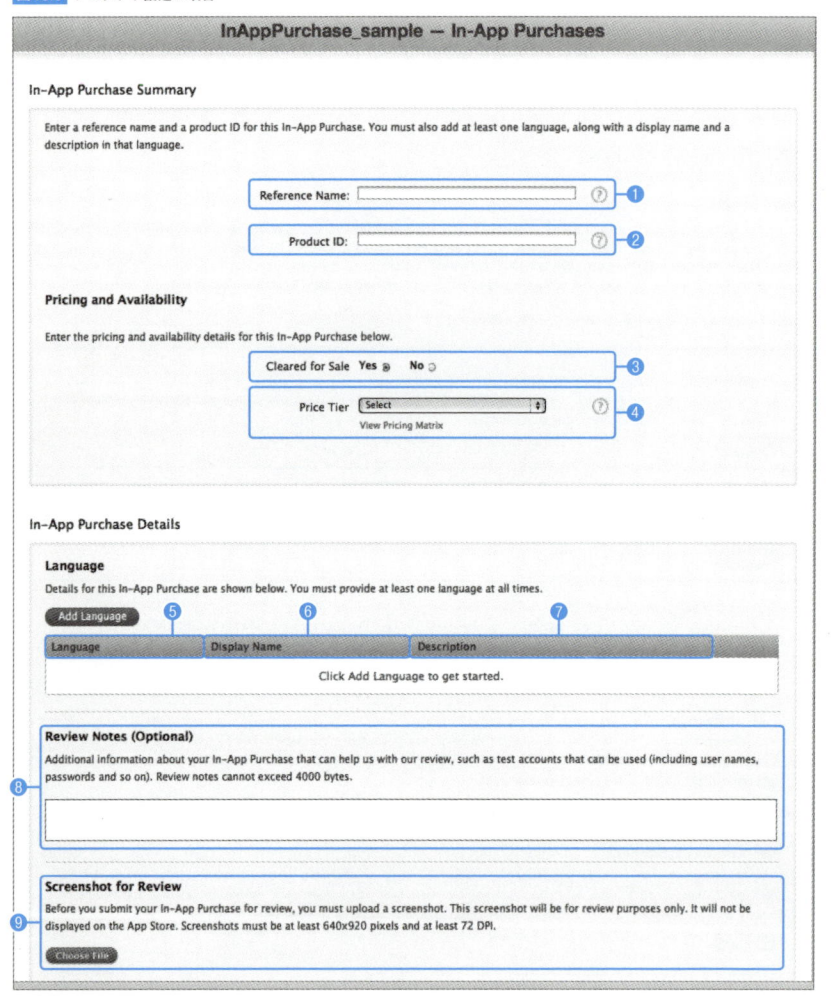

InAppPurchase_sample — In-App Purchases

In-App Purchase Summary

Enter a reference name and a product ID for this In-App Purchase. You must also add at least one language, along with a display name and a description in that language.

- Reference Name: ❶
- Product ID: ❷

Pricing and Availability

Enter the pricing and availability details for this In-App Purchase below.

- Cleared for Sale Yes ◉ No ○ ❸
- Price Tier [Select ▼] ❹
  View Pricing Matrix

In-App Purchase Details

Language

Details for this In-App Purchase are shown below. You must provide at least one language at all times.

[Add Language] ❺ ❻ ❼

Language	Display Name	Description

Click Add Language to get started.

Review Notes (Optional)

Additional information about your In-App Purchase that can help us with our review, such as test accounts that can be used (including user names, passwords and so on). Review notes cannot exceed 4000 bytes. ❽

Screenshot for Review

Before you submit your In-App Purchase for review, you must upload a screenshot. This screenshot will be for review purposes only. It will not be displayed on the App Store. Screenshots must be at least 640x920 pixels and at least 72 DPI. ❾

[Choose File]

表18.1 プロダクト設定項目

名前	説明
❶ Reference Name	iTunesConnect内で表示されるプロダクトの名前。アプリで表示される名前は別途設定する
❷ Product ID	商品のID。ユニークなIDにする必要がある。通常はアプリのBundleIdentifier＋プロダクト名にする
❸ Cleared for Sale	YESにチェックを入れると販売可能になる。テスト時もYESにする必要がある
❹ Price Tier	販売価格
❺ Language	ここで言語を追加して、下記のDisplay NameとDescriptionを記述する
❻ Display Name	アプリケーションで表示される名前
❼ Description	商品の説明文
❽ Review Notes	Appleがレビュー行う際に補足として伝えたいことがあればここに記述する
❾ Screenshot for Review	レビュー用のスクリーンショット

購入処理の流れ

In-App Purchaseを使ったアプリを実装する際にはStoreKitフレームワークを利用します。プロダクトの購入に関する処理をStoreKitフレームワークが担っており、AppStoreとのやり取りもこのStoreKitフレームワークが行います（図18.4）。

図18.4 プロダクトの購入処理の流れ

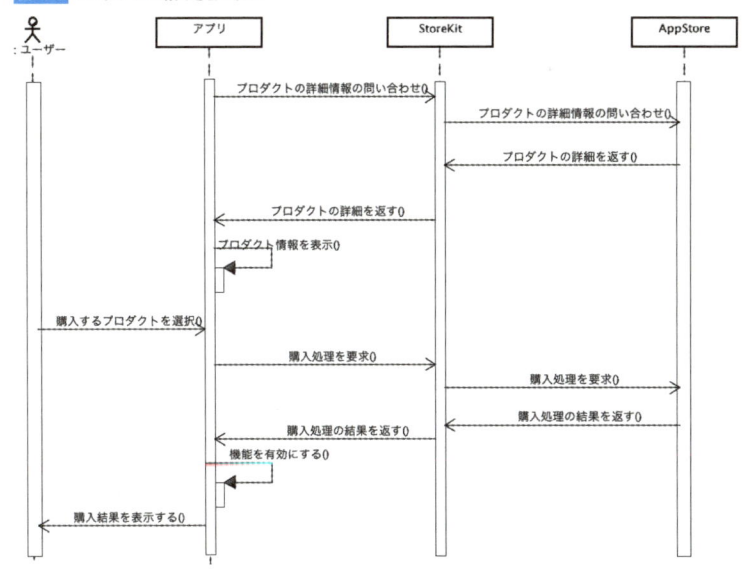

プロダクト情報の取得

プロダクト情報を取得するにはStoreKitフレームワークのSKProductsRequestクラスを使います。まずNSSetのインスタンス情報を取得したいプロダクトIDを列挙して作成します。(サンプルでは１つのみ)。

次にSKProductRequestクラスのインスタンスをこれらのプロダクトIDのNSSetを与えて生成します。次に重要なのがdelegateの設定です。

プロダクト情報のリクエストはdelegateによって受け取ります。delegateはSKProductsRequestDelegateプロトコルを実装したクラスを指定します。そしてstartメソッドでプロダクト情報の取得を開始します。

● プロダクト情報の取得

```
- (void)startProductRequest
{
    // iTunes Connectで登録したプロダクトのIDに書き換えること
    NSSet *productIds = [NSSet setWithObjects:@"co.jp.se.chapter18.productid", nil];

    SKProductsRequest *productRequest;
    productRequest = [[SKProductsRequest alloc] initWithProductIdentifiers:productIds];
    productRequest.delegate = self;
    [productRequest start];
}
```

プロダクト情報取得のリクエストは非同期のため、delegateで結果を受け取ります。SKProductsRequestDelegateプロトコルのproductsRequest:didReceiveResponse:メソッドを実装します。

第１引数であるrequestにはstartメソッドを呼び出したSKProductRequestクラスのインスタンスが渡ってきます。もし、複数のSKProductRequestクラスを生成して並列にプロダクト情報取得のリクエストを行った場合はどのリクエストに対しての結果かを区別するためにこの引数を利用します。

第２引数にリクエストの結果が渡ってきます。つまり、SKProductsResponseクラスのインスタンスからプロダクトの情報を得ることができるということです。SKProductsResponseクラスには２つのプロパティがあります。

● 例 SKProductsResponseのプロパティ

```
@property(nonatomic, readonly) NSArray *invalidProductIdentifiers
@property(nonatomic, readonly) NSArray *products
```

invalidProductIdentifiersは不正なプロダクトIDだった場合など、何らかの理由でプロダクト情報が取得できなかったプロダクトIDの一覧になります。

productsがリクエストにより取得されたプロダクト情報です。SKProductクラスのNSArrayとなっています。このSKProductクラスからプロダクトの名前や詳細などを得ることができます。プロダクト情報をあとから参照できるようにメンバ変数に保存しておき、[購入]ボタンを有効にします。

●プロダクト情報の結果を受け取る

```
- (void)productsRequest:(SKProductsRequest *)request didReceiveResponse:
(SKProductsResponse *)response {
    for (NSString *invalidProductIdentifier in response.invalidProductIdentifiers)
{
        // invalidProductIdentifiersがあればログに出力する
        NSLog(@"%s invalidProductIdentifiers : %@", __PRETTY_FUNCTION__,
invalidProductIdentifier);
    }

    // プロダクト情報をあとから参照できるようにメンバ変数に保存しておく
    self.products = response.products;

    // 取得したプロダクト情報を順番にUItextVIewに表示する（今回は1つだけ）
    for (SKProduct *product in response.products) {
        NSString *text = [NSString stringWithFormat:@"Title %@¥nDescription
%@¥nPrice %@¥n",
                          product.localizedTitle,
                          product.localizedDescription,
                          product.price];
        self.textView.text = text;
    }

    // [購入]ボタンを有効にする
    [self.buyButton setEnabled:YES];
}
```

プロダクトの購入処理

プロダクト情報取得のリクエストを行い、無事プロダクト情報であるSKProductを取得することができたら、次はプロダクトの購入処理を行います。購入処理ではSKPaymentクラスとSKPaymentQueueクラスが重要です。

まずSKPaymentQueueクラスのcanMakePaymentsメソッドで端末の設定がコンテンツを購入することができるようになっているか確認する必要があります。もし端末の機能制限が有効になっている場合は、ユーザーに適切なアラートを表示します。

次に購入処理を開始させます。SKPaymentクラスが購入のリクエストになります。SKPaymentクラスのインスタンスはpaymentWithProductメソッドでSKProductを指定して生成します。このインスタンスを購入処理のキューであるSKPaymentQueueクラスに追加することで購入処理が開始されます。

キューに追加したあとはStoreKitフレームワークがAppStoreとやり取りを行います。そのため、開発者は通信などの処理を実装する必要はありません。その代わり、オブザーバを登録し購入処理の途中結果や完了通知を受け取ります。

オブザーバの登録は通常、アプリケーションの起動時に行います。起動時ですのでAppDelegateクラスのapplication:didFinishLaunchingWithOptions:メソッドに記述するのが良いでしょう。SKPaymentQueueクラスのdefaultQueueメソッドでSKPaymentQueueクラスのインスタンスを取得し、SKPaymentQueueクラスのaddTransactionObserver:メソッドでオブザーバを登録します。

●トランザクションオブザーバを登録する

```
    MyPaymentTransactionObserver *observer = [MyPaymentTransactionObserver
sharedObserver];
    [[SKPaymentQueue defaultQueue] addTransactionObserver:observer];
```

●プロダクトの購入処理

```
- (void)buy
{
    // 購入処理の開始前に、端末の設定がコンテンツを購入することができるように
    // なっているか確認する
    if ([SKPaymentQueue canMakePayments] == NO) {
        NSString *message = @"機能制限でApp内での購入が不可になっています。";
        UIAlertView *alert =[[UIAlertView alloc]initWithTitle:@"エラー "
                                                    message:message
                                                    delegate:self
                                          cancelButtonTitle:@"OK"
                                          otherButtonTitles:nil];
        [alert show];
        return;
    }

    // 購入処理を開始する
    SKPayment *payment = [SKPayment paymentWithProduct:[self.products
objectAtIndex:0]];
    [[SKPaymentQueue defaultQueue] addPayment:payment];
}
```

購入結果を受け取る

購入結果はSKPaymentTransactionObserverプロトコルのメソッドが呼ばれることで確認できます。paymentQueue:updatedTransactions:メソッドが重要です。このメソッドは購入の新たなトランザクションが追加された場合や状態が変わった場合に呼び出されます。

引数のtransactionsはSKPaymentTransactionクラスのNSArrayで、このSKPaymentTransactionクラスによってトランザクションの状態（開始、終了など）を知ることができます。

SKPaymentTransactionクラスのtransactionStateがSKPaymentTransactionStatePurchasedの場合に購入が完了したことになります。ここでアプリ内の機能を有効にしたり、購入したアイテムを表示したりするなどの処理を行います。

●購入結果を受け取る

```objc
- (void)paymentQueue:(SKPaymentQueue *)queue updatedTransactions:(NSArray *)
transactions {
  NSLog(@"%s", __PRETTY_FUNCTION__);

  for (SKPaymentTransaction *transaction in transactions) {
    switch (transaction.transactionState) {
      case SKPaymentTransactionStatePurchasing:
        NSLog(@"SKPaymentTransactionStatePurchasing");
        break;

      case SKPaymentTransactionStatePurchased:
        // 購入完了時の処理を行う
        [self completeTransaction:transaction];
        NSLog(@"SKPaymentTransactionStatePurchased");
        break;

      case SKPaymentTransactionStateFailed:
        // 購入失敗時の処理を行う
        [self failedTransaction:transaction];
        NSLog(@"SKPaymentTransactionStateFailed");
        break;

      case SKPaymentTransactionStateRestored:
        // リストア時の処理を行う
        NSLog(@"SKPaymentTransactionStateRestored");
        break;

      default:
        break;
    }
  }
```

```
    }
}
```

　最後に必要な処理が完了したらトランザクションを明示的に終了させる必要があります。破棄はSKPaymentQueueクラスのfinishTransaction:メソッドで行います。

●トランザクションを終了させる

```
[[SKPaymentQueue defaultQueue] finishTransaction:transaction];
```

> **NOTE**
>
> **購入したアイテムのリストア**
> 　非消費アイテムの場合、ユーザーがアプリをアンインストール後に再インストールした時や、購入したiOS端末以外のiOS端末にアプリをインストールした時に適切にリストアすることが必要になります。
> 　もし、リストア機能を実装していない場合は、アプリの審査でリジェクトされてしまいます。
> 　StoreKitフレームワークを使うことで簡単にリストアを行うことができます。リストアはSKPaymentQueueクラスのrestoreCompletedTransactions:メソッドを呼び出すことで開始します。その後は購入時と同じようにdelegateメソッドが呼ばれます。paymentQueue:updatedTransactions:メソッドが呼ばれるので、transaction.transactionStateがSKPaymentTransactionStateRestoredの場合に、リストアに必要な処理（ステージの有効化など）を記述します。

161 広告を表示したい

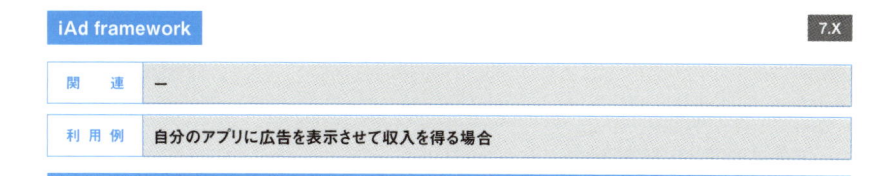

iAd framework		7.X
関 連	—	
利用例	自分のアプリに広告を表示させて収入を得る場合	

広告を表示するには

iAd frameworkはiOS 4.0から導入され、iAd Networkから広告をダウンロードするために必要な動作を行います。

iAd frameworkをプロジェクトに追加する

iAdを表示するためにはまずiAd frameworkをプロジェクトに追加します（図18.1）。「Build Phases」→「Link Binary With Libraries」から「iAd framework」を追加します（図18.2）。

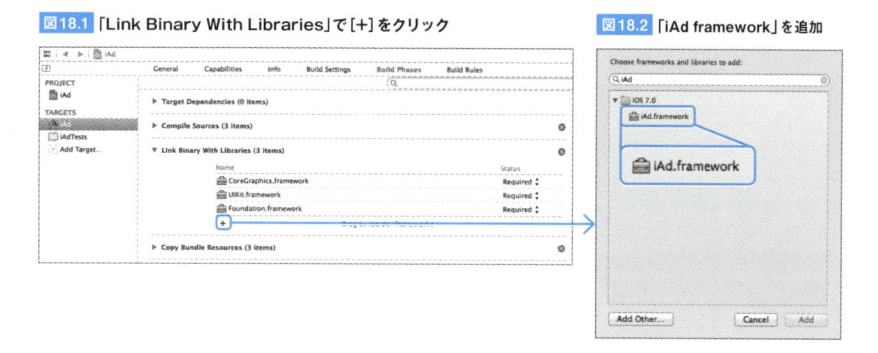

図18.1 「Link Binary With Libraries」で［+］をクリック

図18.2 「iAd framework」を追加

ソースコードへの実装

iAd frameworkを追加したらソースコードを修正します。iOS7からはとてもシンプルに実装することができます。まずiAdのヘッダをimportします。

● 該当ソースでヘッダーファイルをインポート

```
#import <iAd/iAd.h>
```

iAd.hをimportすることでUIViewControllerにカテゴリでcanDisplayBanner

Adsプロパティが追加されます。このcanDisplayBannerAdsプロパティにYESを設定するだけでiAdの広告（バナー）を表示することができます。

● 広告（バナー）の表示

```
self.canDisplayBannerAds = YES;
```

広告を非表示にしたい時はcanDisplayBannerAdsプロパティにNOを設定します。表示、非表示にする時のアニメーションも自動で行われます。

iOS 6以前では、delegateメソッドが呼ばれたら画面外から出てくる（画面外に消える）アニメーションを実装する必要がありましたが、iOS 7ではたった1行で実装できてしまいます（図18.3）。

図18.3 iAdの広告

INDEX

記号・英数字

% CPU ·· 408
「Zombies」テンプレート ·· 420
16ビットリニアPCM ··· 179

A

ABAddressBookGetAuthorizationStatus 関数 ····· 308
ABAddressBookRequestAccessWithCompletion
　関数 ··· 309
ACAccountStore クラス ··· 320
ACAccountType ·· 322
accelerometer ·· 239
Accessory ··· 038
Action Segue ··· 098
actionSheet:clickedButtonAtIndex: メソッド
　··· 027, 028
Activity Monitor ·· 407
addAnnotation メソッド ·· 212
addArcWithCenter: メソッド ······················· 126, 132
addAttachmentData:mimeType:fileName: メソッド
　··· 284
addButtonWithTitle: メソッド ······························· 025
addGestureRecognizer: メソッド ··············· 109, 115
addLineToPoint: メソッド ····································· 122
addQuadCurveToPoint:controlPoint: メソッド ···· 124
addSubView ··· 184
afconvert ··· 179
AIFF ··· 181
ALAssetRepresentation オブジェクト ················· 174
ALAssetsLibrary クラス ·· 317
ALAuthorizationStatusAuthorized ······················ 317
ALAuthorizationStatusDenied ···························· 317
ALAuthorizationStatusNotDetermined ··············· 317
ALAuthorizationStatusRestricted ······················· 317
alertView:clickedButtonAtIndex: メソッド ··········· 025
alertViewStyle プロパティ ··································· 023
Allocations ··· 415
allowableMovement プロパティ ··························· 115
App ID ··· 394
AppDelegate クラス ···································· 225, 434
appearance proxy ··· 021
Apple Push Notification Service ························ 278
application:didFinishLaunchingWithOptions: メソッド
　·· 274, 277, 434
application:didReceiveLocalNotification: メソッド
　··· 275
application:didReceiveRemoteNotification: メソッド
　··· 278
application:openURL:sourceApplication:annotation:
　メソッド ··· 204

application:registerForRemoteNotificationTypes
　··· 276
applicationDidEnterBackground: メソッド ········· 264
applicationIconBadgeNumber プロパティ ·········· 272
ARC ··· 413
assetForURL:resultBlock メソッド ······················· 174
Assets Library フレームワーク ···························· 174
attributedPlaceholder プロパティ ······················· 056
attributedText プロパティ ···································· 002
AudioServicesPlaySystemSound 関数 ··············· 178
AudioToolbox.framework ···································· 178
AVAudioPlayer クラス ······················· 181, 182, 257
　　currentTime プロパティ ······························· 182
　　duration プロパティ ······································ 182
　　enableRate プロパティ ·································· 182
　　pan プロパティ ·· 182
　　pause メソッド ··· 182
　　playAtTime: メソッド ······································ 182
　　playing プロパティ ·· 182
　　play メソッド ·· 182
　　prepareToPlay メソッド ·································· 182
　　rate プロパティ ··· 182
　　stop メソッド ··· 182
　　volume プロパティ ·· 182
AVAudioSession クラス ······································· 266
AVFoundation.framework ··························· 181, 266

B

BASIC 認証 ··· 191
batteryLevelDidChange: メソッド ························ 260
bearing ··· 230
bezierPathWithOvalInRect: メソッド ··················· 128
bezierPathWithRect: メソッド ····························· 130

C

CAF ··· 181
calculateDirectionsWithCompletionHandler: メソッド
　··· 216
cancelAllLocalNotifications ································· 278
canDisplayBannerAds プロパティ ······················· 438
canMakePayments メソッド ································· 433
canSendMail 関数 ·· 284
CGImageCreateWithImageInRect 関数 ·············· 146
CGImage オブジェクト ·· 146
CGImage 参照ポインター ······································ 146
CGRect 構造体 ··· 146
Choose Disclosure Indicator ····························· 038
CIColorControls ·· 160
CIColorInvert ·· 150
CIColorMonochrome ··· 152

CIColorPosterize	156
CICurcularScreen	170
CIDetectorAccuracyHigh	257
CIDetectorAccuracyLow	257
CIDotScreen	170
CIFaceFeature	258
bounds	258
faceAngle	259
hasFaceAngle	259
hasLeftEyePosition	258
hasMouthPosition	259
hasRightEyePosition	258
hasSmile	259
leftEyeClosed	259
leftEyePosition	258
mouthPosition	259
rightEyeClosed	259
rightEyePosition	258
CIFilterオブジェクト	148
CIFilterクラス	148
CIGammaAdjust	158
CIGaussianBlur	166
CIHatchedScreen	170
CIHueAdjust	164
CILineScreen	170
CISepiaTone	154
CIUnsharpMask	168
CIVibrance	162
clearButtonModeプロパティ	054
CLLocationManagerクラス	246, 247, 269, 304, 304
closePathメソッド	132
CMAttitudeReferenceFrameXArbitraryCorrected ZVertical	250
CMAttitudeReferenceFrameXArbitraryZVertical	250
CMAttitudeReferenceFrameXMagneticNorth ZVertical	251
CMAttitudeReferenceFrameXTrueNorthZVertical	251
CMDeviceMotion	244, 245
CMMotionManager	239, 242, 244, 249
CMMotionManagerクラス	238, 241, 249
Cocoa	346
CocoaLumberjack	384
completionHandler	194, 195
Connections Inspector	100, 216
content	037
Core Audio	180, 183
Core Data	346, 350
Core Foundation	413
Core Foundationオブジェクト	399, 414
Core Image	148
Core Image Filter Rereference	173
Core Imageクラス	148
Core Location Framework	176
CoreGraphicsフレームワーク	146
CoreImage.framework	257
CoreLocation.framework	234, 246
CoreMotion.framework	238, 241, 244, 249
CPU Time	408
CREATE NEW KEY	223
CREATE TABLE文	364
CRUD操作	350
CSVファイル	286
Custom	047
custom	086

D

dataDetectorTypesプロパティ	
UIDataDetectorTypeAddress	051
UIDataDetectorTypeCalendarEvent	051
UIDataDetectorTypeLink	051
UIDataDetectorTypeNone	051
UIDataDetectorTypePhoneNumber	051
UIDataDetectorTypeAll	051
dataDetectorTypesプロパティ	051
DDASLLogger	386
DDFileLogger	386
DDLog	386
DDLogDebug	387
DDLogError	387
DDLogInfo	387
DDLogVerbose	387
DDLogWarn	387
DDTTYLogger	386
defaultQueueメソッド	434
Delegateメソッド	070
deleteObject:メソッド	351
DELETE文	366
desiredAccuracy	247
deviceMotionUpdateInterval	244
didFinishLaunchingWithOptions:メソッド	386
document outline	038, 047
drawAtPoint:withAttributesメソッド	138, 140
drawInRect:withAttributes:メソッド	142
Dynamic Prototypes	047

E

EKAuthorizationStatusAuthorized	311, 314
EKAuthorizationStatusDenied	311, 314
EKAuthorizationStatusNotDetermined	311
EKAuthorizationStatusRestricted	311, 314
EKEntityTypeEvent	313
EKEntityTypeReminder	314, 316

INDEX

E

EKEventEditViewController ……………… 298, 299
EKEventStore ……………………………………… 298
EKEventStore オブジェクト ………………… 295, 300
EKEventStore クラス ……………… 295, 311, 314
EKEvent オブジェクト ……………………………… 299
EKReminder ……………………………………… 300
EntityType ………………………………………… 314
EventKitUI フレームワーク ……………………… 298
EventKit フレームワーク …………………… 295, 298
eventsMatchingPredicate: メソッド …………… 296
executeQuery: メソッド ………………………… 367
executeUpdate: メソッド ………………… 364, 365

F

Facebook ……………………………………… 198, 320
Facebook SDK …………………………………… 198
Facebook SDK.framework ……………………… 202
FacebookAppID …………………………………… 199
FacebookDisplayName …………………………… 199
Facebook アプリダッシュボード ………………… 199
FBAppCall クラス ………………………………… 204
FBDialogs クラス …………………………… 205, 207
FBLoginViewDelegate プロトコル ………… 203, 204
filterArray ………………………………………… 149
FMDatabase ……………………………………… 362
FMDatabase インスタンス ……………………… 363
FMDB ……………………………………………… 362
FMResults インスタンス ………………………… 367

G

genstrings コマンド ……………………………… 370
gestureRecognizer:shouldRecognizeSimultaneously
  WithGestureRecognizer: メソッド …………… 119
GMSCameraPosition クラス ……………… 230, 231
GMSMutablePath クラス ………………………… 230
GMSPolyline クラス ……………………………… 230
Google Developers Console …………………… 222
Google Maps ………………………… 222, 226, 228
Google Maps API Key ………………………… 222
Google Maps SDK ……………………………… 222
Google Maps SDK for iOS …………………… 223
GoogleMaps.framework ………………………… 223
GoogleMapView クラス ………………………… 226
gps ………………………………………………… 246
Graph API ………………………………………… 206
gravity …………………………………………… 240
gyroscope ………………………………………… 242

H

HTTP ステータスコード ………………………… 195

I

iAd framework …………………………………… 437
IAlertView ………………………………………… 424
IBAction メソッド ………………………………… 100
iCloud …………………………………………… 353
iCloud Key-Value Store ……………………… 353
Identifier …………………………………… 047, 050
IF NOT EXISTS ………………………………… 364
imageNamed: メソッド …………………………… 148
imagePickerController:didFinishPickingMedia
  WithInfo: メソッド ………………………… 148, 149
cropButtonDidPush: メソッド …………………… 146
image プロパティ ………………………………… 072
In-App Purchase ……………………………… 428
InfoPlist.strings ………………………………… 374
initWithString: メソッド ………………………… 002
initWithTitle:message:delegate:cancelButtonTitle:
  otherButtonTitles: メソッド ………………… 025
initWithTitle: メソッド …………………………… 027
input.wav ………………………………………… 179
inputAmount …………………………………… 162
inputAngle ………………………………… 164, 170
inputBrightness ………………………………… 160
inputCenter ……………………………… 170, 172
inputColor ……………………………………… 152
inputContrast ………………………………… 160
inputIntensity …………………………… 152, 154
inputRadius …………………………………… 166
inputSaturation ……………………………… 160
inputScale ……………………………………… 172
inputSharpness ……………………………… 170
inputWidth ……………………………………… 170
INSERT 文 ……………………………………… 366
Instruments …………………………………… 403
Instruments ユーザーガイド …………………… 404
Interface builder ……………………………… 025
InternationalizationofDisplayName ………… 376
invalidProductIdentifiers …………………… 433
iOS Developer Program ……………………… 389
iOS Human Interface Guidelines …………… 027
iRate …………………………………………… 426
IRotationGestureRecognizer クラス ………… 119
iTunes ………………………………………… 357

J

JavaScript 文字列 ……………………………… 192
JSON ……………………………………… 277, 356
JSONObjectWithData:options:error: ………… 356

K

kABAuthorizationStatusAuthorized …………… 308
kABAuthorizationStatusDenied ……………… 308

441

kABAuthorizationStatusNotDetermined ········· 308
kABAuthorizationStatusRestricted ················· 308
kCGImagePropertyGPSAltitude ····················· 174
kCGImagePropertyGPSAltitudeRef ················ 174
kCGImagePropertyGPSDateStamp ················· 174
kCGImagePropertyGPSDictionary ·················· 174
kCGImagePropertyGPSLatitude ····················· 174
kCGImagePropertyGPSLatitudeRef ················ 174
kCGImagePropertyGPSLongitude ·················· 174
kCGImagePropertyGPSLongitudeRef ············· 174
kCGImagePropertyGPSTimeStamp ················ 174
kCLAuthorizationStatusAuthorized ········· 304, 306
kCLAuthorizationStatusDenied ··············· 304, 306
kCLAuthorizationStatusNotDetermined ·· 304, 305
kCLAuthorizationStatusRestricted ··········· 304, 306
kCLLocationAccuracyBest ···························· 248
kCLLocationAccuracyBestForNavigation ······· 248
kCLLocationAccuracyHundredMeters ············ 248
kCLLocationAccuracyKilometer ··················· 248
kCLLocationAccuracyNearestTenMeters ········ 248
kCLLocationAccuracyThreeKilometers ··········· 248
KEventStoreオブジェクト ···························· 298
Key-Value形式 ··· 353
kGMSTypeHybrid: ······································ 229
kGMSTypeNone: ······································· 229
kGMSTypeNormal: ···································· 228
kGMSTypeSatellite: ···································· 228
kGMSTypeTerrain: ····································· 228
kSystemSoundID_Vibrate ···························· 179

L

launchOptionsディクショナリ ················ 274, 277
layerプロパティ ····································· 009, 014
libsqlite3.dylib ··· 234
LINE ·· 292
lineBreakModeプロパティ ··························· 007
 Truncating Head ································· 007
 Truncating Middle ······························· 007
 Truncating Tail ·································· 007
Link Binary With Libraries ··························· 225
Localizable.strings ····································· 370
location-services ······································· 246
LOG_LEVEL_DEBUG ·································· 387
LOG_LEVEL_ERROR ··································· 387
LOG_LEVEL_INFO ····································· 387
LOG_LEVEL_OFF ······································· 387
LOG_LEVEL_VERBOSE ································ 387
LOG_LEVEL_WARN ··································· 387
loginView:handleError:メソッド ···················· 204
loginViewShowingLoggedInUser:メソッド ····· 204
loginViewShowingLoggedOutUser:メソッド ···· 204

M

magnetometer ··· 249
Map Kit Framework ·································· 210
Map View ·· 211
Mapion Maps API Key ······························· 233
MapionMaps.framework ···························· 233
mapView ··· 217
mapView:rendererForOverlay:メソッド ········· 220
marker.animatedプロパティ ························ 229
maximumDateプロパティ ··························· 032
maximumNumberOfTouchesプロパティ ······ 106
MediaPlayer.framework ····························· 184
Member Center ·· 389
MessageUI.framework ························· 284, 286
MFMailComposeViewController ················· 284
MFMailComposeViewControllerインスタンス
··· 285, 286
MIMEType ··· 284
minimumDateプロパティ ··························· 032
minimumNumberOfTouchesプロパティ ······ 106
minuteInterval ·· 031
minuteIntervalプロパティ ··························· 031
MKDirectionsTransportTypeAny ················· 220
MKDirectionsTransportTypeAutomobile ······ 220
MKDirectionsTransportTypeWalking ··········· 220
MKDirectionsクラス ·································· 216
MKMapView ·· 212
MKPointAnnotation ·································· 212
modal ·· 086, 091
moveToPoint:メソッド ························ 122, 124
MPEG-1 Layer 3 ······································· 181
MPEG-2 ·· 181
MPEG-4 ·· 181
MPEG-4 ADTS ··· 181
MPMovieControlStyle型 ···························· 186
 MPMovieControlStyleEmbedded ········· 186
 MPMovieControlStyleFullscreen ·········· 186
 MPMovieControlStyleNone ················ 186
MPMoviePlaybackState型 ·························· 186
 MPMoviePlaybackStateInterrupted ····· 186
 MPMoviePlaybackStatePaused ············ 186
 MPMoviePlaybackStatePlaying ··········· 186
 MPMoviePlaybackStateSeekingBackward ·· 186
 MPMoviePlaybackStateSeekingForward ···· 186
 MPMoviePlaybackStateStopped ·········· 186
MPMoviePlayerControllerクラス ·········· 184, 185
 controlStyleプロパティ ······················ 185
 durationプロパティ ··························· 186
 movieSourceTypeプロパティ ············· 186
 pauseメソッド ································· 185
 playbackStateプロパティ ··················· 185
 playメソッド ···································· 185

prepareToPlay メソッド	185
repeatMode プロパティ	185
shouldAutoplay プロパティ	185
stop メソッド	185
MPMovieRepeatMode 型	186
MPMovieRepeatModeNone	186
MPMovieRepeatModeOne	186
MPMovieSourceType 型	186
MPMovieSourceTypeFile	187
MPMovieSourceTypeStreaming	187
MPMovieSourceTypeUnknown	187

N

Navigation Bar	095
Navigation Controller	095
Navigation Item	097
next メソッド	367
nil	064
nputPower	158
NSArray	335, 433
NSArray 形式	069
NSAttributedString	015, 056
NSBackgroundColorAttributeName	138
NSBundle	342
NSCoding プロトコル	337
NSData	335
NSDictionary	335, 341
NSDictionary オブジェクト	174
NSEntityDescription クラス	346
NSFetchedResultsController クラス	346
NSFetchRequest クラス	346, 350
NSFileManager クラス	332
NSFontAttributeName	138
NSFontAttributeName パラメータ	140
NSForegroundColorAttributeName パラメータ	138
NSJSONReadingAllowFragments	356
NSJSONReadingMutableContainers	356
NSJSONReadingMutableLeaves	356
NSJSONSerialization クラス	356, 424
NSKernAttributeName	138
NSKeyedArchiver クラス	336
NSKeyedUnarchiver クラス	336
NSLocalizedString 関数	370
NSLog 関数	384
NSManagedObject	350
NSManagedObjectContext	350, 351, 352
NSManagedObjectContext オブジェクト	347
NSManagedObjectContext クラス	346
NSManagedObjectModel オブジェクト	346
NSManagedObjectModel クラス	346
NSManagedObject クラス	346
NSMutableAttributedString	002
NSBackgroundColorAttributeName	002
NSFontAttributeName	002
NSForegroundColorAttributeName	002
NSKernAttributeName	002
NSShadowAttributeName	002
NSStrikethroughColorAttributeName	002
NSStrikethroughStyleAttributeName	002
NSUnderlineColorAttributeName	002
NSUnderlineStyleAttributeName	002
NSUnderlineStyleDouble	002
NSUnderlineStyleSingle	002
NSUnderlineStyleThick	002
NSMutableAttributedString クラス	002
NSNotificationCenter クラス	252, 260, 266
NSNumber	002
NSPersistentStoreCoordinator オブジェクト	347
NSPersistentStoreCoordinator クラス	346
NSPersistentStore クラス	346
NSPredicate	350
NSPredicate オブジェクト	296
NSShadow	002
NSShadowAttributeName	138
NSSortDescriptor	350
NSString	335
NSString クラス	138, 142
NSUbiquitousKeyValueStoreChangedKeysKey	355
NSUbiquitousKeyValueStoreDidChangeExternallyNotification	355
NSUbiquitousKeyValueStore オブジェクト	354
NSUnderlineStyleAttributeName	138
NSURLRequest	188
NSURLRequest クラス	191
NSURLSessionAuthChallengeCancelAuthenticationChallenge	194
NSURLSessionAuthChallengeRejectProtectionSpace	194
NSURLSessionAuthChallengeUseCredential	194
NSURLSessionConfiguration オブジェクト	193
NSURLSessionDataDelegate プロトコル	193
NSURLSessionResponseAllow	195
NSURLSessionResponseBecomeDownload	195
NSURLSessionResponseCancel	195
NSURLSession オブジェクト	193
NSUserDefaults インスタンス	339, 340
NSUserDefaults クラス	339
NULL ポインタ	401
numberOfComponentsInPickerView	064
numberOfTapsRequired プロパティ	104

O

object	048

object library	037
ON/OFF	029
onTint プロパティ	029
OpenAL	180
openURL: メソッド	324
Organizer	344
Outlet	218
output.caf	179
outputImage プロパティ	148

P

passthroughViews プロパティ	069
paymentQueue:updatedTransactions メソッド	435
performSegueWithIdentifier: メソッド	088
performSelectorInBackground:withObject: メソッド	011
pickerView:attributedTitleForRow:forComponent: デリゲートメソッド	064
pickerView:didSelectRow:inComponent: メソッド	148
placeholder プロパティ	056
playableDuration プロパティ	186
plist	202, 357
prepareForSegue: メソッド	093
presentOSIntegratedShareDialogModallyFrom: initialText:image:url:handelr: メソッド	207
presentViewController 関数	285, 287
progressViewStyle プロパティ	010
Progress プロパティ	010
Prototype Cells	047
Provisioning Profile	394, 395
proximityStateDidChange:	252
push	086

Q

QuartzCore.framework	234

R

Reachability	262
Real Memory Usage	408
registerDefaults メソッド	341
registerForRemoteNotificationTypes	276
Release	149
requestAccessToAccountsWithType: メソッド	320
requestAccessToEntityType:ompletion:関数	312
requestWithURL: メソッド	190
requireGestureRecognizerToFail: メソッド	117
resume メソッド	194

S

save: メソッド	352
scheduledLocalNotifications	274
Search API	422
Second Flush	180
secureTextEntry プロパティ	055
selectedSegmentIndex	090
setAttributedTitle:forState: メソッド	014
setMaximumTrackImage:forState: メソッド	019
setTitleTextAttributes:forState: メソッド	079, 080
setValue:forKey: メソッド	149
setValuesForKeysWithDictionary: メソッド	149
sharedApplication オブジェクト	272
sharedInstance メソッド	427
Show in Finder	224
Show Raw Keys & Values	360
SKPaymentQueue クラス	433, 434
SKPaymentTransactionObserver プロトコル	435
SKPaymentTransaction クラス	435
SKPayment クラス	434
SKProduct クラス	433
SLComposeViewController	290
SMutableAttributedString オブジェクト	002
SNS 機能	290
Social.framework	290
Social フレームワーク	290
SQLite	346, 362
SSL 証明書	279
standardUserDefaults メソッド	339
Static Cells	037
Storyboard	036, 037, 047, 190, 211, 373
stringByEvaluatingJavaScriptFromString: メソッド	192
stroke メソッド	122, 124
subtitle	214
synchronize メソッド	339

T

tableView:cellForRowAtIndexPath: メソッド	048
tableView:heightForFooterInSection: メソッド	044
tableView:heightForHeaderInSection: メソッド	044
tableView:numberOfRowsInSection: メソッド	036
tableView:viewForFooterInSection: メソッド	045
tag プロパティ	048
textFieldAtIndex メソッド	023
thumb	019
thumbTintColor プロパティ	029
tintColor プロパティ	029
title	214
Track Tint	012
transform プロパティ	013
Transition	091
translationInView: メソッド	107
transportType	220
Twitter	320

U

- UDID ··· 392, 393
- UIActionSheet ·· 027
- UIActionSheetDelegate プロトコル ······················ 028
- UIActivityTypeAddToReadingList ························ 289
- UIActivityTypeAirDrop ······································ 289
- UIActivityTypeAssignToContact ·························· 289
- UIActivityTypeCopyToPasteboard ······················· 289
- UIActivityTypeMail ·· 289
- UIActivityTypeMessage ···································· 289
- UIActivityTypePostToFacebook ·························· 289
- UIActivityTypePostToFlickr ······························· 289
- UIActivityTypePostToTencentWeibo ···················· 289
- UIActivityTypePostToTwitter ····························· 289
- UIActivityTypePostToVimeo ······························ 289
- UIActivityTypePostToWeibo ······························ 289
- UIActivityTypeSaveToCameraRoll ······················· 289
- UIActivityViewController ·························· 288, 327
- UIActivity クラス ··· 327
- UIAlertView ······································· 024, 025, 425
- UIAlertViewStyleDefault ··································· 023
- UIAlertViewStyleLoginAndPasswordInput ············ 024
- UIAlertViewStylePlainTextInput ························· 024
- UIAlertViewStyleSecureTextInput ······················· 023
- UIAlertViewDelegate プロトコル ························ 025
- UIApplicationLaunchOptionsLocalNotificationKey
  ··· 274
- UIApplication クラス ································· 324, 424
- UIBezierPath クラス ·························· 122, 124, 128, 130
- UIButton ·· 014, 017
  - Add Contact ··· 014
  - custom ·· 017
  - Detail ·· 014
  - Disabled ·· 017
  - Disclosure ·· 014
  - Highlighted ·· 017
  - Info Dark ··· 014
  - Info Light ··· 014
  - Selected ··· 017
  - System ·· 014
- UIColor ··· 002
- UIDatePicker ································· 031, 032, 034
- UIDeviceBatteryLevelDidChangeNotification ······ 260
- UIDeviceProximityStateDidChangeNotification
  ··· 252
- UIDevice クラス ······································· 252, 260
- UIFont ··· 002
- UIGestureRecognizerDelegate クラス ················· 119
- UIGestureRecognizer クラス ······················ 104, 115
- UIImage ·· 256
- UIImagePickerControllerDelegate プロトコル ····· 254
- UIImageView ·· 072
- UIImageWriteToSavedPhotosAlbum 関数 ············ 256
- UIImage クラス ·· 148
- UILabel ··· 002, 007, 009
- UILocalNotification オブジェクト ······················ 273
  - alertBody ··· 273
  - applicationIconBadgeNumber ····················· 273
  - fireDate ··· 273
  - hasAction ··· 273
  - soundName ·· 273
  - timeZone ··· 273
  - userInfo ··· 273
- UILongPressGestureRecognizer クラス ········ 115, 116
- UINavigationControllerDelegate プロトコル ······· 254
- UIPanGestureRecognizer クラス ······················· 106
- UIPickerView ·· 060, 062, 064
- UIPickerViewDataSource プロトコル ················· 064
- UIPickerViewDelegate プロトコル ····················· 064
  - pickerView:attributedTitleForRow:for
    Component ··· 064
  - pickerView:didSelectRow:inComponent ······ 064
  - pickerView:rowHeightForComponent ·········· 064
  - pickerView:titleForRow:forComponent ········ 064
  - pickerView:viewForRow:forComponent:
    reusingView ·· 064
  - pickerView:widthForComponent ················· 064
- UIPinchGestureRecognizer クラス ······· 109, 110, 119
- UIPopoverArrowDirectionAny ························· 069
- UIPopoverArrowDirectionDown ······················ 069
- UIPopoverArrowDirectionLeft ························· 069
- UIPopoverArrowDirectionRight ······················· 069
- UIPopoverArrowDirectionUp ·························· 069
- UIPopoverController ································ 068, 070
- UIProgerssView ······································· 010, 012
- UIRemoteNotificationTypeAlert ······················· 277
- UIRemoteNotificationTypeBadge ···················· 277
- UIRemoteNotificationTypeNewsstandContent
  Availability ··· 277
- UIRemoteNotificationTypeNone ······················ 277
- UIRemoteNotificationTypeSound ····················· 277
- UIRotationGestureRecognizer クラス ········· 111, 119
- UISegmentedControl ································ 077, 079
- UISlider ··· 019, 022
  - Max Image ··· 019
  - Max Track Tint ·· 019
  - Min Image ·· 019
  - Min Track Tint ··· 019
- UISwipeGestureRecognizer クラス ···················· 114
- UISwitch ·· 029
- UITableView ····························· 036, 040, 044, 047, 051
- UITableViewCell ··· 047
  - UITableViewCellStyleDefault ······················ 038
  - UITableViewCellStyleSubtitle ······················ 038

INDEX

445

UITableViewCellStyleValue1	038
UITableViewCellStyleValue2	038
UITableViewCellStyle列挙子	038
UITableViewController	036
UITableViewDataSource プロトコル	036
UITableViewDelegate プロトコル	036
UITapGestureRecognizer クラス	104
UITextField	053, 054, 056
UIKeyboardTypeASCIICapable	053
UIKeyboardTypeDecimalPad	053
UIKeyboardTypeDefault	053
UIKeyboardTypeEmailAddress	053
UIKeyboardTypeNamePhonePad	053
UIKeyboardTypeNumberPad	053
UIKeyboardTypeNumbersAndPunctuation	053
UIKeyboardTypePhonePad	053
UIKeyboardTypeTwitter	053
UIKeyboardTypeURL	053
UIKeyboardTypeWebSearch	053
UITextFieldViewModeAlways	054
UITextFieldViewModeNever	054
UITextFieldViewModeUnlessEditing	054
UITextFieldViewModeWhileEditing	054
UIView	109
UIWebView オブジェクト	190, 191
UIWebView クラス	188
Unwind Segue	099
UPDATE文	366
URLScheme	202, 324
URLRequest オブジェクト	190
URLSession:dataTask:didReceiveData: メソッド	196
URLSession:dataTask:didReceiveResponse: completionHandler: メソッド	195
URLSession:task:didCompleteWithError: メソッド	196
URLSession:task:didReceiveChallenge:completionHandler: メソッド	194
URLスキーム	292, 324
userAcceleration	240
UTF8	353

V

Value	357
velocity プロパティ	110
view	104
ViewController	084, 086, 216, 217
ViewController クラス	193
viewDidAppear: メソッド	220
viewingAngle	230
viewWithTag: メソッド	048

W

Wall	205
WAV	181
Web View	190
Web画像	072
WithContentsOfFile:関数	335
writeToFile:関数	335

X

Xib	342
XML	349

Y

YouTube	188

Z

zoom	231

あ

アイコン	327
アクションシート	027
アシスタントエディタ	212
アノテーション	214
アプリ内課金	428
アルバム	256
アンアーカイブ	336
位置情報	174
イベント	116
イベント情報	295
色	012
色褪せ	154
インスタンス	104
インメモリデータベース	363
打ち消し線	004
永続化対象	349
永続メモリ	415
エラーレスポンスパケット	280
円グラフ	132
円弧	126
エンティティ	346
扇形	132
オブジェクトアーカイブ	336
音声ファイル	178

か

開始角	126
階調	156
諧調数	156
回転	074, 111, 119, 241
顔検出	257
課金	428
カスタマイズUIActivity	327

カスタムURLスキーム	324	使用許可	316
下線	005	証明書	392
加速度	238	証明書要求ファイル	390
加速度センサー	244	初期化忘れ	400
角丸矩形ボタン	016	シングルサインオン	203
カメラ	254	進捗状況	010
カメラアングル	230	スタックトレース	383
カメラ撮影機能	255	ステータスコードフィールド	280
カレンダー	311	ステップアウト	382
ガンマ比	158	ステップイン	382
キーペア	391	ステップオーバー	382
キャリブレーション	251, 250	ステップ実行	382
行数	048	ステレオ音声	179
曲線	124	ストーリーボード	088, 096
近接センサー	252	ストリートビュー	230
矩形	130	スワイプ	114
経路	216	静的解析ツール	397
ゲートウェイ	278	セグエ	088
検索	367	セクション数	048
検出	104	セクションヘッダー	038
公開鍵	391	セピア調	154
広告	437	セル	047
購入結果	435	線／角丸	009
購入処理	433	遷移	086, 093
国際化	370, 376, 378	センサー	244
コマンドフィールド	280	センサー値	245
コメントアウト	036	選択肢	078, 079, 080
コントラスト	160	属性パラメータ	138
		ゾンビ	418

さ

サイズ	012		
再生フォーマット	178		
彩度	160		
サンドボックス	344		
シーン	084, 088, 096, 099		
ジェスチャーレコグナイザ	117		
ジオコーディングレスポンス	356		
視覚効果	091		
磁気情報	242, 250		
磁力センサー	244		
色相	164		
識別フィールド	280		
実機	388		
実行継続	382		
自動再生	188		
自動停止プロパティ	269		
シミュレータ	344		
ジャイロスコープ	241, 244		
消費型	429		
終了角	126		
縮小	075		
循環参照	413		

た

ダウンロードタスク	196
楕円	128
タップ	104
ダブルタップ	104
単色化	150
中心点	126
直線	122
ツイート機能	288
ディレクトリ	332
テーブル	364
テキスト	136, 138, 364
デッドストア	397, 399, 400
デバイス	238
デバイストークン	276
デバッグ	380
デバッグコンソール	382
デフォルト	077
テンポラリデータベース	363
電話番号	051
動的	403
時計回り	126

ドラムボタン	031
トランザクション	366
トランジションタイプ	091
Cover Vertical	091
Cross Dissolve	091
Flip Horizontal	091
Partial Curl	091
トレーステンプレート	403, 406

な

| 認証 | 191 |
| ネットワーク | 262 |

は

パース	356
バス	122
バックグラウンド	264, 269
バックグラウンド再生	268
バッジ	272
バッテリー残量	260
パン	106
半径	126
反転	150
ハンドラ	104
バンドルID	201
ピクセレート	172
非消費型	429
ビデオ	184
ビブランス	162
秘密鍵	391
描画範囲	142
ビルドリソース対象	343
ピン	212
ピンチ	110, 119
ピンチアウト	109
ピンチイン	109
ファイル	332
フィルター	148, 173
フォアグラウンド	265, 273, 278
フォント	140
プッシュ型	245
フッター	044
プラットフォーム	406
プル型	245
ブレークポイント	382
プロダクト情報	432
プロトコル準拠	246
プロビジョニングファイル	276
分岐	088
ペイロード	278
ヘッダー	044
方位	249

放棄されたメモリ	415
ぼかし	166
ポスタリゼーション	156
ボタン状態	017
ポップオーバー	068, 070

ま

マーカー	229
明度	160
メールアカウント	284
メールアドレス	051
メモリの使用状況	407
メモリリーク	397, 398, 409
メンバ変数	433
モーダル	285
モザイク	172
文字色	138
文字の色	003
文字の影	004
文字の間隔	005
文字の背景色	003
文字のフォント	003
文字列	006
文字列サイズ	080
モノクローム	152

や

有向グラフ	398, 413
ユーザーデフォルト	339
ユーザー認証	203
ヨー方向	250

ら

ライフタイム	414
ラジアン	126, 164
ラベル	007
リストア	436
リソース	342
リソースファイルパス	342
リニアPCM	178
リマインダー	300
リモート通知	276
レスポンス	424
連想配列	149
ローカル通知	274, 275
ログ	384

PROFILE

趙文来（ちょう・ぶんらい）
1980年生まれ。中国吉林大学情報処理系卒業。Javaを初め、Web開発を中心にIT業界へ。スマートフォン開発でAndroidとiPhoneを経験。肉好き、野菜好き、オープンソース好き。4人の家族に支えられ、日々勤勉中。

金祐煥（きん・ゆうかん）
元組込屋であり元Delphi屋でもある。iPhoneでは「BLE」や「IoT」をキーワードに何か作りたいと思っている。
URL https://www.facebook.com/yuukan.kin

加藤勝也（かとう・かつや）
フェンリル株式会社所属。スマートフォンアプリケーションディレクター／エンジニア。組込機器のFPGAの設計、ドライバからアプリケーション開発を行う。趣味でiOS/Androidアプリ開発をやっていたら、すっかりスマートフォンアプリ開発にはまり、気が付いたらに現職に。
URL http://www.crossbridge.biz/

岸本和也（きしもと・かずや）
5歳でNEC PC-6601に出会ったのをきっかけに、プログラマーへの道を歩み出す。「インターネットがいつでも見れるから」という理由でiPod touchを買ってみたら、いつの間にか作る側にまわっていた。旅行が趣味だが多忙で行く時間がないのが悩み。

山古茂樹（やまこ・しげき）
株式会社楓（フォン）勤務。コンシューマーゲーム開発のプログラマーを経て現職へ。2009年より自社のiOSアプリ開発に携わり、その後にスマートフォンアプリ開発の職業訓練講師を行う。

胡俏（ふー・ちゃう）
株式会社楓（フォン）取締役開発部長。中国東北大学で機械工学を専門分野として研究していた頃に、PC-98と出会い、無我夢中でプログラミングを行う。主にJ2EEによるエンタープライズシステムやメッセージングミドルウェアの開発業務に携わっていたが、最近ではiOSやAndroid向けのアプリ開発も手掛けている。

清水崇之（しみず・たかゆき）
NRIネットコム株式会社 Web Architect。クラウド技術の進化でインフラさえもプログラミングできる時代になり、プログラマにとってはやりたい放題の時代において、いつか世界を爆笑の渦に巻き込めるようなサービスを提供したいと考える毎日。現在は、クラウド芸人としてJAWSUGを中心にコミュニティ活動に参加している。趣味は酒と音楽とプログラミング。
URL https://twitter.com/shimy_net

山本美香（やまもと・みか）
1985年生まれ。甲南大学理工学部卒。学生時代にC/C++を経験し、iPhoneアプリ開発者の道へ。ゲーム開発でJavaによるサーバーサイドプログラミングを経験。日々プログラミング技術向上の為に奔走中。漫画と映画とゲーム好き。
URL http://www.ennamika.com/

装　丁	宮嶋章文
ＤＴＰ	株式会社シンクス

iOS^{アイオーエス}アプリ開発^{かいはつぎゃくびき}逆引きレシピ

2014年4月17日　初版第1刷発行

著　　者	趙文来（ちょう・ぶんらい）
	金祐煥（きん・ゆうかん）
	加藤勝也（かとう・かつや）
	岸本和也（きしもと・かずや）
	山古茂樹（やまこ・しげき）
	胡俏（フー・ちゃう）
	清水崇之（しみず・たかゆき）
	山本美香（やまもと・みか）
発 行 人	佐々木幹夫
発 行 所	株式会社翔泳社（http://www.shoeisha.co.jp）
印刷・製本	株式会社ワコープラネット

©2014 WENLAI ZHAO、YUKAN KIN、KATSUYA KATO、KAZUYA KISHIMOTO、SHIGEKI YAMAKO、QIAO HU、TAKAYUKI SHIMIZU、MIKA YAMAMOTO

本書は著作権法上の保護を受けています。本書の一部または全部について（ソフトウェアおよびプログラムを含む）、株式会社 翔泳社から文書による許諾を得ずに、いかなる方法においても無断で複写、複製することは禁じられています。
本書へのお問い合わせについては、iiページに記載の内容をお読みください。
落丁・乱丁はお取り替えいたします。03-5362-3705までご連絡ください。

ISBN978-4-7981-3461-1　　　　　　　　　Printed in Japan